分子遺伝学のための
核酸酵素テキストブック

農学博士 宍戸 和夫 著

コロナ社

はじめに

　生命・生物現象の骨格をなす遺伝というものを分子レベルで理解するためには，複製，修復，組換え，転写，翻訳などの遺伝の諸過程を成立させている酵素を理解することが重要である。これまで，分子遺伝学と名の付く教科書は多々あるが，遺伝，つまりDNAやRNAの合成，分解，修飾，構造変換などにかかわる酵素類を中心に据えたものは極めて少ない。著者はこの点に着目し，かつ，自らの核酸関連酵素に対する思い入れも手伝って本書「分子遺伝学のための核酸酵素テキストブック」をまとめるに至った。

　本書では，紙面の都合もあり，酵素タンパク質の構造化学的部分はほとんど省き，酵素の特性と役割あるいは機能を中心に解説した。また，酵素本体の活性と機能を調節するタンパク質因子についてはできるだけ触れることに努めた。核酸関連酵素の持つ特性を巧妙に利用し確立されたのがDNA組換え技術であり，遺伝子工学なる学問・研究分野であることの認識の上に立って，核酸関連酵素の利用についても述べた。

　生化学，分子遺伝学の基礎的知識を持った学生諸君および社会人諸氏が，種々の核酸関連酵素の特性と役割・機能について十分に知り，分子遺伝学（あるいは核酸生化学）についての理解が深まれば，著者としてこの上ない幸せである。

2004年3月

著　者

目　　次

序　　章

1. DNAポリメラーゼと関連酵素

1.1　DNAポリメラーゼとは ································· 7
1.2　細菌のDNAポリメラーゼ ······························· 8
　1.2.1　大腸菌DNAポリメラーゼI ························ 8
　1.2.2　大腸菌DNAポリメラーゼII ······················· 11
　1.2.3　大腸菌DNAポリメラーゼIIIホロ酵素 ············· 11
　1.2.4　大腸菌DNAポリメラーゼIVおよびV ··············· 14
　1.2.5　ほかの細菌のDNAポリメラーゼ ··················· 15
1.3　ファージのDNAポリメラーゼ ·························· 16
　1.3.1　T4 DNAポリメラーゼ ···························· 16
　1.3.2　T7およびT5 DNAポリメラーゼ ···················· 18
1.4　真核生物のDNAポリメラーゼ ·························· 18
　1.4.1　DNAポリメラーゼα（I） ························· 19
　1.4.2　DNAポリメラーゼδ（III） ······················· 20
　1.4.3　DNAポリメラーゼε（II） ························ 21
　1.4.4　DNAポリメラーゼβ ····························· 21
　1.4.5　DNAポリメラーゼγ ····························· 21
　1.4.6　DNAポリメラーゼζ，η，$\theta(\kappa)$，ι ·············· 21
1.5　動物ウイルスのDNAポリメラーゼ ····················· 22
　1.5.1　アデノウイルスDNAポリメラーゼ ················ 22
　1.5.2　ほかのウイルスのDNAポリメラーゼ ·············· 23
1.6　テロメラーゼ ··· 24

1.7 逆転写酵素 ·· 26
　1.7.1 レトロウイルスの逆転写酵素 ·· 26
　1.7.2 真核細胞におけるほかの逆転写酵素 ································· 28
　1.7.3 原核細胞の逆転写酵素 ·· 29
1.8 末端デオキシリボヌクレオチジルトランスフェラーゼ ··············· 30
　1.8.1 末端転移酵素の特性 ··· 30
　1.8.2 末端転移酵素の応用 ··· 30
1.9 各種DNAポリメラーゼの構造化学的共通性 ···························· 31

2. RNAポリメラーゼと関連酵素

2.1 RNAポリメラーゼとは ··· 33
2.2 細菌のRNAポリメラーゼ ··· 33
　2.2.1 大腸菌RNAポリメラーゼ ··· 34
　2.2.2 枯草菌RNAポリメラーゼ ··· 39
2.3 ファージのRNAポリメラーゼ ··· 40
2.4 真核生物のRNAポリメラーゼ ··· 42
　2.4.1 RNAポリメラーゼⅠ ·· 43
　2.4.2 RNAポリメラーゼⅡ ·· 45
　2.4.3 RNAポリメラーゼⅢ ·· 48
　2.4.4 細胞小器官のRNAポリメラーゼ ···································· 50
2.5 プライマーRNAポリメラーゼ（プライマーゼ）······················· 51
2.6 RNAレプリカーゼ ·· 52
2.7 ポリAポリメラーゼ ·· 55
2.8 tRNAヌクレオチジルトランスフェラーゼ ······························ 56
2.9 ポリヌクレオチドホスホリラーゼ ·· 57

3. リガーゼ

3.1 リガーゼとは ··· 59

3.2 DNAリガーゼ ··· 59
　3.2.1 細菌およびファージのDNAリガーゼ ················· 60
　3.2.2 真核生物およびウイルスのDNAリガーゼ ·········· 64
3.3 RNAリガーゼ ··· 67
　3.3.1 T4 RNAリガーゼ ·· 67
　3.3.2 酵母のRNAリガーゼ ·· 68
　3.3.3 動物細胞のRNAリガーゼ ································· 69
3.4 各種リガーゼの活性部位の構造的・反応機構的共通性 ············ 70

4. 核酸分解・切断酵素と関連酵素

4.1 部位非特異的デオキシリボヌクレアーゼ ·································· 72
　4.1.1 5′-リン酸基生成型エキソデオキシリボヌクレアーゼ ·········· 72
　4.1.2 5′-リン酸基生成型エンドデオキシリボヌクレアーゼ ·········· 78
　4.1.3 3′-リン酸基生成型エンドデオキシリボヌクレアーゼ ·········· 83
4.2 制 限 酵 素 ·· 83
　4.2.1 制限修飾系と制限酵素の発見 ······························· 83
　4.2.2 制限酵素の種類と特異性 ····································· 84
4.3 遺伝的組換えあるいは転移などにかかわる
　　 部位特異的エンドデオキシリボヌクレアーゼ ························· 93
　4.3.1 大腸菌 RecBCD ヌクレアーゼ ····························· 93
　4.3.2 ホーミングエンドヌクレアーゼ ··························· 96
　4.3.3 Tn3トランスポゼース ·· 105
　4.3.4 Muファージのトランスポゼース ························ 107
　4.3.5 レトロウイルスのエンドヌクレアーゼ ················· 108
　4.3.6 大腸菌ファージλターミナーゼ ··························· 109
4.4 損傷あるいは不正塩基対合部位特異的エンドデオキシリボヌクレアーゼ ··· 109
　4.4.1 細菌およびファージの酵素 ································· 110
　4.4.2 真核生物由来のUVエンドヌクレアーゼ ·············· 112
　4.4.3 不正対合修復酵素系 ·· 112

4.5 APエンドヌクレアーゼ ……………………………………………… 114
4.5.1 細菌およびファージのAPエンドヌクレアーゼ ……………… 115
4.5.2 真核細胞およびその他のAPエンドヌクレアーゼ …………… 118
4.6 リボヌクレアーゼとリボザイム …………………………………… 119
4.6.1 エキソリボヌクレアーゼ ……………………………………… 119
4.6.2 エンドリボヌクレアーゼ ……………………………………… 121
4.6.3 リボザイム ……………………………………………………… 128
4.7 ヌクレアーゼおよび関連酵素 ……………………………………… 131
4.7.1 一本鎖核酸に特異性を示すヌクレアーゼ …………………… 131
4.7.2 一本鎖核酸と二本鎖核酸の両方を分解するヌクレアーゼ … 135
4.7.3 ホスホジエステラーゼ ………………………………………… 136

5. DNAトポイソメラーゼと関連酵素

5.1 DNAトポイソマー ……………………………………………………… 139
5.1.1 超らせんDNA …………………………………………………… 139
5.1.2 連環状DNAおよび結び目環状DNA ………………………… 141
5.2 DNAトポイソメラーゼの種類と特性 ……………………………… 142
5.2.1 I型DNAトポイソメラーゼ …………………………………… 142
5.2.2 II型DNAトポイソメラーゼ …………………………………… 147
5.3 DNAトポイソメラーゼの生理・生物学的機能 …………………… 154
5.3.1 複製におけるトポイソメラーゼ ……………………………… 154
5.3.2 転写におけるトポイソメラーゼ ……………………………… 155
5.3.3 組換えとゲノム安定性におけるトポイソメラーゼ ………… 157
5.3.4 染色体構造の構築，染色体凝集と有糸分裂，染色体分配における
  トポイソメラーゼ ……………………………………………… 158
5.3.5 トポイソメラーゼの期待される新奇な機能 ………………… 158
5.4 DNAトポイソメラーゼに関連する酵素 …………………………… 160
5.4.1 λインテグラーゼ ……………………………………………… 160
5.4.2 Tn3リゾルベース ……………………………………………… 162

5.4.3　大腸菌一本鎖DNAファージの複製開始・終結タンパク質 ················ 163
5.4.4　サルモネラ菌のHinタンパク質（インベルターゼ）················ 165
5.4.5　大腸菌MuファージのGinタンパク質（インベルターゼ）················ 166
5.4.6　*S. cerevisiae* 2μプラスミドのFLP組換え酵素（フリッパーゼ）········ 167

6. ヘリカーゼ

6.1　六量体型DNAヘリカーゼ ·· 171
　6.1.1　大腸菌 DnaB ·· 172
　6.1.2　大腸菌 RuvB ·· 172
　6.1.3　T7遺伝子*4*産物 ·· 175
　6.1.4　T4遺伝子*41*産物 ··· 175
　6.1.5　SV40 T抗原 ·· 175
6.2　非六量体型および他のDNAヘリカーゼ ···································· 176
　6.2.1　大腸菌 UvrD（ヘリカーゼⅡ），UvrA$_2$B ·························· 176
　6.2.2　DEXXボックス型DNAヘリカーゼ類 ································ 177
　6.2.3　大腸菌 PriA ·· 178
　6.2.4　大腸菌 RecBCD ·· 179
　6.2.5　大腸菌 RecQおよびその類縁酵素 ·································· 179
　6.2.6　大腸菌 TraI（ヘリカーゼⅠ）···································· 181
　6.2.7　HeLaヘリカーゼ ··· 181
　6.2.8　HSV1の複製起点結合タンパク質（UL9）および
　　　　　HSV1ヘリカーゼ/プライマーゼ ····································· 181
6.3　(DNA-RNA+RNA)ヘリカーゼ ··· 182
6.4　RNAヘリカーゼ ·· 182
　6.4.1　真核生物細胞質 eIF-4A（DEADボックス型）······················· 183
　6.4.2　ヒト細胞核内タンパク質 p68（DEADボックス型）··················· 185
　6.4.3　大腸菌 RhlB（DEADボックス型）································ 185
　6.4.4　RNAヘリカーゼ CI（DEXHボックス型）·························· 185
　6.4.5　RNAヘリカーゼ活性が予想されるタンパク質 ························ 186

7. メチラーゼ

- 7.1 DNA メチラーゼ ……………………………………………………… 187
  - 7.1.1 原核生物（細菌）の DNA メチラーゼ ………………………… 189
  - 7.1.2 真核生物（細胞）の DNA メチラーゼ ………………………… 191
- 7.2 RNA メチラーゼおよび mRNA キャップ生合成酵素 ……………… 196
  - 7.2.1 tRNA（rRNA）メチラーゼ ……………………………………… 196
  - 7.2.2 mRNA のキャップ構造の生合成にかかわる酵素系 ………… 198

8. その他の核酸関連酵素類

- 8.1 アミノアシル tRNA 合成酵素 ……………………………………… 204
- 8.2 tRNA-グアニントランスグリコシラーゼ ………………………… 206
- 8.3 光回復酵素 …………………………………………………………… 208
- 8.4 DNA グリコシラーゼと DNA 塩基挿入酵素 ……………………… 209
  - 8.4.1 DNA グリコシラーゼ ……………………………………………… 209
  - 8.4.2 DNA 塩基挿入酵素 ……………………………………………… 210
- 8.5 ポリヌクレオチドキナーゼとホスファターゼ …………………… 211
  - 8.5.1 ポリヌクレオチドキナーゼ ……………………………………… 211
  - 8.5.2 ホスファターゼ ………………………………………………… 211

参 考 文 献 …………………………………………………………………… 213
索　　　引 …………………………………………………………………… 215

序章

　遺伝の諸過程そのものの解説に重きを置き,それを成立させている諸酵素についてうわべだけを解説するのがこれまでのほとんどの教科書でとられている方法である.本書では,逆に酵素を前面に押し出して分子遺伝学を論じるという方策をとった.本書において扱う核酸関連酵素を遺伝の諸過程およびDNA組換え技術や遺伝子工学と関連づけてまとめると以下のようになる.

I.　遺伝の諸過程と核酸関連酵素

（1）　DNA $\rightleftarrows$ DNA

複　製　　DNAポリメラーゼ,DNAリガーゼ,DNAヘリカーゼ,DNAトポイソメラーゼとその関連酵素,テロメラーゼ,逆転写酵素,プライマーRNAポリメラーゼ,RNAポリメラーゼ,リボヌクレアーゼ

修　復　　DNAポリメラーゼ,DNAリガーゼ,損傷あるいは不正対合部位特異的エンドデオキシリボヌクレアーゼ,APエンドヌクレアーゼ,DNAヘリカーゼ,光回復酵素,DNAグリコシラーゼと塩基挿入酵素,部位非特異的デオキシリボヌクレアーゼ

組換えと転移　　DNAポリメラーゼ,部位特異的エンドヌクレアーゼ,DNAトポイソメラーゼとその関連酵素,DNAヘリカーゼ,部位非特異的デオキシリボヌクレアーゼ

DNA 立体異性化，染色体 DNA 分離，染色体の構築および凝集と分配
　　　DNA トポイソメラーゼ

制限と修飾　　制限酵素，DNA メチラーゼ

（2）　DNA ⇌ RNA

転　写　　RNA ポリメラーゼ，DNA ヘリカーゼ，[DNA-RNA + RNA] ヘリカーゼ，DNA トポイソメラーゼ

逆転写　　テロメラーゼ，逆転写酵素

（3）　RNA ⇌ RNA

複　製　　RNA レプリカーゼ

プロセシングとスプライシング　　リボヌクレアーゼとリボザイム，RNA リガーゼ，mRNA キャップ生合成系酵素，RNA ヘリカーゼ，ポリ A ポリメラーゼ

（4）　RNA ⟶ タンパク質

翻　訳　　RNA ヘリカーゼ，RNA メチラーゼ，tRNA ヌクレオチジルトランスフェラーゼ，アミノアシル tRNA 合成酵素，tRNA-グアニントランスグリコシラーゼ，ポリヌクレオチドホスホリラーゼ

II.　DNA 組換え技術あるいは遺伝子工学と核酸関連酵素

（1）　**特定 DNA 断片および cDNA の調製**　　制限酵素，部位特異的エンドデオキシリボヌクレアーゼ，逆転写酵素と DNA ポリメラーゼ，ポリ A ポリメラーゼ，ヌクレアーゼ

（2）　**DNA の短鎖化および DNA 末端の整合と連結**　　ヌクレアーゼ，DNA ポリメラーゼ，DNA リガーゼ，部位非特異的デオキシリボヌクレアーゼ

（3）　**DNA と RNA 末端の修飾**　　末端デオキシヌクレオチジルトランスフェラーゼ，ポリヌクレオチドキナーゼとホスファターゼ

このように，同一の酵素が複数の遺伝の過程にかかわっていることがかなり多い。これは遺伝の過程が互いに密接に関連していることによる。各種酵素のDNA組換え技術あるいは遺伝子工学への応用ということでは，酵素特性を十分に考え，それなりの基質を用意し，それなりの条件下で作用させれば希望する反応物を入手することができる。

本書では，核酸関連酵素についてつぎのような章構成で分類し，解説や議論をした。

1章では，各種DNAポリメラーゼの特性とDNAの複製，修復，組換えなどにおける役割，酵素特性のDNA組換え技術や遺伝子工学への応用について十分理解できるように配慮した。DNAポリメラーゼは反応の開始に一本鎖の鋳型とプライマーを必要とする酵素であるが，その中で中心的なDNA依存性（DNAを鋳型とする）DNAポリメラーゼについて，大腸菌（*Escherichia coli*）をはじめとする細菌，ファージ，真核生物，およびウイルス由来の酵素を例に解説した。DNAポリメラーゼは，プライマーとして通常は短いDNA配列あるいはRNA配列を用いるが，中には，タンパク質をプライマーとして用いるアデノウイルスあるいはファージϕ29由来の酵素が存在することを述べた。新規のDNAポリメラーゼが大腸菌，*Saccharomyces cerevisiae*，ヒトから分離されたのでこれらについても述べた。また，この章では，RNA依存性（RNAを鋳型とする）DNAポリメラーゼである逆転写酵素とテロメラーゼ（真核生物の染色体末端の特異構造であるテロメア配列の合成を触媒する）について解説した。さらに，例外的に鋳型なしにDNA配列を合成できる末端デオキシヌクレオチジルトランスフェラーゼについても述べた。

2章では，DNAポリメラーゼと異なり，反応にプライマーを必要としないRNAポリメラーゼの中でも中心的なDNA依存性RNAポリメラーゼについて，細菌（大腸菌，枯草菌（*Bacillus subtilis*）など），ファージ，および真核生物由来の酵素を例に解説した。細菌においては，種々の遺伝子DNAの転写を行うにあたり，RNAポリメラーゼはその基本構造（コア酵素部分）を変えることなく，各種のσ因子と会合（ホロ酵素を形成）することによってプロ

モーター認識特異性の異なる新しい RNA ポリメラーゼを構築することを述べた。また、T3，T7 や SP6 ファージ由来の酵素は、細菌の酵素と異なり単一サブユニットからなり、非常に特異的な塩基配列を持つプロモーターに結合し特定の部位から転写を開始し鋳型 DNA の末端で転写を終えることから、5′ および 3′ 末端のそろった多数の RNA コピー（センス RNA，アンチセンス RNA）を調製するのによく利用されることを述べた。真核生物の RNA ポリメラーゼには I，II，III の 3 種類があり、それぞれが異なる種類の RNA の合成を担当していること、ともに約 10 種類のサブユニットからなる複雑な構造を持ち、転写を開始するにあたり複数の基本転写因子および転写調節因子を必要とすることを述べた。さらに、この章では、広義の RNA ポリメラーゼとして、DNA 複製に必要なプライマー RNA ポリメラーゼ、ファージやウイルスの RNA の複製を行う RNA レプリカーゼ、鋳型を必要としないポリ A ポリメラーゼ、tRNA ヌクレオチジルトランスフェラーゼやポリヌクレオチドホスホリラーゼについても解説した。

3 章では、DNA 鎖や RNA 鎖の 3′-OH と 5′-P をホスホジエステル結合で連結する酵素リガーゼについて解説した。DNA リガーゼについては、細菌およびファージ、真核生物およびウイルス由来の酵素を例にそれらが DNA の複製、修復、組換えなどの最終段階において機能すること、RNA リガーゼについては、酵母類や動物細胞由来の酵素が RNA のスプライシングにかかわっていることを述べた。そして特に T4 ファージの DNA および RNA リガーゼが遺伝子組換えになくてはならない酵素の一つであることを述べた。

4 章では、酵素を、DNA のみを分解・切断するデオキシリボヌクレアーゼ、RNA のみを分解するリボヌクレアーゼ、DNA と RNA の両方を分解するヌクレアーゼに分類し、また、その分解・切断様式から、基質鎖の内部のホスホジエステル結合を切断するエンド型、基質鎖の一端から順次ホスホジエステル結合を分解するエキソ型に分けた。まず、DNA 組換えに必須の制限酵素、遺伝的組換えや DNA 転移、および DNA の修復にかかわる酵素類について解説した。転移にかかわる酵素としてイントロンにコードされている酵素についても

触れた。ついで，RNAのプロセシングやスプライシングにかかわる酵素，リボ核タンパク質の会合体スプライソソーム，RNAを構成成分とする触媒のリボザイム，RNAの分解にかかわる特殊なタンパク質会合体のデグラドソームおよびエキソソームについて解説した。さらには，DNAやRNAの構造解析に多用される酵素類についても述べたので，核酸分解・切断酵素について体系的に，広くかつ深く理解できるであろう。

　5章では，DNA鎖の切断と再結合反応を行うことにより，DNAの超らせん的ねじれの数の違うトポイソマー（位相構造異性体）を生成するDNAトポイソメラーゼについて解説した。酵素は反応様式からⅠ型とⅡ型に分けられること，そして前者はごく一部の例外を除いて反応にATPを要求せず，二本鎖の一方に切断を入れそれを再結合すること，後者はATP依存的に二本鎖を同時切断し，それらを再結合することを述べた。また，DNAトポイソメラーゼをDNAの複製，転写，組換え，染色体DNAの分離，染色体の構造安定化，凝集と分配などとの関連で議論した。さらに，この章では，DNAの組込み，転移，逆位，複製にかかわるDNAトポイソメラーゼ類縁の酵素についても解説した。

　6章では，DNAを巻き戻して一本鎖DNAに転換するDNAヘリカーゼは，一過性的な一本鎖部分の形成が要求される複製，修復，組換え，DNAの接合伝達，転写伸長過程などにかかわっていること，RNAの二次構造を解消するRNAヘリカーゼは，翻訳の開始過程，RNAプロセシングやリボソームの会合，転写伸長過程などにかかわっていること，DNA-RNAヘテロ二本鎖を分離するDNA-RNAヘリカーゼは，転写の終結にかかわっていることを述べた。また，ヘリカーゼ類は単量体ではなく，二量体や六量体，あるいはほかのタンパク質と複合体を形成して機能し，その移動の方向性から，$3'→5'$と$5'→3'$型に分けられることについて述べた

　7章では，S-アデノシルメチオニンをメチル供与体としてDNA中のアデニンあるいはシトシン塩基をメチル化するDNAメチラーゼは，細菌の場合にはアデニンメチラーゼとシトシンメチラーゼの両方があるのに対し，真核生物の

場合には知られている限りすべてがシトシンメチラーゼであることを述べた。細菌由来の酵素は制限–修飾系において修飾を担当し，DNA を制限酵素による切断から守るものと，この系に関連しないものとに分けられること，脊椎動物の酵素は転写の抑制を通してゲノムインプリンティング，X 染色体の不活性化，正常発生の維持などにかかわっていることを述べた。また，RNA メチラーゼとして，tRNA や rRNA の転写後修飾にかかわる酵素のみならず，mRNA のメチル化されたキャップ構造の形成にかかわる酵素群について解説した。

　8章では，その他の核酸関連酵素として，翻訳過程に関連するアミノアシル tRNA 合成酵素と tRNA–グアニントランスグリコシラーゼ，DNA の修復にかかわる光回復酵素および DNA グリコシラーゼと DNA 塩基挿入酵素，核酸末端のリン酸化と脱リン酸化を触媒するポリヌクレオチドキナーゼとホスファターゼについて解説した。

1. DNAポリメラーゼと関連酵素

1.1 DNAポリメラーゼとは

　DNAポリメラーゼ（polymerase）とは，基本的には4種の5′-デオキシヌクレオシド三リン酸（5′-dNTP（NはA，T，G，Cのどちらかを意味する））を基質として，一本鎖の鋳型（template）の塩基配列に従ってその3′→5′方向にデオキシヌクレオチド残基を1個ずつリン酸ジエステル結合により連結し，新しいポリデオキシヌクレオチド鎖を5′→3′方向に合成する酵素のことをいう。合成の開始にはプライマー（primer）を必要とし，その3′-OH（ハイドロキシル（hydroxyl））末端に，デオキシヌクレオチド残基を次式のように重合させていく。

$$(dNMP)_n + dNTP \rightleftarrows (dNMP)_{n+1} + PPi$$

　DNAポリメラーゼとしてはDNAを鋳型とするもの，すなわちDNA依存性DNAポリメラーゼ（酵素番号[†]：EC 2.7.7.7）が圧倒的に多く，DNAポリメラーゼといえば狭義にはこれらを指す。しかし，広義には，RNAを鋳型とするRNA依存性DNAポリメラーゼも一種のDNAポリメラーゼであり，これに該当するのが逆転写酵素（reverse transcriptase）と，真核生物の染色体末端の特異構造であるテロメア（telomere）配列の合成を触媒するテロメラー

[†] 酵素番号は，EC（enzyme code）で始まる四つの数字で示される。最初の数字は，1. 酸化還元酵素（オキシドレダクターゼ），2. 転移酵素（トランスフェラーゼ），3. 加水分解酵素（ヒドロラーゼ），4. 除去付加酵素（リアーゼ），5. 異性化酵素（イソメラーゼ），6. 合成酵素（リガーゼ）を表す。

ゼ（telomerase）である．さらに，鋳型なしにポリデオキシヌクレオチド鎖を合成できる末端デオキシヌクレオチジルトランスフェラーゼ（terminal deoxynucleotidyl transferase）もDNAポリメラーゼに関連する酵素である．DNAポリメラーゼ類はDNAの複製（replication）のみならず，DNAの修復（repair）や組換え（recombination），染色体末端の合成などに直接にかかわっており，逆転写酵素はレトロウイルス（retrovirus）ゲノムRNAの複製（途中，二本鎖DNAを経由する）にかかわっている．この章では，以上のようなDNAポリメラーゼ類の特性と役割や機能について解説するとともに，それら特性のDNA組換え技術あるいは遺伝子工学への応用について述べる．

1.2 細菌のDNAポリメラーゼ

細菌のDNAポリメラーゼの中で最もよく研究されている大腸菌（*Escherichia coli*）由来のDNAポリメラーゼを中心に述べる．

1.2.1 大腸菌DNAポリメラーゼⅠ（以下ポルⅠと略称）
〔1〕 特　性

ポルⅠはアーサー・コーンバーグ（A. Kornberg）らにより，1956年から58年にかけて分離，精製された酵素で，Kornberg enzyme とも呼ばれ，*in vitro* でDNAを合成できる酵素として最初に報告されたものである．ポルⅠは *polA* 遺伝子（染色体上の遺伝子地図87.2分の位置にある[†]）の発現産物であり，分子量109 000の単量体で，911個のアミノ酸残基より構成される．

酵素活性としては，

① DNA鎖伸長（ポリメラーゼ）
② 3′→5′エキソヌクレアーゼ（exonuclease）（3′末端より5′-ホスホデオキシリボヌクレオチド残基を1個ずつ除去）
③ 5′→3′エキソヌクレアーゼ（5′末端より5′-ホスホデオキシリボヌク

[†] 各遺伝子の位置は，大腸菌染色体全体を100分として表記される．

レオチドあるいは 5′-ホスホリボヌクレオチド残基を 1 個ずつ除去）の三つに分けられる。

ポル I はプロテアーゼにより，大，小 2 本のポリペプチド鎖（フラグメント）に切断される。大きいフラグメントは分子量 75 000 で，発見者の名にちなんでクレノウ（Klenow）フラグメント（あるいはエンザイム）と呼ばれ，ポル I の C 末端側に由来し，ポリメラーゼ活性と $3′→5′$ エキソヌクレアーゼ活性を有する。一方，小さいフラグメントは分子量 35 000 でポル I の N 末端側に由来し，$5′→3′$ エキソヌクレアーゼ活性を有する。

〔2〕 **機能と役割**

ポル I は大腸菌染色体 DNA の複製において，ラギング（lagging）鎖上のプライマー RNA 配列（リボヌクレオチド配列）を DNA 配列（デオキシリボヌクレオチド配列）に置換するという重要な役割を持っている（図 1.1 (a)）。すなわち，ポル I は $5′→3′$ エキソヌクレアーゼ活性によりプライマー RNA の 5′-P（ホスホリル（phosphoryl））末端から 5′-ホスホリボヌクレオチド残基を除去しつつ，$5′→3′$ ポリメラーゼ活性によりプライマー RNA の 5′ 側隣

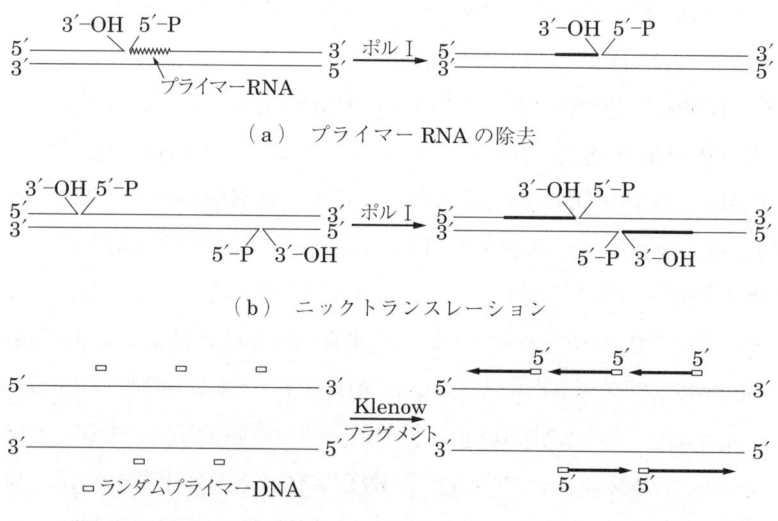

（a） プライマー RNA の除去

（b） ニックトランスレーション

（c） Klenow フラグメントによるランダムプライマー DNA 合成

図 1.1　ポル I の役割と特性の利用

接DNA断片の3′-OH末端からデオキシリボヌクレオチドを重合する。ポルⅠはまた修復においても重要な役割を果たしている。二本鎖DNAの損傷部位に一本鎖切断（ニック(nick)）がある場合に，ニック部位から5′-ホスホデオキシリボヌクレオチド残基を除去しつつ，3′-OH末端から新しいデオキシリボヌクレオチドを重合する。このプロセスはニックトランスレーション（nick translation）と呼ばれる（図1.1(b)）。

ポルⅠの3′→5′エキソヌクレアーゼは一本鎖および塩基対を形成していない二本鎖DNAの3′末端に作用する。この活性はDNA鎖の伸長過程において鋳型に相補的でない（mismatched）塩基を持つデオキシリボヌクレオチドを取り込んだ場合にそれを取り除く，すなわちプルーフリーディング（proof-reading）に関与していると考えられている。それは，ポルⅠの3′→5′エキソヌクレアーゼ部分に変異が入ると複製中のDNAに高頻度で塩基の変異が起こるからである。

〔3〕応　　用

ポルⅠによるニックトランスレーション反応は，DNAの放射性同位元素などによる標識に用いられる。DNA断片に微量の膵臓由来のデオキシリボヌクレアーゼⅠ（DNaseⅠ）（4.1.2〔6〕項参照）とポルⅠ，それに基質として非標識のdNTPsと放射能標識された［α-^{32}P］dNTPあるいはジゴキシゲニン化したdUTP（Dig-dUTP）などを加え反応させることでDNA鎖を標識することができる。ほかのDNA標識法としてはポルⅠのKlenowフラグメントを用いるランダムプライマー法がある（図1.1(c)）。一本鎖鋳型DNAに，ランダムな配列を持つオリゴデオキシリボヌクレオチドを加え，その一部を対合させる。ついで，これらをプライマーとして非標識および放射能標識dNTPs存在下でKlenowフラグメントによるDNA合成を行う（図1.7参照）。通常，ニックトランスレーション法より高い比放射能を持つ標識DNAを得ることができる。さらに，KlenowフラグメントをdNTPs存在下で作用させれば，制限酵素分解により得られる3′-および5′-突出し型DNA末端を平滑型に変換することができる（図1.4(a)参照）。

1.2.2　大腸菌 DNA ポリメラーゼⅡ（ポルⅡと略称）

ポルⅡは *polB* 遺伝子（染色体上の遺伝子地図1.4分の位置にある）の発現産物で，分子量120 000の単量体である。ポルⅡはポリメラーゼ活性と一本鎖DNAに対する $3' \to 5'$ エキソヌクレアーゼ活性を持つ。ポルⅠとは異なり，ニックの入った二本鎖DNAやプライマーが結合した長い一本鎖DNAに作用せず，DNA複製中のラギング鎖上のプライマーRNAを除去することはできない。しかしながら，二本鎖DNA中の短いギャップ部分（片方の鎖に生じた塩基配列欠失部分）に効率よく作用し，そこを埋めることができる。ポルⅡの細胞内含量はポルⅠに比べて少なく，その役割については今のところ明らかではないが，大腸菌増殖の静止期におけるDNA修復や複製反応の再スタートへの関与が考えられている。

1.2.3　大腸菌 DNA ポリメラーゼⅢホロ酵素（ポルⅢホロ酵素と略称）

〔1〕 特　　性

ポルⅢホロ酵素（holoenzyme）は，1972年に発見された酵素で，α，ε，θ，τ，γ，δ，δ'，χ，ψ，β の10種類のサブユニットからなり，約900キロダルトン（kDa）の大型酵素である。サブユニットをコードする遺伝子は，すべて同定されている（**表1.1**）。

各サブユニットはコア（core），ポルⅢ′，γ複合体，ポルⅢ*のサブアセンブリー構造を形成する。まず，コア酵素であるが，DNA鎖伸長活性を担う α，$3' \to 5'$ エキソヌクレアーゼ活性を担う ε，$3' \to 5'$ エキソヌクレアーゼ活性を促進する機能を持つと考えられている θ の三つのサブユニットが会合したものである。コア酵素の連続伸長（移動）性（processivity）は，10～15デオキシリボヌクレオチド程度である。ポルⅢ′は τ の介入によりコア酵素が二量体化したものである。また，τ は γ 複合体および DnaB タンパク質（DNAヘリカーゼ（helicase）活性を持つ）（6.1.1項参照）に対する結合能を有する。γ 複合体は，δ' と結合しATPに対する結合能を有する γ，βサブユニットに結合する δ，γ および δ に結合する δ'（γによるATP加水分解のコファクターとし

1. DNAポリメラーゼと関連酵素

表 1.1 ポルⅢホロ酵素のサブユニットとサブアセンブリー構造

サブユニット	遺伝子	分子量 (K)	機能		
α	polC, dnaE	129.9	DNAポリメラーゼ	コア	ポルⅢ'
ε	dnaQ, mutD	27.5	校正機能, 3'→5'エキソヌクレアーゼ		
θ	holE	8.6	εエキソヌクレアーゼ活性の促進		
τ	dnaX	71.1	コアの二量体化, DnaBヘリカーゼとγ複合体に結合		ポルⅢ*
γ	dnaX	47.5	ATPとδ'に結合	γ複合体	
δ	holA	38.7	βサブユニットに結合		
δ'	holB	36.9	γATP加水分解の共因子, δに結合		
χ	holC	16.6	一本鎖DNA結合タンパク質に結合		
ψ	holD	15.2	χとγサブユニットの橋渡し		
β	dnaN	40.6	DNA上のスライディングクランプ, αに結合		

〔Z. Kelman & M. O'Donnell : Annu. Rev. Biochem., **64**, pp. 171-200 (1995) より〕

て働く), 一本鎖DNA結合タンパク質のSSB (single strand DNA-binding protein) に結合するχ, χとγに結合するψが会合したものであり, DNA依存性のATPase活性を示す。ポルⅢ*はポルⅢ'にγ複合体が会合したもの, つまり, 二つのコア酵素, 二つのτサブユニット, 一つのγ複合体が会合したものである。ポルⅢ*にβの二量体が二つ結合したものがポルⅢホロ酵素である (図 1.2)。

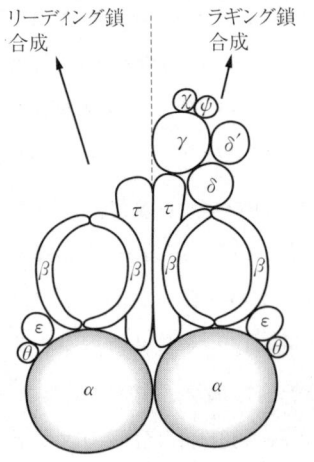

各々の複合体はリーディング鎖あるいはラギング鎖の合成を担当

図 1.2 ポルⅢホロ酵素の非対称二複合体モデル

βサブユニットの二量体はリング構造をしており，中央部の穴の部分に鋳型DNAを挟み込み，コア酵素と相互作用しつつ鋳型DNA上をスライドすると考えられており，スライディングクランプ（sliding clamp）と呼ばれている。γ複合体はATPを加水分解しそのエネルギーでβを鋳型DNA上に固定している（クランプローディング（clamp loading））。ポルⅢホロ酵素は，ポルⅠに比べて60倍高いDNA合成速度（約750デオキシリボヌクレオチド/秒）を示し，連続伸長性は5 000デオキシリボヌクレオチド以上である。

〔2〕 役　　割

ポルⅢホロ酵素は大腸菌細胞あたり10～20コピーとポルⅠより少ないが，大腸菌染色体，プラスミド，一本鎖DNAファージなどのDNA複製の伸長過程に直接関与している。複製起点において複製フォーク（fork）の形成を誘導し，複製フォークにおいて連続的にリーディング（leading）鎖を合成し，ラギング鎖においてはプライマーRNAを1 000～2 000デオキシリボヌクレオチド長の岡崎フラグメントにまで伸長する。ポルⅢホロ酵素は，複製フォークにおいて非対称的二複合体を形成し，各々の複合体がリーディング鎖あるいはラギング鎖を同時に合成するというモデルが提出されている（図1.2，**図1.3**）。ポルⅢホロ酵素には5′→3′エキソヌクレアーゼ活性がないのでプライマーRNA配列を除去することはできない。存在する3′→5′エキソヌクレアーゼは誤って取り込まれたデオキシリボヌクレオチドを除去することができ，プルーフリーディングに関与していると考えられている。

ポルⅢホロ酵素は，複製の各段階においてほかのタンパク質とさらに複合体を形成し，機能している。例えば，複製起点において二本鎖をほどくタンパク質，複製フォークにおいて二本鎖をほどくヘリカーゼ（6.1.1項参照），RNAプライマーを合成するプライマーゼ（2.5節参照），連続伸長を助けるタンパク質，複製の終止にかかわるタンパク質，複製終了時の連環状（catenated）娘DNAの分離にかかわるトポイソメラーゼ（5.2.2〔4〕項参照）などである。

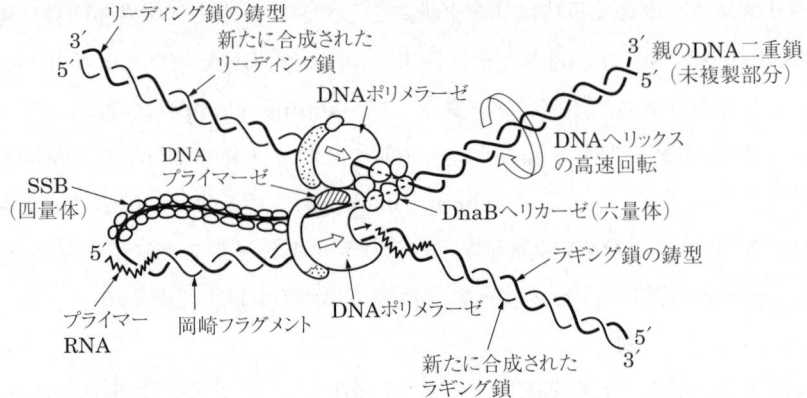

ポルIIIホロ酵素が非対称の二複合体を形成して（図1.2），リーディング鎖とラギング鎖を同時に合成するというこのモデルが支持されている．DNA が自由に回転できる末端のない環状 DNA の場合には，進行方向（未複製領域）にどんどん正の超らせんが蓄積し，そのままではやがて複製が停止することになるが，これを DNA トポイソメラーゼ（5.2節参照）が解消している．

図 1.3 リーディング鎖とラギング鎖を同時合成中の複製フォークにおいて役割を演ずる種々の酵素および機能性タンパク質を示した模式図 〔J.D.Watson et al.: Molecular Biology of the Gene IV, The Benjamin/Cummings Publishing Co.(1987), p.295 より〕

1.2.4 大腸菌 DNA ポリメラーゼIVおよびV （ポルIV，ポルVと略称）

1990年代末に，新たに2種類の酵素ポルIVとポルVが分離された．これらの酵素はポリメラーゼ活性だけを示し，エキソヌクレアーゼ活性は持たない．ポルIV（DinB/P タンパク質）は *dinB*（あるいは *dinP*）遺伝子産物で，分子質量が42.1 kDa である．ポルV（UmuD$'_2$C タンパク質）は *umud* 遺伝子産物がプロセシングにより少し小さくなったもの2分子と *umuc* 遺伝子産物1分子の複合体で，その分子質量は＜75 kDa（正確な数値は不明）である．ポルVは部位特異的な変異を誘発する酵素で，チミン二量体（ダイマー），チミン：チミン（6：4）光産物（8.3節参照）および塩基欠失部位（4.5節参照）を RecA タンパク質，SSB，ポルIIIの β サブユニットと γ 複合体の共存下で効率よく通過複製する．このとき，チミン二量体に対しては二つのアデニンを相補

鎖に正しく挿入する傾向があるが，チミン：チミン（6：4）光産物の3′側チミンに対してグアニンが，塩基配列欠失部位には高頻度でアデニンが相補鎖に取り込まれることがわかっている。ポルVは6～8個のデオキシリボヌクレオチド残基を合成すると鋳型から離れる。

　一方，ポルⅣは紫外線突然変異の生成には関与せず，ポルVに見られるような損傷部位通過DNA合成能を持たないが，（−1）フレームシフト（frameshift）変異（1個のデオキシリボヌクレオチド残基を減少させる変異）を引き起こす傾向がある。これは，ポルⅣが，DNA中の校正できない不正対合やDNAに不正対合したプライマーRNAの存在に起因してポルⅢホロ酵素がDNA上で停止するのを抑えることに原因があると考えられる。ポルⅣはプライマーRNA 3′末端の伸長（6～8個のデオキシリボヌクレオチド残基）を触媒し，ポルVは損傷通過DNA合成を触媒する。このように二つの酵素が相補的役割を演ずることにより，突然変異を代償として大腸菌が生き長らえるようにしていると考えられる。

1.2.5　ほかの細菌のDNAポリメラーゼ

　グラム陰性細菌の大腸菌と同じように，グラム陽性細菌の枯草菌（*Bacillus subtilis*）においても，DNAポリメラーゼとしてポルⅠ，Ⅱ，Ⅲの3種類が同定されている。好熱性グラム陰性細菌 *Thermus aquaticus* から分子量94 000の単量体の酵素（*Taq* DNAポリメラーゼ）が分離精製されている。デオキシリボヌクレオチドアナログもよく取り込み，合成されるDNAの鎖長も長い。反応の最適温度が75～80℃で，95℃においても活性を保持することから，PCR（polymerase chain reaction，ポリメラーゼ連鎖反応）や，DNAが一本鎖となった状態で二次構造をとりやすい部分の塩基配列の解析に用いられる。精製酵素には弱い5′→3′エキソヌクレアーゼ活性が検出されるが，この活性をさらに弱めた改良型酵素が市販されている。この改良型酵素反応系にプルーフリーディング活性を持つ3′→5′エキソヌクレアーゼを加えれば，より正確で長い鎖長のDNA合成が可能となる。類似の活性を持つ酵素が *Thermus thermophilus* からも分離されている。超好熱始原菌 *Pyrococcus furiosus* 由来の酵素（分子量90 000）の場合は $3'→5'$ エキソヌクレアーゼ活性を有するので，そのままで正確な長鎖長の DNA 合成が可能である。

1.3 ファージの DNA ポリメラーゼ

1.3.1 T4 DNA ポリメラーゼ

〔1〕 特　　性

大腸菌 T4 ファージの遺伝子 *43* にコードされる DNA ポリメラーゼで，分子量約 114 000 の単一サブユニットからなる。DNA ポリメラーゼ反応は高い連続伸長性を持つ。$5'→3'$ エキソヌクレアーゼ活性はないが，プルーフリーディングにかかわる $3'→5'$ エキソヌクレアーゼ活性を有する。このエキソヌクレアーゼ活性は強力で，大腸菌ポルⅠの当該活性の 200 倍あり，一本鎖および二本鎖の DNA を分解することができるが，前者に対する活性の方が強い。

T4 DNA ポリメラーゼは T4 DNA の複製に直接かかわっているが，複数のタンパク質と相互作用し機能を発揮している。例えば，T4 の遺伝子 *32* の発現産物である SSB（gp 32 ともいわれ，分子量約 35 000）と結合し，複製フォークの形成を行っている。なお，宿主大腸菌の SSB では代用がきかない。遺伝子 *41* と *61* の発現産物（gp 41 と gp 61）は，それぞれ $5'→3'$ 方向に作用するヘリカーゼ（分子量約 53 000）（6.1.4 項参照）とプライマーゼであり，共同してプライマー RNA の合成を行っている。これは大腸菌染色体の複製における DnaB（$5'→3'$ ヘリカーゼ）と DnaG（プライマーゼ）（2.5 節参照）の関係によく似ている。

gp 41 は一本鎖 DNA により促進される GTP 分解酵素（GTPase）活性を持ち，gp 61 は鋳型 DNA 上の配列 $3'$-TTG-$5'$ を認識し，プライマー RNA としてペンタリボヌクレオチド pppApCpNpNpNp を合成する。遺伝子 *45* の発現産物（gp 45，分子量 27 000）は二量体を形成し，宿主大腸菌のポルⅢの β サブユニットと同様のスライディングクランプとして機能し，DNA ポリメ

ラーゼサブユニットが鋳型から離れないようにしている。遺伝子 *44* の発現産物（gp 44, 分子量約 34 000）四つと *62* の発現産物（gp 62, 分子量約 20 000）二つが複合体を形成する。gp 44-46 複合体は ATPase 活性を示し，ポリメラーゼの DNA 鎖合成速度を 3〜4 倍上げる。すなわち，250 デオキシリボヌクレオチド/秒を約 800 デオキシリボヌクレオチド/秒にまで上昇させる。この速度は生体内における速度約 1 000 デオキシリボヌクレオチド/秒に迫る。gp 44-46 複合体のこれらの特性は大腸菌ポル III の γ 複合体に酷似している。

〔2〕 応　　用（図 1.4）

T4 DNA ポリメラーゼは二本鎖 DNA の 3′ 末端や広い DNA 領域の標識，3′- および 5′- 突出し末端（付着末端）の平滑化などに用いられる。二本鎖 DNA に T4 DNA ポリメラーゼを dNTPs 非存在下で作用させ，その 3′→5′ エキソヌクレアーゼ活性によりデオキシリボヌクレオチドを除去したのち，

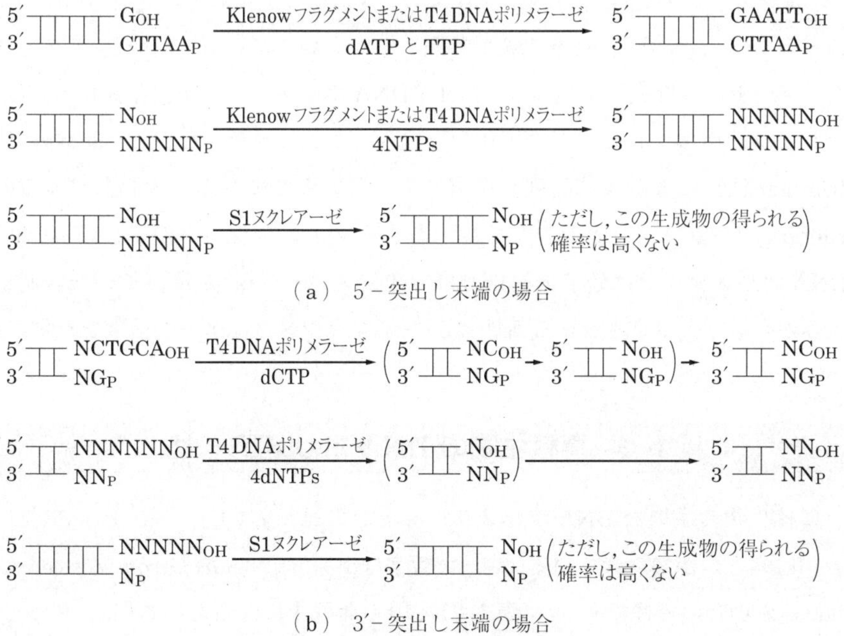

(a) 5′- 突出し末端の場合

(b) 3′- 突出し末端の場合

図 1.4　DNA 末端の平滑化

[α-^{32}P]dNTP あるいは Dig–dUTP を加えて修復型 DNA 合成を行う．デオキシリボヌクレオチドの除去の程度により，3′末端領域だけの標識，より広い DNA 領域の標識ができる．制限酵素分解により得られる 5′-突出し末端を持つ DNA 断片に対しては修復型 DNA 合成により，3′-突出し末端を持つ DNA 断片の場合は，上で述べた 3′末端の標識の要領で反応を行えば平滑末端を得ることができる．

1.3.2　T7 および T5 DNA ポリメラーゼ

T7 DNA ポリメラーゼは分子量約 96 000 で二つのサブユニットからなる．一つは T7 ファージの遺伝子 5 にコードされている分子量約 84 000 のサブユニットであり，他は宿主大腸菌の *trxA* 遺伝子産物（分子量約 12 000）の電子伝達タンパク質チオレドキシン（thioredoxin）である．ポリメラーゼ活性と一本鎖および二本鎖 DNA に作用する 3′→5′ エキソヌクレアーゼ活性を有する．T7 ファージの DNA 複製においては，T7 遺伝子 4 の発現産物（gp 4）である 5′→3′ ヘリカーゼ（6.1.3 項参照）がかかわっている．3′→5′ エキソヌクレアーゼ活性を完全に欠損させた T7 DNA ポリメラーゼが開発されている．デオキシリボヌクレオチド誘導体の取込みもよく，ジデオキシ（dideoxy）法（Sanger 法）による塩基配列の決定によく用いられている．大腸菌ポル I の Klenow フラグメントと比較して均一なシークエンスラダーが得られる．T5 DNA ポリメラーゼは分子量約 96 000 の T5 ファージ *ts 53* 遺伝子の発現産物のみからなり，ポリメラーゼ活性と 3′→5′ エキソヌクレアーゼ活性を有する．

1.4　真核生物の DNA ポリメラーゼ

真核生物の主要な DNA ポリメラーゼとしては，α（I），β，γ，δ（III），ε（II）の五つが知られている（ローマ数字は出芽酵母（*Saccharomyces cerevisiae*）の場合の名称である）（**表 1.2**）．1990 年代末に，新たに ζ（ゼータ），η（イータ），θ（シータ）（あるいは κ（カッパ）），ι（イオタ）などが加わった．

表 1.2 哺乳動物の細胞内 DNA ポリメラーゼ（ローマ数字は *S. cerevisiae* の場合の名称）

	DNA ポリメラーゼ				
	α（Ⅰ）	δ（Ⅲ）	ε（Ⅱ）	β	γ
存在場所	核	核	核	核	ミトコンドリア
機能	ラギング鎖合成 プライミング	リーディング鎖合成	修復，ラギング鎖のギャップ埋合せ	修復（ギャップ埋合せ）	複製
分子量	361 000	170 000～230 000	250 000	40 000	180 000～300 000
サブユニット	触媒コア(1) プライマーゼ(2) 機能不明(1)	触媒コア(1) 機能不明(1) (PCNA を要求)	触媒コア(1) 機能不明(1)	単量体	触媒コア(1) 機能不明(2(3))
3′→5′エキソヌクレアーゼ	無	有	有	無	有
阻害剤	アフィデコリン	アフィデコリン	アフィデコリン	dideoxy-TTP	dideoxy-TTP

ここでは，これらの酵素について解説する．

1.4.1　DNA ポリメラーゼ α（Ⅰ）

核内に存在し，四つのサブユニット，すなわちポリメラーゼ活性を持つ分子量約 180 000 のサブユニット，プライマーゼ活性を持つ分子量約 55 000 と 49 000 のサブユニット，機能不明の分子量約 77 000 のサブユニットからなる．DNA 複製において，ヘリカーゼや一本鎖 DNA 結合性を持つ複製因子 A（replication factor-A：RF-A，三つのサブユニットからなる）などの関与のもとに，プライマー RNA の合成とラギング鎖の合成を触媒すると考えられる（図 1.5）．

DNA 合成においては，ATPase 活性を持ち伸長反応にかかわる複製因子 C（replication factor-C：RF-C，三つのサブユニットからなる）と会合し，機能を発揮すると考えられている．DNA ポリメラーゼ α（Ⅰ）自体にはエキソヌクレアーゼ活性は検出されないが，プライマー RNA 配列の除去には MF 1 と呼ばれる 5′→3′ エキソヌクレアーゼ活性を持つタンパク質の関与が示唆されている．

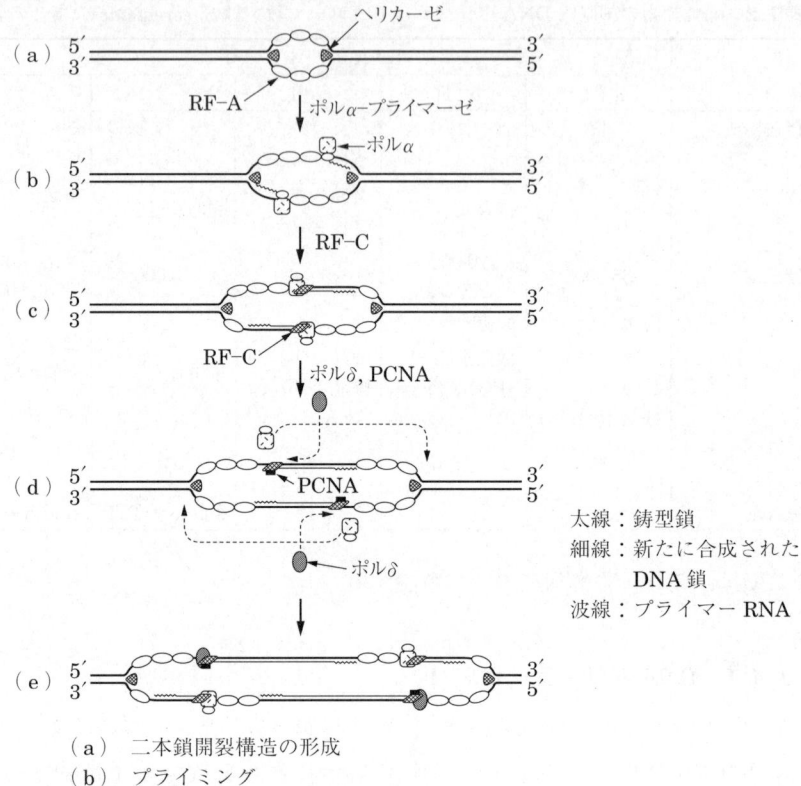

(a) 二本鎖開裂構造の形成
(b) プライミング
(c) 最初の岡崎フラグメントの合成
(d) ポルαとδの入れ替り
(e) リーディング鎖とラギング鎖の合成

図 1.5 ポリメラーゼα（ポルα）とポリメラーゼδ（ポルδ）による
リーディング鎖とラギング鎖の合成開始モデル〔T. Turimoto et al.:
Nature, **346**, pp.534–539（1990）より〕

1.4.2　DNAポリメラーゼδ（Ⅲ）

核内に存在し，ポリメラーゼ活性を持つサブユニットと，機能不明のサブユニットからなる分子量が170 000〜230 000のタンパク質で，$3'\to 5'$エキソヌクレアーゼ活性を有する。上述のRF–CおよびDNA鎖の連続伸長活性を顕著に助長するタンパク質PCNA（proliferating cell nuclear antigen, 増殖細胞

核抗原あるいはサイクリンとも呼ばれる）と会合し，DNA 複製においてリーディング鎖の合成にかかわっており（図 1.5），$3'\to 5'$ エキソヌクレアーゼによりプルーフリーディングを行っていると考えられる．

1.4.3　DNA ポリメラーゼ ε（Ⅱ）

核内に存在し，ポリメラーゼ活性を持つサブユニットと機能不明のサブユニットからなり（分子量約 250 000），プルーフリーディングにかかわる $3'\to 5'$ エキソヌクレアーゼ活性を有する．複数のタンパク質因子と会合して DNA の複製（ラギング鎖におけるギャップの埋合せ）と修復の両方に関与していると考えられている．

1.4.4　DNA ポリメラーゼ β

核内に存在し，分子量約 40 000 の単一サブユニットからなる．$3'\to 5'$ エキソヌクレアーゼ活性はないが，二本鎖 DNA 中のギャップを埋める活性が顕著なことから，DNA 損傷の修復にかかわっていると考えられる．

1.4.5　DNA ポリメラーゼ γ

ミトコンドリア内在性で，ポリメラーゼ活性を持つサブユニット一つと機能不明のサブユニット二つ（あるいは三つ）からなり（分子量 180 000～300 000），$3'\to 5'$ エキソヌクレアーゼ活性を有する．その局在性からミトコンドリア DNA（mtDNA）の複製に関与していると考えられる．

1.4.6　DNA ポリメラーゼ ζ, η, θ（κ）, ι（ポル ζ, ポル η, ポル θ（κ）, ポル ι と略称）

ポル ζ は *S. cerevisiae* の *REV 3* 遺伝子産物（173 kDa の DNA 鎖伸長サブユニット）と *REV 7* 遺伝子産物（29 kDa）の会合体である．これは *REV 1* 遺伝子産物（112 kDa で大腸菌の UmuC タンパク質や DinB タンパク質と相同性あり）と共同して "過りがち（error-prone）修復" を行う．Rev 1 タン

パク質は塩基欠失部位の向い側のみならず，アデニンやウラシルの向い側にも決まって dCMP 残基を挿入するデオキシシチジルトランスフェラーゼである。Rev1 タンパク質が作用したあと，ポル ζ がそこを起点に DNA 鎖を伸長する。また，ポル ζ は単独で，チミン二量体を含む DNA に対して突然変異誘起型複製を行うことも知られている。

ポル η は S. cerevisiae の RAD30 遺伝子産物であり，分子質量 70 kDa で，校正型 3′→5′ エキソヌクレアーゼ活性を含まず，大腸菌の UmuC タンパク質や DinB タンパク質とアミノ酸配列相同性がある。ポル η はチミン二量体に対して二つのアデニンを取り込むので，誤りなし（error-free）型の DNA 合成をすると考えられる。ヒトからもポル η に相当する酵素が分離され，色素性乾皮症バリアント（原因遺伝子 XPV）ではポル η に変異が起きていることが示された。しかし，そのあと，ヒトのポル η の無損傷 DNA に対する複製忠実度がほかの主要なポリメラーゼに比べて極めて低いことが示され，酵素の機能についてはなお不明な点が多い。

ポル θ（あるいは κ）は，大腸菌の dinB 遺伝子に相同なヒト DINB1 遺伝子の産物で，大腸菌のポル IV と同様に，チミン二量体，チミン：チミン（6：4）光産物を通過できないが，塩基欠失部位に対しては，主にアデニンを挿入して通過複製できるようである。無損傷 DNA の複製忠実度は特に低いことはない。機能面については不明である。

ポル ι は，S. cerevisiae RAD30 遺伝子に相同なヒト RAD30B 遺伝子の産物で，チミン二量体部位に対して一つの塩基の挿入だけを起こし，二つ目の挿入は起こさない。塩基欠失部位に対してはグアニンやチミンなどを挿入する。ただ，いずれの場合にも塩基の挿入活性だけを示し，伸長活性は示さない。

1.5 動物ウイルスの DNA ポリメラーゼ

1.5.1 アデノウイルス DNA ポリメラーゼ

アデノウイルス（adenovirus）（2,5 型）ゲノムは約 36 000 塩基対からなり，

その5′両末端には分子量約55 000のタンパク質（terminal protein, TPと略称）が結合している。DNAポリメラーゼはゲノム上のE2B領域にコードされており，分子量約140 000のタンパク質である。DNAポリメラーゼ遺伝子のコーディング領域のすぐ上流には，TPの前駆体である分子量約80 000（80 K）のタンパク質（80 K precursor TP, 80 K-pTPと略称）のコーディング領域がある。DNAポリメラーゼと80 K-pTPは，アデノウイルス感染細胞から複合体の形で精製される。また，この複合体には3′→5′エキソヌクレアーゼが結合している。アデノウイルスDNAの複製は，80 K-pTPにdCMPが共有結合したものがプライマーになり開始される（protein-primed strand-displacement replication）。プロテインプライマーの形成は80 K-pTPのセリン残基のβ-OHとdCTP（鋳型鎖の3′末端のdGMP残基に対応）との間のホスホジエステル結合によるが，この反応を触媒しているのがDNAポリメラーゼであり，補助因子として働くのがアデノウイルス由来のDNA結合タンパク質（分子量約59 000）と宿主の核内タンパク質因子Ⅰである。80 K-pTPはDNAの末端9〜18デオキシリボヌクレオチド配列に，宿主の核内タンパク質因子Ⅰは，17〜48ヌクレオチド配列に結合することが報告されている。アデノウイルスのDNAポリメラーゼは，アデノウイルスのDNA結合タンパク質や宿主の核内タンパク質因子Ⅱ（DNAトポイソメラーゼⅠ）が存在する場合には，80 K-pTPに共有結合したdCMPの3′-OHを起点に，30 000ヌクレオチド残基以上の連続重合活性を示す。このことは，アデノウイルスのDNAポリメラーゼでアデノウイルスゲノムの合成が可能であることを示す。アデノウイルスと類似のDNA複製様式は，枯草菌ファージϕ29においても見られる。この場合は30 K-pTPにdAMPが共有結合したものがプライマーとなる。

1.5.2　ほかのウイルスのDNAポリメラーゼ

ヘルペスシンプレックスウイルス（herpes simplex virus, HSV）1型（ゲノムサイズ約10^8 Da）由来のDNAポリメラーゼは，分子量約150 000の単一サブユニットからなり，プルーフリーディングにかかわる3′→5′エキソヌク

レアーゼ活性を有する。ポリメラーゼ活性はアフィデコリン（aphidicolin）により阻害される。ワクシニアウイルス（vaccinia virus）（HSV1型と同様のゲノムサイズ）由来の酵素は分子量約110 000～115 000の単一サブユニットからなり，やはり3′→5′エキソヌクレアーゼ活性を持つ。遺伝学的知見からこれらのDNAポリメラーゼは，ウイルスDNAの複製に直接かかわっていると考えられる。

1.6 テロメラーゼ

真核生物の染色体DNAの末端機能構造体（テロメア）の3′末端をdNTPを基質として特異的に延長するDNAポリメラーゼで，テロメアターミナルデオキシリボヌクレオチジルトランスフェラーゼ（telomere terminal deoxyribonucleotidyl transferase）というべきところであるが，通常，略してテロメラーゼと呼ばれる。染色体DNAの複製において，DNAポリメラーゼはプライマーRNAの3′-OH末端にデオキシリボヌクレオチドを順次（5′→3′方向に）重合させていくので，染色体DNAラギング鎖の5′末端のプライマーRNAが除去された部分はそのままギャップとして残ることになる。したがって染色体DNAは複製のたびに短くなるはずであるが，実際には必ずしもそのようにはなっていない。この染色体DNA末端の複製のなぞ解きをしてくれたのが，テロメアの特殊構造であり，テロメラーゼの特性である。

テロメアはグアニン（G）に富んだテロメア配列（G鎖）と，シトシン（C）に富んだ相補的な配列（C鎖）からなる。5～10ヌクレオチド残基の短い配列が基本単位となり，これが高程度に反復している。ヒトの場合，若年者のテロメアの長さは20 kb程度もあるが，正常な体細胞のテロメラーゼ活性は極めて弱いので，ヒトのテロメアは加齢とともに短くなってゆく。生殖細胞には十分なテロメラーゼが存在しており，常時長いテロメアが維持されている。また，腫瘍化した細胞ではテロメラーゼ活性が強いことが知られている。テロメラーゼは，触媒サブユニット（telomerase reverse transcriptase, TERT），鋳型RNA,

付属タンパク質（telomerase associated protein, TEP）から構成されている。生物種により三つの成分のサイズもまちまちで，しかもこれらが複数ずつ会合し，ほかの未同定のタンパク質因子とさらに会合し，巨大分子を形成しているとの報告もある。テロメラーゼによるテロメアの合成について原生動物繊毛虫類のテトラヒメナの場合を例に具体的に述べる（**図 1.6**）。

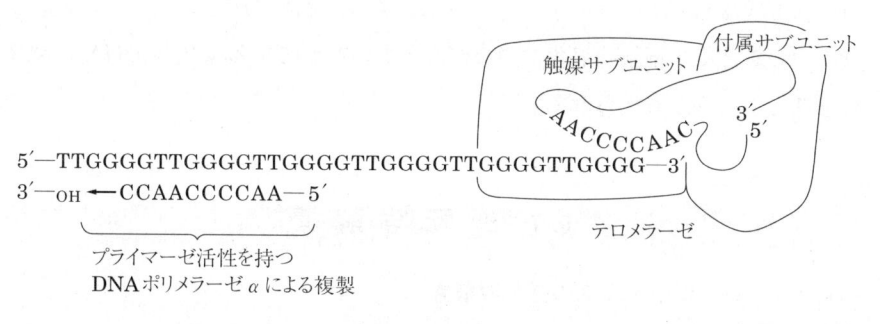

```
                                          付属サブユニット
                           触媒サブユニット
                              ┌─AACCCCAAC─┐
                              │           3'
                              │           5'
5'—TTGGGGTTGGGGTTGGGGTTGGGGTTGGGGTTGGGG—3'
3'—OH ← CCAACCCCAA—5'
                              テロメラーゼ
    ⎵⎵⎵⎵⎵⎵⎵⎵⎵⎵⎵⎵⎵⎵
    プライマーゼ活性を持つ
    DNAポリメラーゼαによる複製


5'—TTGGGGTTGGGGTTGGGGTTGGGGT
3'—  ← CCAACCCCAAGGGGTTGGGGT
             5'  3'
```

図 1.6 テトラヒメナの場合のテロメラーゼによるテロメア 3' 末端の延長合成模式図

テロメアの構造は，G 鎖では 5' TTGGGG 3'，C 鎖では 5' CCCCAA 3' が基本単位となり，数十回以上反復した構造となっている。ちなみに，ヒトでは 5' TTAGGG 3'/5' CCCTAA 3'，*S. cerevisiae* では 5' (TG)$_{1-3}$TG$_{2-3}$ 3'/5' C$_{2-3}$A(CA)$_{1-3}$ 3' が反復の基本単位となっている。鋳型 RNA は 159 ヌクレオチド残基（ヒトのものは 450 ヌクレオチド残基，*S. cerevisiae* のものは 1300 ヌクレオチド残基）からなり，その中に，テロメアの基本単位 5' **TTGGGG** 3' に相補的な配列 5' **CAACCCCAA** 3' を含む。テロメラーゼはこれを実際の鋳型として，少し一本鎖として突き出ている G 鎖の 3' 末端に作用し，G 鎖をさらに 5'→3' 方向に延長する。G 鎖の延長は 1 回に 1 基本単位長ずつ行われ，これが繰り返される。

以上のような触媒反応的特徴から，テロメラーゼは RNA 依存性 DNA 合成

酵素，すなわち逆転写酵素（1.7.1項参照）の一種ということができる。テロメアG鎖が延長されたあとは，延長されたG鎖を鋳型としてプライマーゼ活性を持つDNAポリメラーゼα（1.4.1項参照）が相補的なC鎖を合成し，テロメアの複製が一応完了する。しかし，このとき，C鎖を5′末端から分解する5′→3′エキソヌクレアーゼとポリメラーゼαの反応調節の結果，少し一本鎖として残るG鎖がフォールドバックしてG·G対合を介してヘアピン構造を形成することで，細胞の癌化につながるともいわれている染色体DNA間の融合を抑えていると考えられている。

1.7 逆転写酵素

1.7.1 レトロウイルスの逆転写酵素
〔1〕 特性および機能あるいは役割

1970年にBaltimore，あるいはTeminとMizutaniによって独立に，白血病ウイルスや肉腫ウイルスなどのレトロウイルス粒子中に発見された酵素である。この酵素の発見により，遺伝情報がRNAからDNAにも流れることが明らかになった。RNAを鋳型としてDNAを合成する，すなわち転写（transcription）の逆反応を触媒することから逆転写酵素と命名された。逆転写酵素はウイルス粒子中のRNAゲノムにコードされており，酵素タンパク質はほかのタンパク質とつながった状態で合成され，そのあとプロセシングされて成熟型の酵素となるが，精製された酵素の分子量はレトロウイルスの種類により異なり，70 000〜100 000と幅がある。おそらく，これには精製過程におけるタンパク質の非特異的な分解も多少絡んでいるものと考えられる。

逆転写酵素は，RNA依存性DNAポリメラーゼ活性（RNAまたはDNAプライマーの3′-OH末端にdNTPを基質としてデオキシリボヌクレオチドを5′→3′方向に重合する）（図1.7）に加え，リボヌクレアーゼH（RNase H），すなわちDNA-RNAハイブリッド（hybrid）のRNA鎖を3′→5′エキソヌクレアーゼ分解して5′にリン酸基（phosphoryl基）を持つオリゴリボヌクレオチ

1.7 逆転写酵素

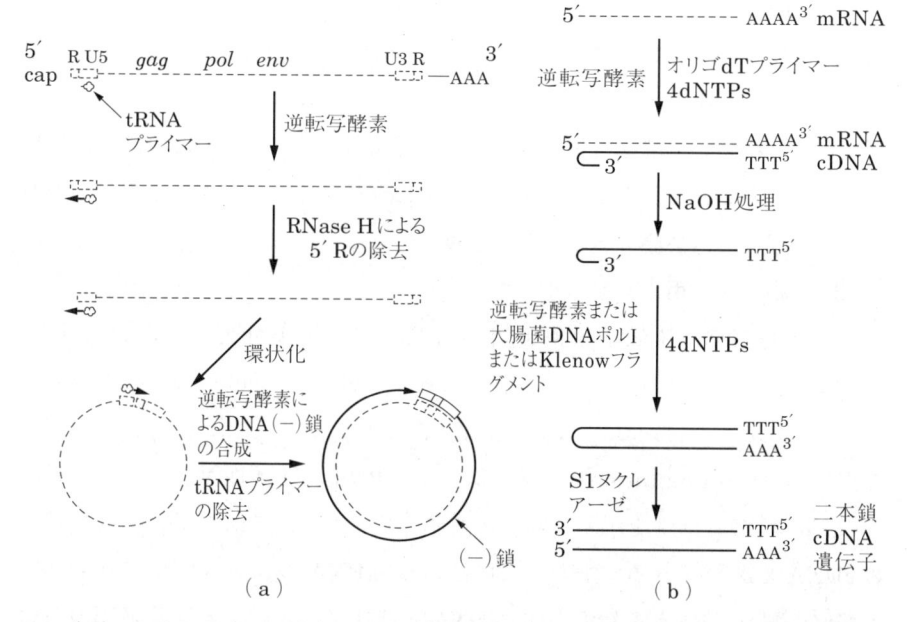

(a) レトロウイルスゲノム RNA((+)鎖)を鋳型とする相補的(-)鎖 DNA (cDNA)の合成。プライマーとなる tRNA はウイルスにより異なる。例えば AMV (トリ骨髄芽細胞腫ウイルス)の場合はトリプトファニル tRNA (tRNA^{Trp})であり、MLV(マウス白血病ウイルス)の場合はプロリル tRNA (tRNA^{Pro})である。U5 と U3 は 5′ あるいは 3′ 末端の特異的配列を、R は末端の正方向反復配列を意味する。

(b) mRNA からの二本鎖 cDNA 遺伝子の合成

図 1.7 逆転写酵素の働きと酵素特性の利用

ドを与える活性 (4.6.2〔2〕項参照)、および DNA を鋳型として DNA を合成する DNA 依存性 DNA ポリメラーゼ活性を示し、酵素分子中で DNA ポリメラーゼ活性ドメインと RNase H 活性ドメインとは分離できる。逆転写酵素はウイルス粒子中に存在する RNA (8 000～10 000 ヌクレオチド長の RNA 2 分子が 5′ 末端付近で結合している) から完全長の二本鎖 DNA (プロウイルス (provirus) DNA) を合成する。合成された二本鎖プロウイルス DNA は細胞の染色体に挿入され、挿入されたプロウイルス DNA 配列は、宿主細胞の RNA ポリメラーゼ(おそらくポリメラーゼⅡ)により転写され、ウイルス RNA ゲノムとなる。この RNA はプラス鎖で mRNA でもある。

逆転写酵素はウイルス粒子構築タンパク質の一つとして存在し，ウイルスが細胞内に侵入し，エンベロープ（グリコプロテイン（glycoprotein）と脂質からなる）がなくなるとはじめて活性が現れる。ウイルス粒子コアを用いた逆転写反応は，精製した酵素を用いた場合よりも効率的で，DNA鎖の連続伸長性も高い。このことは，ウイルス粒子コア中に存在するタンパク質が生体内における逆転写反応に必要であることを示唆している。

〔2〕応　用

逆転写酵素は，遺伝子組換え実験において必要不可欠なmRNAからのcDNAの合成に用いられる（図1.7）。AMV（avian myeloblastosis virus）やMLV（murine leukemia virus）由来の酵素がよく用いられる。MLVの酵素を点変異（point mutation）により改良し，RNase H活性がなく，かつ耐熱性の（60℃でも活性を示す）酵素が開発されており，これを用いれば長鎖長のcDNAを調製できる。また，この酵素はmRNAの5′末端，つまり転写開始部位の解析，RNAを鋳型とするDNA鎖伸長停止法による塩基配列の決定や，RT-PCR（reverse transcription PCR）などに用いられる。

1.7.2　真核細胞におけるほかの逆転写酵素

逆転写酵素はレトロウイルスだけではなく，レトロトランスポゾン（retrotransposon）といわれるRNA型の転移因子にもコードされており，ゲノムの再編成に関与している。レトロトランスポゾンはLTR（long terminal repeat）を持つグループと，持たないグループに大別される。前者にはショウジョウバエのコピア（copia）やS. cerevisiaeのTyエレメントがあり，後者にはヒトのL1やカイコのR2Bmがある。両レトロトランスポゾンとも逆転写酵素をコードするpol遺伝子とコアタンパク質をコードするgag遺伝子を有する。これらに加えて外膜タンパク質をコードするenv遺伝子を持つものがレトロウイルスということになる（図1.7(a)）。

ヒトの肝炎B型ウイルス（hepatitis B virus, HBV）は粒子内に環状の二本鎖DNAを有するが，この合成の過程に逆転写酵素（おそらくウイルスゲノム

にコードされている）がかかわっている。環状二本鎖DNAはギャップを持ち，ウイルスが細胞内に入ると粒子に含まれるDNAポリメラーゼでギャップが埋められる。ほとんど完全長のDNAが鋳型となり，ゲノム長のRNAが合成される。このRNAはウイルスタンパク質合成のためのmRNAであり，逆転写酵素によるDNA合成の鋳型となる。これと同じような機構は植物ウイルスのカリフラワーモザイクウイルス（cauliflower mosaic virus, CaMV）の複製においても見られる。

1.7.3 原核細胞の逆転写酵素

粘性細菌（myxobacteria）の *Stigmatella aurantiaca* や *Myxococcus xanthus*，あるいは大腸菌Bなどの特定株の細胞内には，比較的小サイズの枝分かれした(branched)RNA—DNA分子が見いだされる。この特殊構造分子の生理的意義については明らかではないが，その形成には逆転写酵素がかかわっている。例えば，*S. aurantiaca* の場合は，RNA部分が77ヌクレオチド，DNA部分が163ヌクレオチドからなっており，DNA 5′末端のdCMPの5′-Pと，RNA 5′末端から19番目のGMP残基の2′-OHとが5′,2′ホスホジエステル結合している。また，DNAとRNAの3′末端どうしが8塩基にわたって対合している。

この特殊分子は以下のようなプロセスで生成すると考えられている。RNA相当部分とDNA部分の配列は染色体上において逆向きになっており，各々の3′末端付近が重なり合っているが，一つのmRNAとして転写される。これら配列のすぐ下流に逆転写酵素の遺伝子が存在する。逆転写酵素は，mRNA上のRNA相当部分のGMPの2′-OH，あるいはGMPにdCMP（DNA部分の5′末端ヌクレオチド）が2′,5′ホスホジエステル結合したものをプライマーとして，mRNAの3′末端から5′方向にRNA鎖をDNA鎖に置き換えていく。この5′→3′方向のDNA合成は，鋳型となったRNAのRNase H（逆転写酵素分子中に内在）による分解除去を伴って進行すると考えられている。

1.8 末端デオキシリボヌクレオチジルトランスフェラーゼ

1.8.1 末端転移酵素の特性

末端デオキシリボヌクレオチジルトランスフェラーゼ（terminal deoxyribonucleotidyl transferase, EC 2.7.7.31）は単に末端転移酵素（terminal transferase）ともいわれる。一本鎖DNAまたは3′-突出し末端を持つ二本鎖DNAの3′-OH末端にdNTPを基質としてデオキシリボヌクレオチド残基を重合していく酵素で，鋳型DNAを必要としない。トリマー（trimer）以上のデオキシリボヌクレオチド断片にもデオキシリボヌクレオチドを重合できる。通常，反応はMg^{2+}存在下で行うが，Mg^{2+}の代わりにCo^{2+}を用いると，末端まで完全に対合している平滑末端DNA，あるいは3′末端が引っ込んでいる（5′末端が突き出している）DNAの3′末端にもデオキシリボヌクレオチドを重合できる。しかし，この場合は比較的多量の酵素が必要である。また，Co^{2+}の存在下ではrNTP（リボヌクレオシド三リン酸）も基質となり，DNAの3′末端にリボヌクレオチドのポリマーを付加することができる。

この酵素は正常な状態の哺乳類の胸腺（thymus）と骨髄（bone marrow）のみに見いだされる。仔ウシの胸腺から最初に精製された酵素は分子量が26 500と8 000のポリペプチド鎖からなっていたが，そのあと，同じ胸腺から精製された酵素は分子量79 000の単一ポリペプチドからなっていた。同時に鋳型を要求する通常のDNAポリメラーゼも分離されたが，興味あることに保存中にその活性を徐々に失い，その分だけ逆に末端転移酵素の活性が出現，上昇することが明らかにされた。このことは，末端転移酵素が鋳型要求型DNAポリメラーゼの分解産物である可能性を示唆する。

1.8.2 末端転移酵素の応用

末端転移酵素はDNA断片の接合に用いられる。一方のDNA断片にdAMPを数十残基くらい付加し，他方の断片にdTMPをほぼ同数付加する。これら末端延長したDNA断片を混合すると相補的な一本鎖部分で塩基対が形成さ

れ，DNA 断片が対合する（ポリ dA・ポリ dT 接合法）。同様に dGMP と dCMP 残基の付加によっても DNA 断片の接合が行える（ポリ dG・ポリ dC 接合法）。

1.9 各種 DNA ポリメラーゼの構造化学的共通性

　DNA ポリメラーゼの構造は人間の右手に似ており，三つのサブドメインすなわち palm（手のひら），fingers（親指以外の指），thumb（親指）から構成されている。分子量や触媒機能が異なるポリメラーゼでは fingers と thumb の両ドメインの構造が異なるものの，触媒活性中心ドメインである palm ドメインは保存されている。このような右手様の構造は DNA ポリメラーゼ（逆転写酵素などを含む）に限らず，RNA ポリメラーゼにおいても見られる。すべての DNA ポリメラーゼと RNA ポリメラーゼには保存された領域モチーフ A とモチーフ B があるが，これらはともに palm ドメイン内に存在する。表 1.3 に大腸菌（*Escherichia coli*）ポル I ファミリーに属する各種 DNA ポリメラーゼを例に両モチーフのアミノ酸配列を示す。

　モチーフ A を構成するアミノ酸は二価陽イオンと連携して正しい dNTP を取り込むことにかかわっている。例えばモチーフ A 内にアミノ酸置換を起こすと DNA 複製の忠実度が失われる。モチーフ A 内のアミノ酸について，細菌由来の DNA ポリメラーゼ I と，ポル I（分子量 109 000）とほぼ同じ分子量（98 000）の T7 ファージの RNA ポリメラーゼ（2.3 節参照）とを比較してみると，二価陽イオン介在型のヌクレオチド取込みに関与するアスパラギン酸（1 文字記号で D）は保存されているものの，dNTP との結合にかかわるチロシン（Y），グルタミン（Q），グルタミン酸（E），ロイシン（L）は保存されていない。ただ，ロイシンに関しては，RNA ポリメラーゼでは類似のイソロイシン（I）となっている。このようなアミノ酸の違いが両ポリメラーゼによる dNTP あるいは rNTP の取込みの違いに関連しているのかもしれない。

表 1.3 ポル I ファミリーに属する各種 DNA ポリメラーゼに見られる保存アミノ酸配列

生物		モチーフ A	モチーフ B
		705　　　710	754　758　762　766
細菌	*Escherichia coli*（大腸菌）	**D**YSQ I E**LR**	**R**RSAKA I NFGL I **YG**
	Haemophilus influenzae	**D**YSQ I E**LR**	**R**RNAKA I NFGL I **YG**
	Thermus aquaticus	**D**YSQ I E**LR**	**R**RAAKT I NFGVL**YG**
	Thermus thermophilus	**D**YSQ I E**LR**	**R**RAAKTVNFGVL**YG**
	Synechocystis sp.	**D**YSQ I E**LR**	**R**NLGKT I NFGV I **YG**
	Bacillus stearothermophilus	**D**YSQ I E**LR**	**R**RQAKAVNFG I V**YG**
	Bacillus subtilis（枯草菌）	**D**YSQ I E**LR**	**R**RQAKAVNFG I V**YG**
	Streptococcus pneumoniae	**D**YSQ I E**LR**	**R**RNAKAVNFGVV**YG**
ファージ	T 7	**D**ASGLE**LR**	**R**DNAKTF I YGFL**YG**
	T 3	**D**ASGLE**LR**	**R**DNAKTF I YGFL**YG**
	SP 01	**D**YSQLE**LR**	**R**TASKK I QFG I V**YQ**
ミトコンドリア真核生物	*Saccharomyces MIP-1*	**D**VDSEE**LW**	**R**NEAK I FNYGR I **YG**
	Caenorhabditis elegans（土壌線虫）	**D**YKQLE**LR**	**R**DAVKQLCYGL I **YG**
	Drosophila melanogaster（ショウジョウバエ）	**D**FCQLE**MR**	**R**NSTKQVCYG I V**YG**
ファージ T 7 RNA ポリメラーゼ*		**D**GSCSG I Q	**R**SVTKRSVMTLA**YG**

太字：高度に保存されたアミノ酸残基（1 文字記号）。細菌由来の DNA ポリメラーゼで見る限りモチーフ A の配列：DYSQIELR がよく保存されている。

＊：DNA ポリメラーゼとの比較の意味で示してある。

〔M. Astake, N. D. Grindley & C. M. Joyce：*J. Mol. Biol*., **278**, pp. 147-165（1998）より〕

2. RNAポリメラーゼと関連酵素

2.1 RNAポリメラーゼとは

　基本的には，4種の5′-リボヌクレオシド三リン酸（5′-rNTP，通常は5′-NTPで示す）を基質として，一本鎖の鋳型の塩基配列に従ってその3′→5′方向にリボヌクレオチド残基を重合していく（RNA鎖は5′→3′方向に合成する）酵素をいう。その中で最も中心的なのがDNAをRNAに転写するDNA依存性（DNA鎖を鋳型とする）RNAポリメラーゼ（EC 2.7.7.6）である。RNA鎖を合成する酵素としては，DNA複製時のプライマーRNAを合成するプライマーゼ（primase）や，RNAファージやウイルスのRNA複製を行うRNAレプリカーゼ（replicase）などがある。

　このほかに，ポリAポリメラーゼ，tRNAヌクレオチジルトランスフェラーゼ，ポリヌクレオチドホスホリラーゼなどのように鋳型を要求せず，RNA鎖あるいは短いリボヌクレオチド鎖を合成する酵素もある。この章では，以上のようなRNAポリメラーゼと関連酵素について，それらの特性と役割を解説するとともに，それらのDNA組換え技術，遺伝子工学への応用について述べる。

2.2 細菌のRNAポリメラーゼ

　細菌のRNAポリメラーゼは，基本的には1種類で，それがリボソームRNA（rRNA），メッセンジャーRNA（mRNA），トランスファーRNA（tRNA）す

べてを合成する。この酵素は通常サブユニット $\alpha, \beta, \beta', \sigma$ からなる。RNA 合成開始後の RNA 鎖伸長反応は，α_2, β, β' のサブユニット構成を持つコア酵素（core enzyme）によって行われるが，染色体 DNA 上の転写開始信号のプロモーター（promoter）を認識して結合するためには，転写開始因子の σ サブユニット一つがさらに結合したホロ酵素が必要となる。

サブユニット $\alpha, \beta, \beta', \sigma^{70}$ （主要な σ 因子で上付きの 70 は分子質量 70 kDa を意味する）は，それぞれ *rpoA*, *rpoB*, *rpoC*, *rpoD* 遺伝子によってコードされている。細菌由来の RNA ポリメラーゼの各サブユニットは，細菌間で互いに置換可能である（サブユニットの互換性がある）。シアノバクテリア（cyanobacteria，ラン藻ともいわれる）などでは，β' サブユニットに相当するタンパク質が β' と γ（遺伝子としてはそれぞれ *rpoC1*, *rpoC2*）と呼ばれる二つのサブユニットに分断されている。また，放線菌や単細胞緑藻などの RNA ポリメラーゼは基本構造的には細菌由来のものと同じであるが，古細菌（始原菌）由来のポリメラーゼは約 10 個のサブユニットから構成され，それらは細菌のものとは異なる。

2.2.1 大腸菌 RNA ポリメラーゼ

一番よく研究されており，ホロ酵素の分子量は約 460 000 である。各サブユニットの分子量および機能などについては**表 2.1** にまとめてある。示してあるサブユニットのほかに，ω と呼ばれる分子量 10 105 のサブユニット一つの会合が示唆されているが，その機能については不明である。サブユニット β は，RNA 合成の開始と伸長過程における NTP の結合にかかわっている。RNA 合成の開始を選択的に阻害するリファンピシン（rifampicin），あるいは RNA 鎖の伸長反応を選択的に阻害するストレプトリジギン（streptolydigin）があるが，これら抗生物質に耐性となった大腸菌は β に変異を持つことが報告されている。また，α_2, β' はホロ酵素とプロモーターの間の特異的な結合に関与していると同時に，DNA に対する非特異的な強い結合にも関与している。なお，β と β' の遺伝子である *rpoB* と *rpoC* はオペロン（operon）を形成して

表 2.1 大腸菌 RNA ポリメラーゼのサブユニット

サブユニット	構造遺伝子 (染色体上の位置, 分*)	ホロ酵素あたりの分子数	分子量	機　　能		
α	rpoA (74.1)	2	36 512	酵素のアセンブリー プロモーターへの結合 転写調節タンパク質との結合	コア	ホロ
β	rpoB (90.1)	1	150 619	NTPs 結合 RNA 合成開始と RNA 鎖伸長		
β'	rpoC (90.2)	1	155 159	DNA への結合		
σ^{70}	rpoD (69.2)	1	70 263	プロモーターの認識 RNA 合成開始		

* 構造遺伝子の染色体上の位置は大腸菌染色体全体を 100 分として表記される。

いる。

σ 因子にはメジャー因子とマイナー因子がある。これらはコア酵素（E と表示）と結合してホロ酵素（Eσ と表示）を形成し，各種遺伝子において正確な位置から RNA 合成（転写）を開始する。メジャー σ 因子としては，栄養増殖中に発現するほとんどの遺伝子の転写にかかわる σ^{70} と，定常期特異的な遺伝子の転写にかかわる σ^{38} があり，マイナー σ 因子としては，高温時(熱ショック時)に発現する遺伝子の転写にかかわる σ^{32}，窒素代謝系遺伝子群あるいは鞭毛タンパク質フラジェリン（flagellin）遺伝子群の転写にそれぞれかかわる σ^{54} や σ^{28} などがある。これら σ 因子と認識プロモーターの塩基配列などについては**表 2.2** にまとめてある。

表 2.2 大腸菌の σ 因子と認識プロモーターの塩基配列

σ 因子	遺伝子名	プロモーターの塩基配列
σ^{70}	rpoD	-35　　　　　　　　-10 TTGACA（16〜18 bp）TATAAT
σ^{38}	rpoS	σ^{70} と一部共通
σ^{32}	rpoH	CCCTTGAA（13〜15 bp）CCCGATNT
σ^{54}	rpoN	CTGGNA（6 bp）TTGCA
σ^{28}	fliA	CTAAA（15 bp）GCCGATAA

〔B. Lewin：Genes V, Oxford University Press (1994), p. 401 より〕

ホロ酵素 $E\sigma^{70}$ によって認識されるプロモーターコンセンサス（保存）配列は，転写開始点（+1）の上流 35 塩基（-35）付近の **TTGACA** と 10 塩基（-10）を中心とする **TATAAT** である．後者は発見者の名にちなんでプリブナウボックス（Pribnow box）といわれる．プロモーターの塩基配列は通常，mRNA と同一鎖（antitemplate strand），すなわちセンス鎖（sense strand）でいう

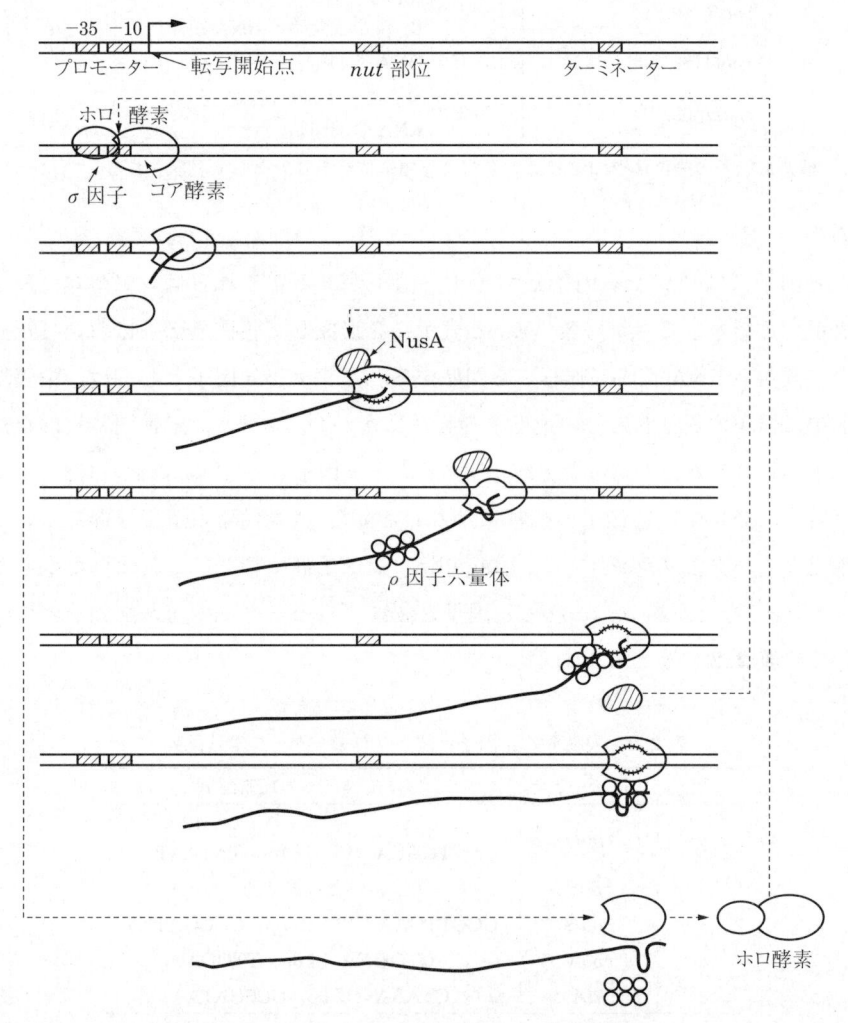

図 2.1 大腸菌における転写装置と転写過程の概略

ことになっている．プロモーターは RNA ポリメラーゼの結合位置と転写開始点，およびその方向を決める重要な DNA 領域であるが，$E\sigma^{70}$ による染色体上のプロモーターの認識と転写の開始の機構については，つぎのように考えられている（図2.1）．

まず，染色体上のプロモーター塩基配列を認識し，-35 領域に緩く結合する．この段階では DNA 鎖は閉じたままとなっているので，閉鎖複合体(closed complex) といわれる．ついで，-10 領域にスライドするとともに DNA 鎖を巻き戻して強く結合する．これが開鎖複合体（open complex）である．開鎖複合体においてホロ酵素 $E\sigma^{70}$ は，-35 配列の上流から転写領域に少し入り込んだ部位までを覆い隠す．このとき基質 NTP が存在すれば，$+1$ の転写開始点から $5'\to 3'$ 方向への RNA 鎖の合成が開始される．以上がホロ酵素による転写開始の基本的な機構であるが，転写の開始を制御するほかの要素としては，つぎのようなものがある．例えば転写開始促進因子（アクチベーター（activator））が存在するが，これは DNA 構造を局所的に変えてホロ酵素が RNA 合成を開始しやすいようにする．また，DNA のトポロジカル（位相幾何学的）な構造，特に負の超らせん構造がホロ酵素による RNA 合成の開始を制御することが知られている．しかしながら，その制御は遺伝子によって正であったり，負であったりする．

さて，図2.1 に示したように，ホロ酵素によって鋳型鎖(template strand)，すなわち，アンチセンス鎖（antisense strand）に相補的な RNA 鎖の合成が開始され，その鎖長が 8〜9 ヌクレオチドとなったところで σ 因子がホロ酵素から離れ[†]，コア酵素による RNA 鎖の伸長が進行する．転写が行われている領域では DNA 鎖が約 20 ヌクレオチドにわたって巻き戻され，鋳型 DNA 鎖と合成途中の RNA とが一部で DNA–RNA ハイブリッドを形成していると考えられている．RNA 鎖の伸長は，ターミネーター（terminator）と呼ばれる

[†] 最近，「σ^{70} 因子がコア酵素から離れずホロ酵素のままで mRNA 合成を完了させ，またつぎの DNA の転写を開始すると考えられる場合がかなりある」という注目すべき報告がなされた〔G. Bar-Nahum & E. Nudler : *Cell*, **106**, pp. 443-451 (2001)〕

転写終結部位で完了し，RNA ポリメラーゼが DNA 鎖より離れる。ターミネーターの構造は，大きく分けて転写終結因子である ρ 因子が関与しないターミネーター（ρ 非依存性ターミネーター）と，関与するもの（ρ 依存性ターミネーター）に分類される。いずれのターミネーターも RNA として機能する。つまり，ターミネーターの鋳型鎖をもとに合成された mRNA が機能するのである。

ρ 非依存性ターミネーターは一般に，G·C 塩基対に富んだ逆向き相補的繰返し配列（inverted complementary repeat sequence）と，それに続く連続した A 配列（鋳型鎖）を持つ。コア酵素は繰返し配列を合成し，U 残基を連続して合成したところで mRNA とともに DNA から離れる。

この機構はつぎのように考えられている。合成された mRNA が G·C 塩基対のところでステム（stem）-ループ（loop）構造，すなわちヘアピン構造を形成すると，コア酵素の転写速度が減衰し，鋳型 DNA に対合している RNA 部分が短くなって DNA-RNA 結合が不安定になる。しかもこれが比較的不安定な A·U 結合であるため，容易に DNA から mRNA が解離し，コア酵素が DNA から離れる。

一方，ρ 依存性ターミネーターは G·C 塩基対に富まない比較的短い逆向きの繰返し配列を持っているが，それに続く顕著な A 配列は観察されず，転写の終結には ρ 因子の助けが必要である。この場合はつぎのように考えられている（図 2.1）。転写開始後，σ がホロ酵素から離れ，コア酵素が DNA 上の *nut* 部位にきたところでそれに NusA と呼ばれる転写減衰因子（pausing factor）が結合し，転写終結の準備体制を整える。ρ 因子は転写終結点の上流（C に富み G が少ない配列）に結合してコア酵素に接近する。そして，NusA と置き換わる。ρ 因子はコア酵素に結合してその動きを抑えるとともに，ρ 因子の本来持つ DNA-RNA ヘリカーゼが作用し RNA 鎖を解離させ，コア酵素を DNA から離す。ρ 因子のさらに詳細については 6.3 節を参照されたい。なお，NusA とは逆に，λ ファージの N や Q タンパク質などのように，転写の終結を抑える抗転写終結因子（antitermination factor）も報告されている。

RNA ポリメラーゼホロ酵素は，大腸菌染色体やプラスミドの複製起点にお

いて，リーディング鎖伸長のためのプライマーとして働く比較的長いRNAを合成する。また，大腸菌の線状ファージM 13 DNAの（−）鎖複製の開始に必要なRNAプライマーも合成する。

2.2.2 枯草菌RNAポリメラーゼ

コア酵素のサブユニット構成 $\alpha_2\beta\beta'$ において大腸菌とは若干異なり，β が β' より大きく，メジャー σ 因子（σ^A）の分子量は55 000である。枯草菌はその胞子（spore）形成過程において順次合成される新しい σ 因子を持つホロ酵素が構築されることが知られている。例えば，胞子形成過程の前半において以下のようなことが明らかとなっている（図2.2）。

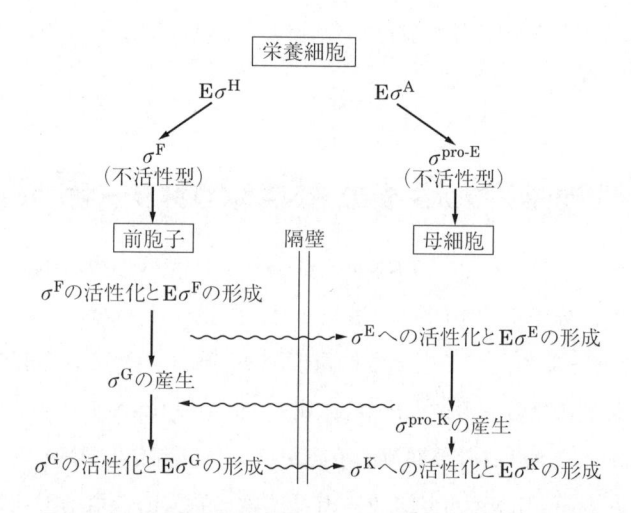

栄養細胞

$E\sigma^H$ → σ^F（不活性型）→ 前胞子
$E\sigma^A$ → σ^{pro-E}（不活性型）→ 母細胞

隔壁

σ^Fの活性化と$E\sigma^F$の形成
↓
σ^Gの産生 ～～～ σ^Eへの活性化と$E\sigma^E$の形成
↓
σ^{pro-K}の産生
↓
σ^Gの活性化と$E\sigma^G$の形成 → σ^Kへの活性化と$E\sigma^K$の形成

図2.2 枯草菌の胞子形成過程で新たにつくられる σ 因子

多数ある胞子形成関連遺伝子の一つ *spoO* 遺伝子群は，胞子形成の開始期において細胞分化の方向を決定するが，この中でも最初に働くのが *spoOA* 遺伝子である。栄養枯渇などのシグナルがタンパク質間のリン酸化連鎖反応によって伝わり，最終的にリン酸化されたSpoOAタンパク質ができる。リン酸化されたSpoOAは，転写活性化因子として機能し，新たな σ 因子，σ^F と σ^{pro-E} の生成を誘導する。σ^F 遺伝子は栄養増殖細胞のマイナー σ 因子である σ^H と

コア酵素（E）の複合体 $E\sigma^H$ によって，σ^{pro-E} 遺伝子は栄養増殖細胞のメジャー因子 σ^A とコア酵素の複合体 $E\sigma^A$ によって転写される．生成された σ^F と σ^{pro-E} は不活性型であり，σ^F は前胞子予定細胞において活性化され $E\sigma^F$ ができる．$E\sigma^F$ は前期の *spo* 遺伝子の転写を行い，その中の一つに σ^G 遺伝子がある．

つぎに σ^F の活性化のシグナルが隔壁内のタンパク質を通して母細胞に伝えられ，σ^{pro-E} が切断により活性化され σ^E となる．$E\sigma^E$ は母細胞内で σ^{pro-K} 遺伝子を転写する．このときの母細胞内での出来事がシグナルとなり前胞子に伝わり，σ^G が活性化され $E\sigma^G$ ができる．このシグナルが母細胞に伝わり，σ^{pro-K} が切断により活性化され σ^K となり $E\sigma^K$ ができる．$E\sigma^G$ と $E\sigma^K$ はそれぞれ前胞子と母細胞において後期 *spo* 遺伝子群の転写を行う．胞子形成過程で発現している遺伝子のうちで栄養細胞でも発現している遺伝子については，当然 $E\sigma^A$ や $E\sigma^H$ が転写を行っている．

2.3　ファージのRNAポリメラーゼ

大腸菌ファージT3とT7のRNAポリメラーゼは，宿主のRNAポリメラーゼとは異なり，分子量約10 000の単一サブユニットからなる．両ファージのRNAポリメラーゼの遺伝子（ともに遺伝子 *1*）は，ファージの前期遺伝子群（DNAの複製前に発現する遺伝子群）に属し，宿主のRNAポリメラーゼによって転写される．ファージの後期遺伝子群がファージ自身のRNAポリメラーゼにより転写される．RNAポリメラーゼは非常に特異的な塩基配列を持つプロモーター（23 bpからなる）に結合し，特定の部位から転写を開始する（**表 2.3**）．

一方，転写の終結については，ターミネーター領域に大腸菌の遺伝子の場合に似て逆向きの相補的繰返し配列とそれに続くAに富む配列が存在するが，ここを通り越して転写が続行（read through）されることがあり，あまりよくわかっていない．サルモネラ菌（*Salmonella typhimurium*）のファージSP6のRNAポリメラーゼもすべての点でT3とT7のRNAポリメラーゼと酷似

2.3 ファージのRNAポリメラーゼ

表 2.3 T7, T3, SP6 ファージの RNA ポリメラーゼの認識するプロモーターの塩基配列

ファージとプロモーター クラスIII コンセンサス	地図上の位置	塩基配列 −15　　　−10　　　−5　　　+1　　　+5 T A A T A C G A C T C A C T A T A Ġ G A G A
T7 クラス II		
φ1.1A	14.6	C - - - - - - - - - - - - - - - - A - A - -
φ1.1B	14.8	- - - - - - - - - - - - - - - - - - A G A -
φ1.3	15.9	- - - - - - - - - G - - - - - - - - - - C -
φ1.5	19.3	- - - - - - - - - - - - - - - A - - A G - T
φ1.6	19.6	- - - - - - - - - - - - - - - A - - A G A C
φ2.5	22.6	- - - - - - - - - - - - - - - - - T A - G A -
φ3.8	27.9	- - T G A - - - - - - - - - - A - - - - - -
φ4.3	33.3	- - - - - - - - - - - - - - - A - - A G A C
φ4.7	34.7	C T - - T - - - - - - - - - - - - - A G A C
T3	1.2	- - T - T A C C - - - - - - - A - - - - A T
	22.5	- - - - T A C C - - - - - - - A - - - - A C
	44.5	A - T - - A C C - - - - - - - A - - - - A G
	51.5	A - T - - A C C - - - - - - - A - - - - - -
	16.1	- - - - - A C C - - - - - A G A - - - - - -
SP6 クラス III		A T T - - G - T G A - - - - - - - A A T A G

T7 クラス II は複製にかかわる遺伝子群，T7 と SP6 クラス III はパッケージングにかかわる遺伝子群，塩基配列における +1 は転写開始点に相応する塩基，ダッシュは同一の塩基を意味する．〔P. D. Boyer (ed.)：The Enzymes, Vol. XV (1982) の p.101 より〕

している．以上，3種類のファージRNAポリメラーゼとそれらのプロモーター塩基配列の組合せは遺伝子工学的に利用され，5′末端がそろった多数のRNAコピー，およびそれらに相補的な RNA（アンチセンスRNA）の調製に用いられている．RNAの3′末端については，例えば，鋳型として制限酵素切断した直鎖状DNA（効果的なターミネーターを含まない）を用いれば制限酵素切断点が末端となる．

枯草菌ファージ PBS2 の RNA ポリメラーゼは，五つのサブユニットからなる分子量約 260 000 のタンパク質で，ファージの後期遺伝子の転写に関与する．また，大腸菌ファージ N4 の RNA ポリメラーゼは，分子量約 350 000 の大きな一つのポリペプチドからなり，ファージ粒子に結合している．ファージが宿主に感染するとすぐに機能を発揮し，ファージ前期遺伝子の転写を行う．枯草

菌ファージ SPO1 の場合は，その溶菌サイクルにおいて順次新しい σ 因子を合成し，これを宿主 RNA ポリメラーゼのコア酵素に会合させ，ファージの中期あるいは後期遺伝子の転写を行っている。ファージの前期遺伝子は，宿主のホロ酵素 $E\sigma^A (\sigma^{55})$ によって転写される。前期遺伝子のうち遺伝子 *28* の産物が σ^{gp28} で，$E\sigma^{gp28}$ が中期遺伝子の転写を行う。中期遺伝子のうちの二つの遺伝子 *33* と *34* の発現産物が σ^{gp33} と σ^{gp34} で，$E\sigma^{gp33}$ と $E\sigma^{gp34}$ が後期遺伝子の転写を行う。

大腸菌ファージ T4 の場合も SPO1 と同様の機構でファージの前，中，後期遺伝子の転写が行われる。ただ，T4 の場合は，宿主 RNA ポリメラーゼによって転写されたファージ前期遺伝子のうちの *alt* および *mod* の発現産物が，宿主 RNA ポリメラーゼの α サブユニットを時間的に少しずらして 2 回 ADP-リボシル化することが知られている。ここにあげていないファージ，例えば，大腸菌を宿主とする λ，M13，f1，fd，φX174 などの場合は，ファージの遺伝子はすべて大腸菌の RNA ポリメラーゼによって転写発現されている。

2.4 真核生物の RNA ポリメラーゼ

真核細胞では RNA ポリメラーゼ I，II，III の 3 種類があり，それぞれが異なる種類の RNA の合成を担当している（**表 2.4**）。I，II，III はともに約 10 種類のサブユニットからなる複雑な構造を持つ（分子質量 500～600 kDa）。サ

表 2.4 真核生物の RNA ポリメラーゼ

クラス	細胞内局在	合成産物	α-アマニチン感受性	細胞内相対活性〔%〕
I	核小体(仁)	35～47 S rRNA 前駆体	抵抗性	50～70
II	核質	mRNA 前駆体 U1, U2, U3, U4, U5 snRNA	非常に感受性	20～40
III	核質	tRNA, 5S rRNA, U6 snRNA etc.	種により異なる（概して高濃度で活性阻害あり）	～10

ブユニットの中には3種類の酵素に共通なサブユニットと，それぞれの酵素に特異的なサブユニットがある。しかしながら，個々のサブユニットの機能についてはあまりよくわかっていない。真核細胞のRNAポリメラーゼは，原核細胞（細菌）のRNAポリメラーゼのコア酵素に近く，単独ではプロモーターからの正確な転写を行えず，転写を開始するためには，複数の基本転写因子（general transcription factor, TF）および転写調節因子を必要とする。

2.4.1 RNAポリメラーゼI

核小体（仁，nucleolus）に存在し，rRNAのうち大きいもの，すなわち18, 5.8, 28 Sを含む45 Sの前駆体（precursor）RNAを合成する。このポリメラーゼは，RNAポリメラーゼの種類の特定によく用いられる*Amanita*属のきのこが産生するα-アマニチン（有毒性オクタペプチド）に抵抗性を示す。各種の真核生物から分離されており，9～14個のサブユニットからなる。二つの最も大きい220と140 kDaのサブユニットは，RNAポリメラーゼIIおよびIIIのそれぞれの最も大きい二つのサブユニットと相同性があり，興味あることに，これらは大腸菌RNAポリメラーゼの大きいサブユニットβ，β'とアミノ酸配列において相同性がある。RNAポリメラーゼIの比較的小さいサブユニットは15～50 kDaで，うち三つはIIおよびIIIと共通，二つはIIIと共通，ほかはIに特異的である。rRNAを合成していない細胞ではRNAポリメラーゼIは不活性型となっているが，rRNAの合成が開始された細胞には活性型が見られるようになる。活性型と不活性型の違いが酵素タンパク質分子のどのような構造的相違によるのかは不明である。

RNAポリメラーゼIの作用するプロモーター領域は二つのエレメントからなっている（図2.3）。上流側エレメント（-180～-107の領域）はUCE（upstream control element）といわれ，転写開始点を含む下流側エレメント（-45～$+20$の領域）は，コアプロモーター（あるいはコア領域）と呼ばれる。これらエレメントの塩基配列は生物種により少し異なっている。ヒトの場合で見るとコアプロモーターとUCEはG・C塩基対に富み，それらは約85%の相

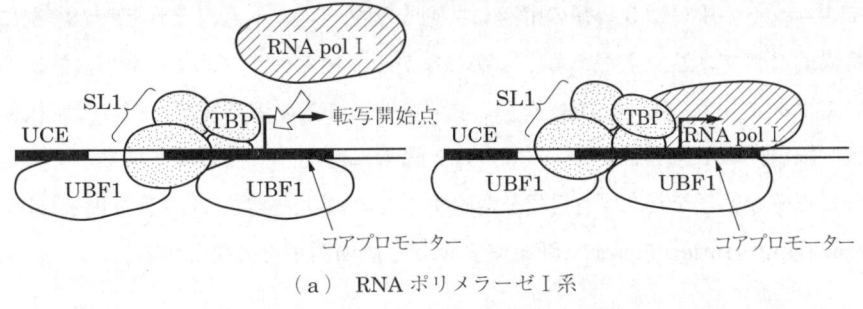

図 2.3 真核生物転写系におけるプロモーター領域と転写因子による RNA ポリメラーゼの配置

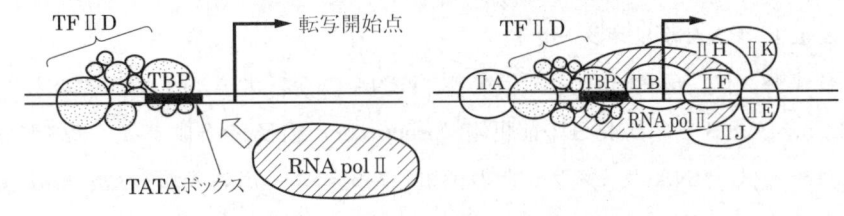

(a) RNA ポリメラーゼ I 系
(b) RNA ポリメラーゼ II 系
(c) RNA ポリメラーゼ III 系

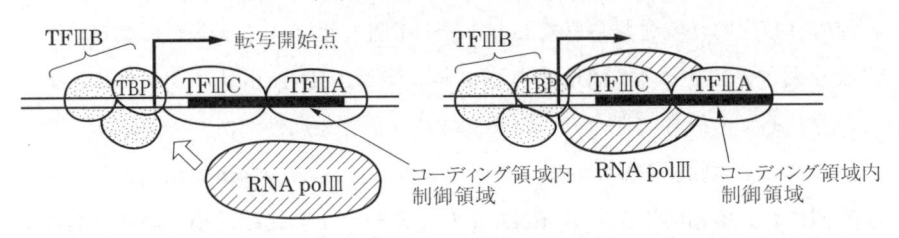

同性を示す。RNA ポリメラーゼの転写開始因子として SL1 と UBF1 が必要とされる。SL1 は四つのサブユニットからなっており，その中に RNA ポリメラーゼ II と III でも機能する TBP（TATA box–binding protein）が含まれている。UBF1 の方はサブユニット構造をとっていない。まず，UBF1 が UCE とコアプロモーターの両方に結合し，その後，SL1 が UBF1 に結合する（SL1 は単独では正確な場所に結合できない）。コアプロモーター領域に形成された UBF1-SL1 複合体に RNA ポリメラーゼが会合し，転写が開始される。UCE において形成されている UBF1-SL1 複合体がどのような働きをするかにつ

いては今のところ明らかではない。

転写の終結機構については，ターミネーター領域に特徴的な配列が見られるが，それらが転写終結にどのようにかかわっているかは不明である。

2.4.2 RNAポリメラーゼⅡ

核質（nucleoplasm）に存在し，mRNA前駆体を合成する。これらは，スプライシングのあと7-メチルグアノシン（m^7G）でキャップされる（7.2.2項参照）。また，核内低分子RNA (small nuclear RNA, snRNA) のうち，U1，U2，U3，U4，U5の合成も行う。これらは転写のあと2,2,7-トリメチルグアノシン（$m_3^{2,2,7}G$）でキャップされるものである。成熟型U6は，5′末端がモノメチルリン酸エステルでブロックされているが，これだけがRNAポリメラーゼⅢで転写される。U6を含めsnRNAは100〜200塩基長で，核小体に存在するU3以外はすべて核質に存在し，タンパク質と結合してリボ核タンパク質snRNP（図4.17(a)参照）を形成し，mRNA前駆体のスプライシングを行う。酵素は各種真核生物から分離されているが，すべて9あるいは10個のサブユニットからなり，それらの物理的特性は酷似している。

サブユニットの五つがほかのRNAポリメラーゼと相同性を持つことについては前項で触れた。残る四あるいは五つのサブユニットはRNAポリメラーゼⅡに特異的なものである。RNAポリメラーゼⅡはα-アマニチンに非常に感受性であり，これがこの酵素の特徴となっている。α-アマニチンはRNA合成の開始には影響を与えないが，RNA鎖の伸長反応を阻害する。α-アマニチンの標的は最も大きい220 kDaサブユニットである。このサブユニットはまた生理的なリン酸化-脱リン酸化反応の標的サブユニットでもある。この反応はサブユニット内の複数の場所で起こるが，高程度にリン酸化された酵素はリン酸化されていないものより顕著に高い活性を示す。

さらに，このサブユニットはそのC末端に7個のアミノ酸からなる配列Tyr–Ser–Pro–Thr–Ser–Pro–Serが30〜50回繰り返された構造（carboxy terminal polypeptide domain, CTDと略称）を持つ。この繰返しが12回以下

になるとRNAポリメラーゼ活性は失われる。CTDはSer（セリン），Thr（スレオニン）に富んでいるので，これらがリン酸化の起こる部位と予想される。興味あることに，リン酸化されたCTDにmRNAのキャッピング酵素が結合することが知られている（詳細は7.2.2項参照）。

　RNAポリメラーゼⅡは転写を開始するにあたり，非常に多くの基本転写因子TFⅡA，ⅡB，ⅡD，ⅡE，ⅡF，ⅡH，ⅡJ，ⅡKなどと会合し，転写装置を構築する（図2.3）。ほとんどのTFは複数のサブユニットから構成されているので，サブユニットの総数は30種以上になる。TFⅡHは五つのサブユニットを含み，タンパク質キナーゼ活性を持つが，この活性により上述のCTDがリン酸化される。CTDのリン酸化が引き金となってRNAポリメラーゼⅡが転写を開始するようになると考えられている。TFⅡFは大小二つのサブユニットからなる。大きいサブユニット（RAP 74）はATP依存性のヘリカーゼ活性（6章参照）を持ち，転写に必要なDNA二重鎖の開裂を行っていると考えられる。小さいサブユニット（RAP 38）は細菌のσ因子と部分的相同性のあるアミノ酸配列を有する。

　転写開始には基本転写因子のほかに，転写の開始を促進する転写調節因子がかかわっており，両因子の染色体上の結合配列（シスエレメント）も明らかにされている。転写開始点より約30塩基上流（−30の位置）にTATAボックス（発見者にちなんでホグネス（Hogness）ボックスともいう）が存在するが，ここにTBPサブユニットを含むTFⅡDが結合する。これにTFⅡAとTFⅡBが会合し，ついでTFⅡFが結合したRNAポリメラーゼⅡ本体，そしてTFⅡE，TFⅡHとTFⅡJやTFⅡKが会合すると考えられている。しかし，最近になって，S. cerevisiaeから特異的な転写活性を持つ転写装置様複合体が分離された。これは大腸菌RNAポリメラーゼのコア酵素に似ているようにも見える。このような複合体の分離が，DNAの関与なしにサブユニットが会合し，そのあとでプロモーター部位に結合することを示唆するのか，それともDNAの関与のもとに上述のようにサブユニットが会合し，生じた複合体がDNAからそのままで解離したものをたまたま分離したのかについては，今後明らかに

されなければならない。

　さて，転写開始点よりさらに 70〜80 塩基上流（−70〜−80）にある CCAAT ボックス，さらに上流にある GGGCGG（略して GC）ボックスなどの上流域転写調節配列（upstream regulatory sequence，URS）と，これらに特異的に結合する転写調節因子，例えば，CCAAT transcription factor の CTF あるいは GC ボックスに特異的な Sp1 などが，転写の開始とその効率において重要な働きをしている。URS 内のシスエレメントの種類や位置関係については，上述のような標準的なものばかりではなく，遺伝子によって実はまちまちで，TATA ボックスと CCAAT ボックスの間にも GC ボックスがあるものや，TATA ボックスがなく，複数の GC ボックスのみからなるものなどがあり複雑である。

　転写調節因子は各種の真核細胞から分離され，その数は数百種以上に上るが，これらは，通常，三つの機能的ドメイン，すなわち DNA 結合ドメイン，転写活性化ドメイン，転写制御ドメインを持つ。

　DNA 結合ドメインは，標的遺伝子の調節 DNA エレメントへの特異的な結合に関与する。その構造的特徴から，ヘリックス・ターン・ヘリックス構造，ジンクフィンガーやジンククラスター構造，塩基性領域—ロイシンジッパー構造，塩基性領域—ヘリックス・ループ・ヘリックス構造などを持つタイプに分けられる。

　転写活性化ドメインは，転写調節因子が転写を促進するのに必要なドメインであって，具体的には，基本転写因子やそれと結合する補助因子（コファクター）などとの相互作用に必要なものである。化学的特徴としては，酸性領域，高グルタミン領域，高プロリン領域などがあげられる。

　転写制御ドメインは，ほかの二つのドメインの持つ働きを制御するものであって，制御の方法としては，リガンド，リン酸化，阻害因子などによるものがある。

　転写調節因子の多くは転写を促進するように働くが，中には転写を抑制するものや，遺伝子に依存して転写を促進あるいは抑制するものもある。また，転

写調節因子の多くはその存在および作用が組織あるいは細胞特異的である。また時期特異的に作用する転写調節因子もある。

　以上の転写調節因子は，転写開始点から上流100〜150塩基の間，いわゆるプロモーター内に存在するURSシスエレメントに結合するが，これとは異なり，転写開始点から1〜2kbくらい離れた位置にあって転写の開始を顕著に促進するシスエレメントがあり，エンハンサー (enhancer) と呼ばれる。エンハンサーはプロモーターからの距離，相対位置，および方向性によって活性がほとんど変わらず，遺伝子5′上流のみならず，3′下流やイントロン内にも存在する。このエンハンサーに特定のタンパク質因子 (転写調節因子) が結合し，離れた場所にある転写装置による転写の開始を促進する。この分子機構としてはDNAのルーピングモデルが提出されている。これは，転写装置あるいは近傍の転写調節因子とエンハンサーに結合している転写調節因子が相互作用するか，離れている転写調節因子の両方に結合できる新たなタンパク質因子の作用によりDNAのループ構造が形成されるというものである。ループ構造の形成がどのように転写の開始を促進するかについては不明である。

　RNAポリメラーゼIIによる転写終結機構については，ポリA付加シグナル (polyadenylation signal) AATAAAの数十塩基下流にTに富む配列があり，これが転写終結シグナル (transcription termination signal) であろうと考えられている。この点については，2.7節で述べる。

2.4.3　RNAポリメラーゼIII

　RNAポリメラーゼIIIはIIと同じように核質に存在し，タンパク質をコードしていない低分子RNA群の合成を行う。例えば，tRNA (73〜93ヌクレオチド長)，5S rRNA (約120ヌクレオチド長)，スプライシングにかかわるsnRNAのU6 (約100ヌクレオチド長) (図4.17(a) 参照)，細胞内タンパク質輸送にかかわる分泌シグナル配列認識粒子 (signal sequence recognition particle, SRPと略称) の構成RNA分子7SL RNA (約300ヌクレオチド長)，アデノウイルスの粒子構成タンパク質合成にかかわるVA1 RNA (157ヌクレオチド

長)や VA 2 RNA (140 ヌクレオチド長)，エプスタイン-バーウイルス (Epstein-Barr (herpes) virus, EB virus) の潜伏期に盛んに合成され細胞側 La タンパク質と結合している EBER 1 RNA (166 ヌクレオチド長) と EBER 2 RNA (172 ヌクレオチド長)，代表的反復配列の一つ *Alu* 配列由来の RNA 群 (*Alu* RNAs)，機能不明の 7 SK RNA などがそれである。

RNA ポリメラーゼⅢのサイズは約 650 kDa で，構成サブユニットの数は真核生物種や酵素精製法の違いにより異なるが，10〜15 個と考えられている。このうちの最も大きい 140 と 170 kDa のサブユニットが，RNA ポリメラーゼⅠとⅡの二つの大きいサブユニットおよび大腸菌 RNA ポリメラーゼの β, β' と相同性を持つことを 2.4.1 項で述べた。ほかのサブユニット (10〜90 kDa) については，90 kDa のものはⅢに特異的であるが，三つの小さなものはⅠとⅡの相応するサブユニットと酷似している。RNA ポリメラーゼⅢの活性は高濃度の α-アマニチンで阻害される。

RNA ポリメラーゼⅢが標的とする遺伝子は大きく二つのタイプに分けられる。一つは，転写開始点下流のコーディング領域内にある制御領域 (internal control region, ICR と略称) および 5′ 上流配列をプロモーターとして持つもの，他は RNA ポリメラーゼⅡのそれに近いものをプロモーターとして持つものである (図 2.3)。前者には，5 S rRNA, tRNA, 7 SL RNA, AV RNAs, EBER RNAs などの遺伝子があり，後者には，U 6 RNA と 7 SK RNA などの遺伝子がある。

前者に属する *Xenopus* (アフリカツメガエル) の 5 S rRNA 遺伝子 (5 S rDNA) は，ICR として A ボックス (+50〜+64) と C ボックス (+80〜+90) を持つ。まず，TFⅢA (40 kDa で，DNA 結合にかかわる九つの Cys 2/His 2 タイプのジンクフィンガーを持つ) が C ボックスを含む配列に結合することにより，TFⅢC (500 kDa 以上の複合体) が A ボックスを含む配列に結合できるようになる。そして TFⅢC に TFⅢB が結合する (TFⅢB が単独では DNA に結合できない)。転写開始点近傍に形成された TFⅢC-TFⅢB 複合体に RNA ポリメラーゼⅢが会合する。ほかの真核細胞の 5 S rDNA の場合も類似の

ICRを有する。しかしながら，ICRのみで転写開始反応が十分に行われるのが*Xenopus* oocyte（卵母細胞）の場合のみで，*Xenopus* somatic cell（体細胞）はじめほかの多くの真核細胞の5S rDNAの場合は，ICRに加えて転写開始点から上流-20あるいは-30付近の塩基配列が転写に必要といわれている。

やはり前者に属するtRNA, 7SL RNA, AV RNAs, EBER RNAsなどの遺伝子の場合は，ICRとしてAボックスとBボックスを持つ。*Xenopus*のtRNA[Leu]の遺伝子で見ると，Aボックスが+10～+20に，Bボックスが+65～+75に存在する。TFⅢCがBボックスからAボックスにかけて広範囲に結合し，TFⅢCにTFⅢBが結合する。この場合にはTFⅢAが関与しないとされている。上記と同様，TFⅢC-TFⅢB複合体にRNAポリメラーゼが会合する。

後者に属するU6 RNAや7SK RNA遺伝子の場合は，転写開始には開始点から上流-200～-300までの塩基配列が必要である。両遺伝子とも-29～-24にTATA配列があり，これが転写に必須のエレメントである。さらに上流には他のsnRNA遺伝子の場合に見られるエレメントやRNAポリメラーゼⅡに共通のエレメント（GCボックス，オクタマー配列ATTTGCATなど）があるが，これらが転写に必要なRNAポリメラーゼⅢのエレメントかどうかは明らかではない。また，U6遺伝子の転写開始点上流の配列はU1～U5のそれらと顕著な相同性がある。もしかしたら，RNAポリメラーゼのⅢとⅡが両方ともこれらの転写にかかわっているかもしれない。

*Xenopus*の5S rDNAの転写終結は，RNAポリメラーゼⅢと転写終結シグナル5′ GCAAAAGC 3′（鋳型鎖の配列）だけで正確に行われることが*in vitro*の実験で示されている。VA1 RNAや*Bombyx*（カイコ）のtRNA遺伝子の場合も類似の終結シグナルがあることが知られている。

2.4.4　細胞小器官のRNAポリメラーゼ
〔1〕　ミトコンドリアRNAポリメラーゼ

核内染色体に由来し，64～68 kDaの単一サブユニットからなり，α-アマニチンやリファンピシンに抵抗性を示す。このRNAポリメラーゼの認識するプ

ロモーターは転写開始点を含み 40 bp からなる領域であるが，プロモーターの塩基配列は生物種により異なる。このことは RNA ポリメラーゼ自身の構造が生物種により異なることを示唆する。RNA ポリメラーゼは，ミトコンドリア DNA のほとんど全領域を H 鎖複製起点（ORI-H）の近くから両方向に転写する。H 鎖を鋳型とする場合，同時に 10 倍量の短鎖長の RNA を合成する。この RNA はプロセスされて 12 S rRNA，16 S rRNA，二つの tRNA になる。H 鎖の長鎖長転写産物および L 鎖の転写産物は，プロセスされて種々の mRNA や tRNA になる。また，L 鎖の転写産物のうちのあるものは 5′末端から 200 リボヌクレオチド以内で切断され，この短鎖長の RNA が ORI-H からの DNA 複製の開始に際しプライマーとなる。

〔2〕 クロロプラスト RNA ポリメラーゼ

分子質量 200～380 kDa で数個のサブユニットからなると考えられているが，このうち少なくとも三つはクロロプラストのゲノムに由来する。クロロプラストの遺伝子のプロモーター構造は原核生物のそれに類似している。クロロプラストの起源は，光合成能を持つシアノバクテリア（ラン藻）のような原核生物が原始的な真核生物と共生したものであると考えられているので，RNA ポリメラーゼも原核生物型とすれば 3～4 個のサブユニットを持つことになる。

2.5　プライマー RNA ポリメラーゼ（プライマーゼ）

プライマー RNA ポリメラーゼは DNA 依存性オリゴリボヌクレオチド合成酵素ということができるが，DNA 複製においてラギング鎖の合成に必要な短鎖長のプライマー RNA の合成を行うことから，単にプライマーゼといわれる。代表的なプライマーゼとしては大腸菌の DnaG タンパク質（*dnaG* 遺伝子産物）がある。これはリファンピシンに耐性で 60 kDa の単量体である。プレプライモソーム（preprimosome）と会合してプライモソーム（primosome）を形成し，短い（2～5 リボヌクレオチド長）多数のプライマーを合成する（一般的プライミング）。

プレプライモソームは6種類のプレプライミングタンパク質（prepriming protein）n′(PriA), n(PriB), n″(PriC), i(DnaT), DnaB（主要なヘリカーゼ）(6.1.1項参照)，DnaCの複合体である。プライモソームは，ファージϕX 174 DNAの複製においてSSBでコートされた中の特異的な塩基配列（G site）を認識し特定部位に短い（2〜5リボヌクレオチド長）プライマーを合成する（特異的プライミング）。ϕX 174と同じ環状一本鎖DNAファージであるG 4とM 13の場合は，異なる様式によりプライマーが合成される。G 4は独自のプライマーゼにより，M 13は宿主（大腸菌）のRNAポリメラーゼホロ酵素により，DNA中のヘアピンループ領域に相補的な20〜30リボヌクレオチド長のプライマーが合成される。ファージがプライマーゼをコードしている例としては，ほかにT 7の遺伝子 *4* の発現産物（gp 4）や，T 4の遺伝子 *41* と *61* の発現産物の複合体（gp 41-gp 61）がある。T 7 gp 4は63 kDaで5′→3′ヘリカーゼ活性を合わせ持つ（6.1.3項参照）。T 4 gp 61（40〜45 kDa）がプライマーゼの本体であり，gp 41（53 kDa）は5′→3′ヘリカーゼ活性を持つ（6.1.4項参照）。

ファージのほかにプラスミドがプライマーゼをコードしていることもある。自己伝達性を持つ大型のコリシンColIb（*sog* 遺伝子）や自己伝達性を持たない小型のコリシンColE 2（*rep* 遺伝子）がそれである。プライマーゼは酵母，ショウジョウバエ，哺乳動物培養細胞などからも分離されている。これらはRNAポリメラーゼIIやIIIとは異なり，α-アマニチンに耐性のオリゴリボヌクレオチド合成活性を持つ。二つのサブユニットからなっており，DNAポリメラーゼα（I）の構成サブユニットでもある（表1.2参照）。

2.6 RNAレプリカーゼ

RNAを鋳型としてRNAを合成する，つまりRNA依存性RNA合成酵素（RNA-dependent RNA polymerase）である。RNAをゲノムとして持つファージやウイルスのRNA複製（RNA replication）を触媒することから，RNA複

製酵素，RNA レプリカーゼ（replicase）といわれることが多い．以下単にレプリカーゼという．

大腸菌の RNA ファージとして，MS 2，R 17，f 2（Ⅰ群）や Qβ（Ⅲ群）などがあるが，これらはファージ粒子内に直鎖状の（＋）鎖 RNA（mRNA と同一鎖）を持つ．ファージのレプリカーゼはまず（＋）鋳型鎖に相補的な（－）鎖を合成し，ついで（－）鎖が鋳型として（＋）鎖を合成する．レプリカーゼは鋳型特異性が高く，宿主 RNA のみでなくほかのグループに属するファージの RNA を認識，区別できる 4 種類のサブユニット α，β，γ，δ から構成されている．α，β，γ はそれぞれ大腸菌の 30 S リボソームタンパク質 S 1（70 kDa），翻訳過程のポリペプチド鎖伸長因子 EF-Tu（30 kDa）および EF-Ts（45 kDa）であり，β のみがファージ遺伝子の産物である（ちなみに，ファージはほかには成熟タンパク質（A タンパク質）とコートタンパク質だけをコードしている）．

β サブユニット（Qβ の場合は 65 kDa）は RNA 鎖合成反応を触媒するとともに，鋳型特異性に関与するとされている．レプリカーゼは（＋）鎖の 3′ 末端に結合し，NTPs を基質として 5′→3′ 方向にリボヌクレオチドを重合し，（－）鎖を合成する．Qβ の場合で見ると，この反応に大腸菌由来の補助因子（host factor Ⅰ，HF-Ⅰ）が必要である．HF-Ⅰ は分子量 12 500 のサブユニットの六量体で，Qβ RNA の複数部位に結合し，RNA の二次構造を変化させることでレプリカーゼの作用を助けていると考えられる．ほかの大腸菌ファージの場合は要求する補助因子が異なるようである．二本鎖(＋)(－) RNA（複製型 RNA，RF（replicative form）RNA）の（－）鎖を鋳型としてその 3′ 末端からつぎつぎと（＋）鎖の合成が始まり，一本の（－）鎖に数本の複製途中の（＋）鎖が部分的に対合した複製中間体（replicative intermediate，RI）の形成を通して多数の元の（＋）鎖 RNA が合成される（図 2.4）．

動物を宿主とするポリオウイルス（poliovirus）は，その 5′ 末端にウイルスタンパク質 VPg が共有結合している（＋）鎖 RNA（約 7.5 キロ塩基）をゲノムとして持つ．VPg のチロシン残基のヒドロキシル基が 5′ 末端ヌクレオチド

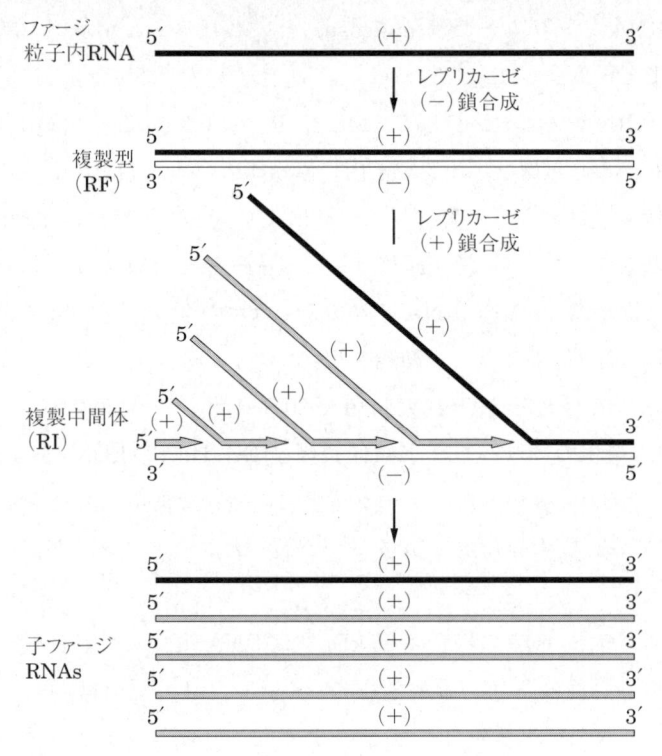

図 2.4 レプリカーゼによるファージの（＋）鎖 RNA ゲノムの複製

との間でリン酸ジエステル結合で結合している．レプリカーゼはウイルス由来の酵素本体（53 kDa）と宿主由来のタンパク質（約 63 kDa）の複合体であるが，これの触媒するウイルスゲノムの複製は以下のように特殊なものである．（＋）鎖を鋳型に合成された（－）鎖の末端にはタンパク質は結合していないが，（－）鎖を鋳型に合成されるすべての（＋）鎖の 5′ 末端にはタンパク質が結合している．しかも合成開始直後の非常に短い RNA の 5′ 末端にすでにタンパク質が結合している．このことは，ポリオウイルスのレプリカーゼは（＋）鎖の合成において VPg のチロシン残基のヒドロキシル基をプライマーとするが，（－）鎖の合成はその関与なしに行われることを示唆する．

　動物を宿主とする水疱性口内炎ウイルス（vesicular stomatitis virus, VSV）やインフルエンザウイルス（influenzae virus）はゲノムとして（－）鎖 RNA

を持つ。前者のゲノムは非分節型であり，後者のゲノムは7，8本に分かれている。ウイルスゲノムにコードされるレプリカーゼは，ウイルス粒子内部に存在し，ウイルスが細胞内に侵入後すぐに（＋）鎖（mRNA）を合成する。インフルエンザウイルスの研究では，宿主細胞側のキャップ構造を含むRNAの5′末端配列の一部が（－）鎖の3′末端に対合したものがプライマーとなり，mRNAが合成されることが明らかとなっている。mRNAから新たに合成されるレプリカーゼが，ウイルス由来の複製関連タンパク質の関与のもとに（－）鎖を合成すると考えられている。

　動物と植物を宿主とするレオウイルスは，10〜12分節に分かれた二本鎖(＋)(－) RNA をゲノムとして持ち，やはり粒子内にウイルス由来のレプリカーゼを持っている。レプリカーゼは二本鎖の（－）鎖の方を鋳型として（＋）鎖を合成する。合成された（＋）鎖 RNA は，元の二本鎖 RNA から解離する（RNA の保存的合成）。これが繰り返されて多量に合成された（＋）鎖（mRNA）から新たに合成されたレプリカーゼが（＋）鎖を鋳型として（－）鎖を合成し，二本鎖（＋）（－）RNAとする。

　最近，タバコモザイクウイルス（TMV）由来のレプリカーゼについて報告された。これによると，レプリカーゼはゲノム由来の 180 と 130 kDa のタンパク質のヘテロ二量体が骨格となり，これに宿主由来の2，3種類のタンパク質因子が会合していることが示唆された。180 と 130 kDa のタンパク質のコード領域はゲノムの5′側大部分を占め，両者はオーバーラップしている。

2.7　ポリAポリメラーゼ

　原核および真核細胞に広く見いだされる。RNA鎖の3′-OH末端に鋳型の関与なしにATPを基質としてAMP残基を重合する，RNA末端リボアデニル酸転移酵素（RNA terminal riboadenylate transferase）である。真核細胞は50〜80 kDa の単一ポリペプチド鎖からなる2種類の酵素を持っていると考えられている。一つは活性発現に Mn^{2+} を，他は Mg^{2+} を要求する。大腸菌の酵

素は1種類と考えられ、約 50 kDa の単一ポリペプチドからなっている。真核細胞においては、Mg^{2+} 要求型の酵素が核内に存在し、mRNA 前駆体の 3′ 末端に短いオリゴ A 配列（10 残基程度）を付加し、5′ キャッピングやスプライシングを受けた成熟型の mRNA が細胞質に移動し、そこで Mn^{2+} 要求型酵素が、mRNA の 3′ 末端に通常見いだされる 50〜250 残基のポリ A 鎖（ポリ A テール）にまで伸長すると考えられている。核内反応はポリ A 付加シグナル AAUAAA を認識する因子（CPSF）や RNA 鎖の切断に必要な因子（CF）など複数の因子の関与のもとに行われる。合成途上の RNA 中にあるポリ A 付加シグナルが認識され、その約 15 ヌクレオチド下流が切断されて生じる 3′-OH にオリゴ A が付加される。RNA 鎖の切断には、AAUAAA に加えて切断部位とその下流約 50 ヌクレオチドまでの間に存在する GU および U に富むエレメントが関与しているとの指摘もある。

一方、細胞質内反応は AAUAAA 配列を必要とせず、オリゴ A 配列の認識にかかわるほかのタンパク質因子の関与のもとにオリゴ A がポリ A に伸長される。原核細胞におけるポリ A ポリメラーゼの機能については、今のところ不明である。

ポリ A ポリメラーゼは、遺伝子組換えにおいて cDNA を合成するにあたり、ポリ A テールのない、あるいはほとんどない mRNA にポリ A を付加するのに用いられる。この反応を放射能標識した $[\alpha-{}^{32}P]$NTP 存在下で行えば RNA の 3′ 末端が標識できる。また、mRNA のポリ A テールをポリヌクレオチドホスホリラーゼ（polynucleotide phosphorylase）で除去し、ついでポリ A ポリメラーゼを用いて種々の鎖長の A 配列を付加した mRNA を卵母細胞に注入し、3′ 末端 A 配列の長さと mRNA の安定性が調べられている。

2.8 tRNA ヌクレオチジルトランスフェラーゼ

ATP·CTP-tRNA ヌクレオチジルトランスフェラーゼというのが正式な名称であるが、しばしば tRNA ヌクレオチジルトランスフェラーゼ（tRNA nucleotidyl transferase) と呼ばれる (EC 2.7.7.25)。ATP と CTP を基質として tRNA 分子の 3′ 末端に CCA 配列を付加する。

$$\text{tRNA} + \text{ATP} + 2\,\text{CTP} \longrightarrow \text{tRNA-CCA} + 3\,\text{PPi}$$

CCA 配列の A（アデノシン）のリボースにアミノ酸がアミノアシル tRNA 合成酵素（8.1 節参照）により付加される。tRNA ヌクレオチジルトランスフェラーゼは，細菌，動植物とそれら細胞内小器官（ミトコンドリアやクロロプラスト），各種 RNA 腫瘍ウイルス，センダイウイルス粒子などから分離されている。それら酵素の分子質量は 30～70 kDa で単一のポリペチド鎖からなっていると考えられる。酵素は活性部位に CCA と順番立てて付加するための三つのドナー（donor）サブサイトを持っており，tRNA にだけ CCA を付加することから見て，酵素は tRNA の共通構造を見分けるアクセプター（acceptor）サブサイトを持っているものと考えられる。

真核生物の tRNA 遺伝子には CCA 配列はコードされておらず，転写後にこれが付加される。大腸菌など原核生物の tRNA 遺伝子は通常 CCA 配列をコードしているが，tRNA ヌクレオチジルトランスフェラーゼ生産性の低い大腸菌変異株（cca^-）は生育が遅いとの報告がある。これについては，前駆体 tRNA がプロセシングされるときにエキソリボヌクレアーゼ（4.6.1 項参照）による 3′ 末端からのかじり込みの制御がうまくゆかず，CCA あるいはその一部が失われることがあり，この末端修復に酵素がかかわっている可能性が考えられる。

2.9 ポリヌクレオチドホスホリラーゼ

ポリリボヌクレオチドヌクレオチジルトランスフェラーゼ（polyribonucleotide：orthophosphate nucleotidyl transferase）が正式な名称であるが，しばしば，ポリヌクレオチドホスホリラーゼ（PNPase）と呼ばれる（EC 2.7.7.8）。1955 年に S. Ochoa により発見され，高分子核酸を合成する最初の酵素として注目されたものであるが，リボヌクレオシド二リン酸（NDP，ppN）を基質として，以下の（鋳型を必要としない）可逆的反応を触媒する。

$$n\,\mathrm{ppN} \rightleftarrows (\mathrm{pN})_n + n\,\mathrm{Pi}$$

$$\mathrm{R} + n\,(\mathrm{ppN}) \rightleftarrows \mathrm{R}(\mathrm{pN})_n + n\,\mathrm{Pi}$$

（R は 3′-OH を持つオリゴリボヌクレオチド）

酵素は細菌に広く分布しているが，動物には存在しない。大腸菌から分離された酵素は分子量 252 000 と 365 000 の 2 種類あり，前者は分子量 86 000 のサブユニットの三量体で，後者はこれに分子量 48 000 のサブユニットが 2 分子会合したものと考えられる。ほかの細菌由来の酵素も類似の構造をしていると推定される。生理的には加リン酸分解を触媒する酵素として機能しているが（4.6.1 項参照），*in vitro* で，Mg^{2+} と Mn^{2+} の存在下で NDP の重合反応を行う。この特性を利用すると種々のリボヌクレオチドポリマーを合成できる。これまで，合成されたリボヌクレオチドポリマーは，核酸代謝に関連する酵素類の作用や特異性の研究，遺伝暗号解読法の決定などに重宝された。酵素は重合反応のほかに，NDP の β-リン酸と ^{32}P 標識無機リン酸との間の交換反応を触媒する。

3. リガーゼ

3.1 リガーゼとは

　一般的には ATP などのピロリン酸結合の開裂に共役して，二つの分子を結合させる反応を触媒する酵素をいうが，この章で取り扱うリガーゼ（ligase）は，DNA 鎖や RNA 鎖の 3′-OH 基と 5′-リン酸基をホスホジエステル結合で連結する酵素である。DNA リガーゼと RNA リガーゼに分類されるが，前者は DNA の複製，修復，組換えなどの最終段階で機能し，後者は tRNA のスプライシングなどにかかわっている。両者はその酵素活性の特異性から，遺伝子組換え実験になくてはならない酵素の一つでもある。

3.2 DNA リガーゼ

　DNA 連結酵素ともいわれる（EC 6.5.1.1, EC 6.5.1.2）。酵素の代表的反応機構を図 3.1 に示す。これは二本鎖 DNA 中のニック（一本鎖切断）を閉合（シール）する反応である。二本鎖 DNA なのでわかりにくいかもしれないが，ニックの入った方は二つのポリデオキシリボヌクレオチド鎖に分断されており，この 2 分子を連結するのでリガーゼの定義にあてはまる。リガーゼ反応は 3 段階で進行する。

① 酵素-AMP 複合体の形成：酵素のリシン残基の ε-アミノ基にアデニリル基が転移する。

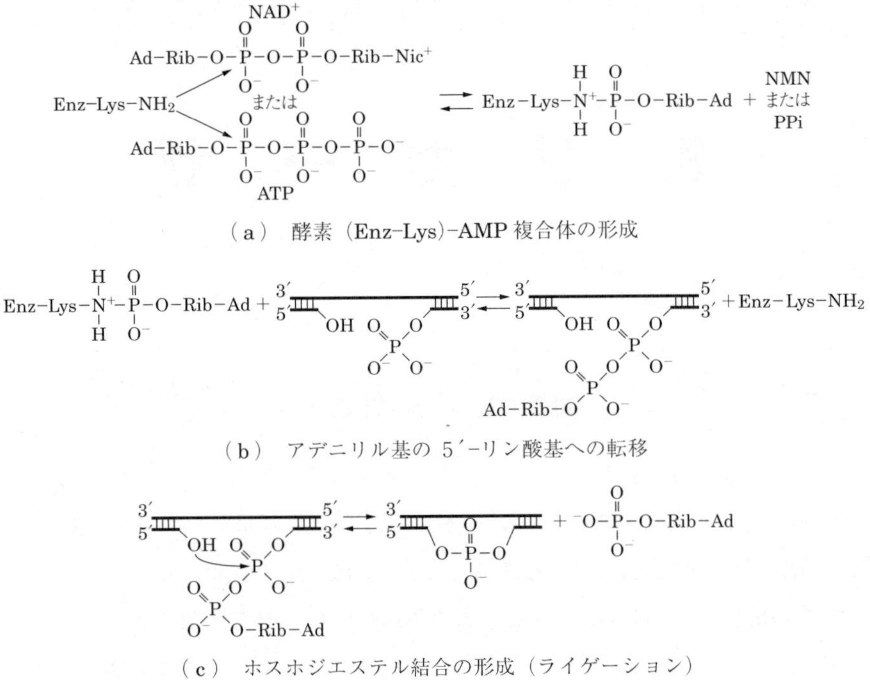

(a) 酵素（Enz-Lys）-AMP 複合体の形成

(b) アデニリル基の 5′-リン酸基への転移

(c) ホスホジエステル結合の形成（ライゲーション）

Lys：DNA リガーゼ（Enz）中のリシン残基，Rib：リボース，Ad：アデニン，Nic：ニコチンアミド，NMN：ニコチンアミドモノヌクレオチド，PPi：ピロリン酸

図 3.1 DNA リガーゼの反応機構

② アデニリル基が 5′-リン酸基へ転移し，それに伴いリン酸基が活性化する。

③ ホスホジエステル結合が形成される。

3.2.1 細菌およびファージの DNA リガーゼ

〔1〕 特　性

大腸菌の DNA リガーゼは，遺伝子 *lig*（染色体上 54.6 分の位置にある）の発現産物で，分子量 75 000 の単一ポリペプチドからなる。コファクターとして NAD^+（nicotinamide adenine dinucleotide）を要求する。枯草菌はじめほかの細菌由来の DNA リガーゼも NAD^+ 要求性である。すなわち，リガーゼ反

応においてアデニリル基の供与体がNAD⁺ということである．しかし，例外的に *Haemophilus influenzae* からNAD⁺を要求するもの以外にアデニリル基の供与体としてATPを要求するリガーゼ（31 kDa）も見つかっている．T4ファージの遺伝子 *30* の産物であるT4 DNAリガーゼは，分子量60 000の単一ポリペプチド鎖からなり，ATPを要求する．T7 DNAリガーゼは遺伝子 *1.3* の産物で，分子量41 000の単一ポリペプチド鎖からなる．やはりATPを要求するが，dATPでもATPの1/3〜1/2の活性が見られる．

　大腸菌など細菌由来のDNAリガーゼ（*H. influenzae* のATP型酵素も含む）およびT4などファージのDNAリガーゼは，直鎖状および環状二本鎖DNA分子中のニックを閉合することができ，制限酵素分解により得られた付着末端（cohesive end）を持つDNA断片を連結することができる．T4の酵素だけが末端まで塩基対合した平滑末端（blunt end）を持つDNA断片を連結することが可能である（**図 3.2**）．

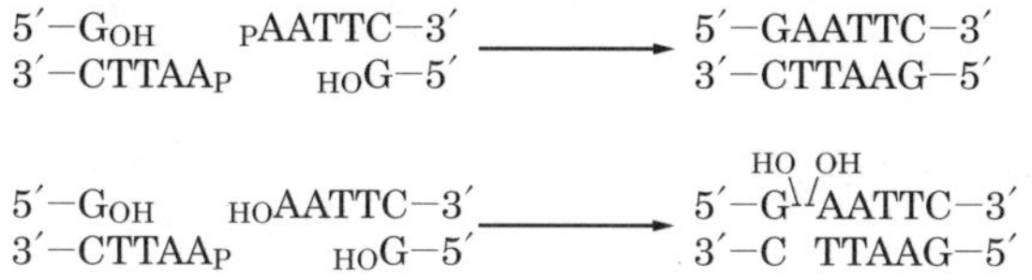

```
5′—G_OH      pAATTC—3′              5′—GAATTC—3′
3′—CTTAAp    HOG—5′       ──→       3′—CTTAAG—5′

                                          HO OH
5′—G_OH      HOAATTC—3′                5′—G  AATTC—3′
3′—CTTAAp    HOG—5′        ──→         3′—C TTAAG—5′
```

（a）付着末端の連結（大腸菌またはT4 DNAリガーゼ）

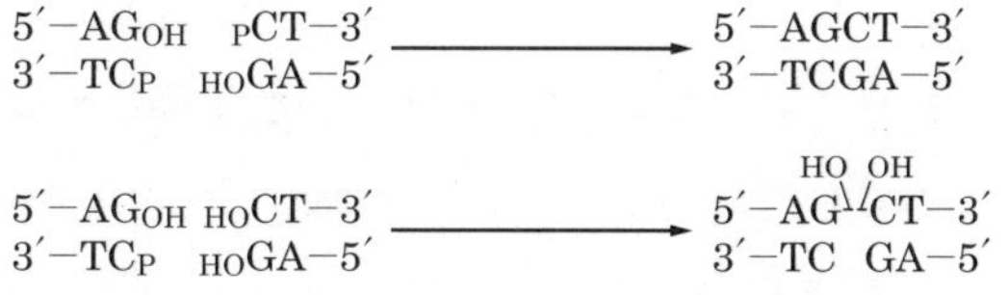

```
5′—AG_OH    pCT—3′                   5′—AGCT—3′
3′—TCp      HOGA—5′       ──→        3′—TCGA—5′

                                         HO OH
5′—AG_OH    HOCT—3′                   5′—AG  CT—3′
3′—TCp      HOGA—5′       ──→         3′—TC GA—5′
```

（b）平滑末端の連結（T4 DNAリガーゼのみ）

図 3.2 DNAリガーゼによるDNA鎖の連結

　以上のような特性から，特にT4 DNAリガーゼは，組換えDNAの作製において必須の酵素である．詳細についてはこの項〔3〕で述べる．大腸菌とT4のDNAリガーゼについてさらに種々の基質に対する活性が調べられている．大腸菌の酵素は，二本鎖DNAの5′-P末端をRNA（一本鎖）の3′-OH末端

に連結することができるが，RNAの5′-P末端を二本鎖DNAの3′-OH末端に連結することはできない．また，RNAどうしを連結させることもできない．T4の酵素は，DNA-RNAハイブリッドの連結が可能である．わずかではあるが二本鎖RNAの連結も可能である．

〔2〕 機　　能

DNAリガーゼの生体内での機能としては，まず，いずれの場合もDNA不連続複製において形成される岡崎フラグメントの連結があげられる．T4のDNAリガーゼ変異株においては，たとえ野生型大腸菌の中でもT4DNAの合成が顕著に阻害されることがわかっている．一方，T7のDNAリガーゼ変異株の場合はT7DNAの合成がほとんど正常なことから，大腸菌のDNAリガーゼが機能すると考えられる．DNAリガーゼの機能としては，ほかにDNAの遺伝的組換えやDNA損傷の修復最終段階におけるニックの閉合（ホスホジエステル結合の再形成）があげられる．T4およびT7のDNAリガーゼ変異株は，両方ともほとんど正常なファージDNAの遺伝的組換えや修復を示したことから，これらの過程におけるニックの閉合は大腸菌のDNAリガーゼが行っているものと考えられる．

〔3〕 応　　用

DNAリガーゼの応用面については，組換えDNAの作製に必須であることを述べた．4章で詳しく述べるが，制限酵素をはじめDNA分解酵素の多くはリガーゼが作用する上で都合のよい3′-OH，5′-P末端を生成するので，DNA鎖の連結は容易である．連結しようとするDNA断片の片方が3′，5′両方ともOH基のときでも連結が可能である．DNAリガーゼのこの特性はベクター（vector）DNAと目的DNA断片の組換えDNAを効率的に作製するのに有効である．それは，ベクターDNAの両末端の5′-Pをホスファターゼで処理してOHにしておけばベクター自身での環化（circularization），連結が起こらないからである．

組換えDNAの作製と基本的に同じであるが遺伝子DNAの作製にも用いられる．アミノ酸配列をもとに，コドン使用頻度を考慮し合成したオーバーラッ

3.2 DNAリガーゼ

ピングDNA断片をリガーゼにより順次連結すれば，長鎖化した遺伝子DNAが得られる．オーバーラッピングDNA断片とは，それらを混合した場合に内部に複数のニックを持つ長い二本鎖DNAが形成されるような一本鎖DNA断片の混合物のことである．

　他方，DNAリガーゼを用いることによって，以下に述べるように，特異的DNA構造の存在あるいは各種DNA関連酵素の作用特性が明らかにされた．大腸菌ファージλのDNAは直鎖状の二本鎖DNAであるが，両方の5′末端に12塩基の相互に塩基対を形成しうる一本鎖構造（付着末端）があり，ここを介してDNAは環状化することが知られている．この構造的発見にDNAリガーゼが有効に用いられた．直鎖状λDNAにリガーゼを作用させたところ全く切れ目のない環状DNAが得られたことから，直鎖状二本鎖DNAの両端に同じ長さの付着末端があることが明らかとなったわけである．大腸菌ファージT5のDNAを変性すると5本のDNA断片が生成することがわかっていた．そこでリガーゼを作用させて変性させたところ，同じサイズのDNA断片だけが得られた．しかもこのサイズは5本のDNA断片の中の最も大きなものと同じであった．これらのことより，T5 DNAが一方のDNA鎖内に三つのニックを有し，それらは3′-OH，5′-Pであると結論された．

　大腸菌のエキソ（デオキシリボ）ヌクレアーゼⅢ（exo(deoxyribo)nucleaseⅢ）（4.1.1〔3〕項参照）と，大腸菌ファージλのエキソ（デオキシリボ）ヌクレアーゼ（4.1.1〔7〕項参照）はともに二本鎖DNAの両末端に作用し，前者は3′→5′方向に，後者は5′→3′方向に5′-ホスホモノヌクレオチド（5′にリン酸基を持つモノヌクレオチド）残基を順次除去していく酵素である．これらエキソヌクレアーゼの環状二本鎖DNA分子内のニック部位に対する作用を調べるのにDNAリガーゼが用いられた．エキソヌクレアーゼによりニックからのヌクレオチド残基除去反応が起これば，DNAリガーゼによってニックの閉合は起こらないことになる．実験の結果，大腸菌のエキソヌクレアーゼⅢだけがニックを起点にヌクレオチド残基を除去できることがわかった．

　さらに，DNAリガーゼはDNAの湾曲構造の解析に有効に用いられている．

DNA の塩基配列中，A（あるいは T）クラスターが 10 塩基間隔で存在する場合に，DNA が湾曲することが知られている．湾曲すると予想される DNA 断片（～30 bp）をタンデムにいくつか連結し（これもリガーゼを用いる），この長鎖化した直鎖状 DNA をリガーゼで処理した場合に環状 DNA 分子が高効率で得られれば，その DNA が湾曲している可能性が高い．つまり，単位となっている DNA 断片が湾曲を繰り返すことで DNA の両末端が近づき，リガーゼによる連結反応が起きやすくなるということである．

3.2.2 真核生物およびウイルスの DNA リガーゼ

哺乳類などの高等真核生物には I～IV 型の 4 種類の DNA リガーゼが存在する（表 3.1）．酵素の分類に，表中にある各種基質に対するライゲーション（ligation）活性の有無がしばしば用いられる．酵母類，キイロショウジョウバエ，アフリカツメガエルなどからも I 型および四つの型のいずれかが分離されている．ウイルスとしてはワクシニアから分離されている．これら酵素はすべてコファクターとして ATP を要求する．

〔1〕 I 型のリガーゼ

哺乳類のみならずほかの真核生物における主要なリガーゼで，増殖細胞中に多量に存在する．DNA 複製のラギング鎖における岡崎フラグメントの連結，DNA 修復，免疫グロブリン遺伝子の V(D)J 組換えなどに関与している．ヒト由来の酵素は cDNA 解析によると分子質量が 102 kDa（919 アミノ酸）の単一ポリペプチド鎖からなり，二本鎖 DNA 中のニックの効率的閉合や，T4 DNA リガーゼと比較すれば多少効率が悪いものの二本鎖 DNA 平滑末端の連結が可能である．仔ウシ胸腺由来のもので見ると，酵素はリン酸化されており，SDS-ポリアクリルアミドゲル電気泳動（SDS-PAGE）により推定される分子質量が 125 kDa で，ホスファターゼで脱リン酸化すると 115 kDa となる．両者の活性を比較するとリン酸化状態のものが約 3 倍強い．

S. cerevisiae の遺伝子 *CDC 9* の発現産物および *Schizosaccharomyces pombe* の遺伝子 *cdc 17*[+] の発現産物は I 型のリガーゼで，それぞれの分子質

表3.1 哺乳動物由来の4種類のDNAリガーゼの特性

特性		型 I	II	III	IV
分子質量〔kDa〕	SDS-PAGE法による	125	72	100 (46 kDaタンパク質が会合)	100
	cDNA解析による	102	—	103	96
コファクター		ATP	ATP	ATP	ATP
ライゲーション活性					
二本鎖DNAの平滑末端		可 (T4 DNAリガーゼより低め)	可 (かなり低い)	可 (かなり低い)	不可
オリゴ(dT)・ポリ(dA)		可	可	可	可
オリゴ(dT)・ポリ(rA)		不可	可	可	可
オリゴ(rA)・ポリ(dT)		可	不可	可	不可
細胞内局在		核	核	核	核
細胞増殖による誘導性		有	無	無	無 (?)
仔ウシ胸腺抽出物中の相対活性〔%〕		~85	5~10	5~10	—

オリゴ(dT)・ポリ(dA), オリゴ(dT)・ポリ(rA), およびオリゴ(rA)・ポリ(dT) に対するライゲーション活性というのは，それぞれのポリマーに対合しているオリゴマーどうしを連結させる活性のことである．これら活性の有無が酵素の分類に使用されている．〔T. Lindahl & D. E. Barnes：Annu. Rev. Biochem., **61**, pp. 251-281 (1992) より〕

量はcDNA解析から87 kDa, 86 kDaと報告されている．これら遺伝子に変異が起きた両酵母のリガーゼ機能欠損変異株はS期には入るが，そこでのDNA複製は不完全でDNAはもっぱら短い断片が対合したものであり（親のDNA両鎖は完全），G_2期で生育が停止する．また，欠損変異株は野生株より紫外線感受性を示し，DNAリガーゼのDNA損傷の修復への関与が改めて明らかにされた．

キイロショウジョウバエおよびアフリカツメガエルから分離された酵素は，SDS-PAGE解析による分子質量がそれぞれ83~86 kDa, 180 kDa（これまでで最大）と報告されており，やはりDNA複製への関与が示されている．

〔2〕 II型のリガーゼ

仔ウシ胸腺から分離された酵素は，SDS-PAGE解析による分子質量が72 kDaの単一ポリペプチド鎖からなり，ATPに対する親和性が低く，熱不安定で42℃で容易に失活する。キイロショウジョウバエからも70 kDaの酵素が分離されている。II型酵素の生理的機能については不明である。

〔3〕 III型のリガーゼ

ヒト，仔ウシ胸腺やラット肝臓から分離されており，分子質量が100 kDaである。III型酵素は46 kDaのタンパク質と会合しており，さらにはDNAの修復に関与することが知られている遺伝子 *XRCC 1* の発現産物（70 kDa）と結合している。具体的な生理機能については明らかにされていない。

〔4〕 IV型のリガーゼ

ヒトの酵素は分子質量が96 kDa（911アミノ酸）であり，二本鎖切断修復やV(D)J組換えにおいて見られる非相同的な二本鎖末端どうしの連結（non-homologous double-strand end joining, NHEJ）を触媒すると考えられている。実際に酵素はNHEJに関与するタンパク質XRCC 4と会合し，I型酵素の非存在下においてNHEJを行うことが示されている。*S. cerevisiae* からもIV型ホモログの *DNL 4* 遺伝子産物（944アミノ酸）が分離されており，*dnl 4* 変異株では正確なNHEJが起こらないことが報告されている。なお，*S. cerevisiae* にはI型とIV型の二つが存在していると考えられている。

〔5〕 ワクシニアウイルスのリガーゼ

分子質量が63 kDaで，*S. cerevisiae* および *Sch. pombe* のI型酵素と30％の相同性がある。二本鎖DNAのニックの閉合やオリゴ(dT)・ポリ(dA)に作用し，dT断片の連結を行う。生理的機能としてウイルスDNAの修復への関与が示唆されている。ウイルスDNAの複製に関しては，宿主のリガーゼでまかなわれているようである。ちなみに，ヘルペスウイルス，アデノウイルス，レトロウイルスなどはDNAリガーゼをコードしていない。

3.3 RNAリガーゼ

RNA連結酵素ともいわれる（EC 6.5.1.3）。ATP存在下で一本鎖RNA分子をホスホジエステル結合の形成により連結させる活性を持つ。最初に分離されたのはT4 RNAリガーゼである。ちなみに，T奇数系ファージやQβファージが感染した大腸菌内にはRNAリガーゼ活性が検出されない。RNAリガーゼはT4のあと，酵母やコムギ胚芽，動物細胞から分離された。

3.3.1 T4 RNAリガーゼ

T4ファージの遺伝子*63*の産物で，分子量43 000〜45 000の単一ポリペプチド鎖からなる。最初に確認されたのは3′-OH，5′-P末端を持ったホモポリリボヌクレオチドの環状化活性である。そのあと，各種基質を用いて詳しく調べられた結果，酵素は一本鎖のRNAまたはDNAの5′-P末端と一本鎖のRNAまたはDNAの3′-OH末端をホスホジエステル結合の形成を介して連結可能であることがわかった。すなわち，一本鎖DNAどうしおよび一本鎖RNAどうしの連結のみならず，一本鎖RNAと一本鎖DNAの連結が可能で，どちらが5′-末端にリン酸基（3′-末端にヒドロキシル基）を持とうが関係ない。また，DNAやRNAといった長鎖長のものではなく，オリゴデオキシリボヌクレオチドあるいはオリゴリボヌクレオチドの連結を触媒するし，興味あることにヌクレオシド3′,5′-二リン酸（pNp）をRNAの3′-末端ヒドロキシル基に付加できる。後者の反応を放射性pNp存在下で行えばRNAの末端標識が可能である。

T4 RNAリガーゼの生理的機能については予想されるものがいくつかある。一つはT4 DNAの複製にかかわる可能性である。T4 RNAリガーゼを生産させない条件下ではT4 DNAの複製が異常となる。T4 RNAリガーゼ活性はファージ感染後3分で検出されるが，DNA複製欠損変異ファージにおいてはT4 RNAリガーゼがほかの前期タンパク質とともに蓄積する。二つ目は宿主RNAの修飾である。T4感染菌において，ポリヌクレオチドキナーゼにより

特異的に標識したいくつかの宿主RNA分子がT4 RNAリガーゼと反応することが示されている。

ほかは，T4 RNAリガーゼとT4ファージ遺伝子63の発現産物（gp 63）とのかかわりである。gp 63は，T4ファージのテールファイバー（tail fiber）をファージベースプレートに接着させるTFA（tail fiber attachment）活性を有する。しかしながら，T4 RNAリガーゼとして精製されたものはTFA活性を示さず，TFAタンパク質として精製されたものはリガーゼ活性を示さない。おそらく，gp 63は二つの異なる高次構造をとり，それぞれが二つの異なる活性に対応するという可能性が考えられている。

T4 RNAリガーゼは，上述したRNA鎖3′末端の標識のほかに，化学合成したオリゴリボヌクレオチドを連結し長いRNA鎖にすること，RNA分子内に特定配列を挿入すること，T4 DNAリガーゼによる平滑末端型DNA断片を効率的に連結させることに利用される。

3.3.2 酵母のRNAリガーゼ

tRNA前駆体分子のスプライシング（splicing）における連結酵素として機能している（図3.3）。RNAリガーゼはスプライシングにかかわるほかの酵素，すなわちサイクリックホスフェートホスホジエステラーゼ（cyclic phosphate phosphodiesterase）およびキナーゼ（kinase）と生体内で複合体を形成しているからか，これらと同時精製（copurification）される。

RNAリガーゼの触媒反応をtRNA前駆体分子のスプライシングということで見ると以下のようである。tRNA前駆体のイントロン（intron）がエンドヌクレアーゼにより切り出され，エキソン（exon）側の3′末端が2′,3′-環状リン酸基となり，5′末端側はハイドロキシル基となる。3′末端の2′,3′-環状リン酸基がサイクリックホスフェートホスホジエステラーゼにより開裂されて2′-リン酸モノエステル，3′-ハイドロキシル基となる。一方，5′末端ハイドロキシル基はキナーゼによりリン酸化される。ここで，RNAリガーゼが3′-ハイドロキシル基と5′-リン酸基とを連結する。残る2′-リン酸モノエステル

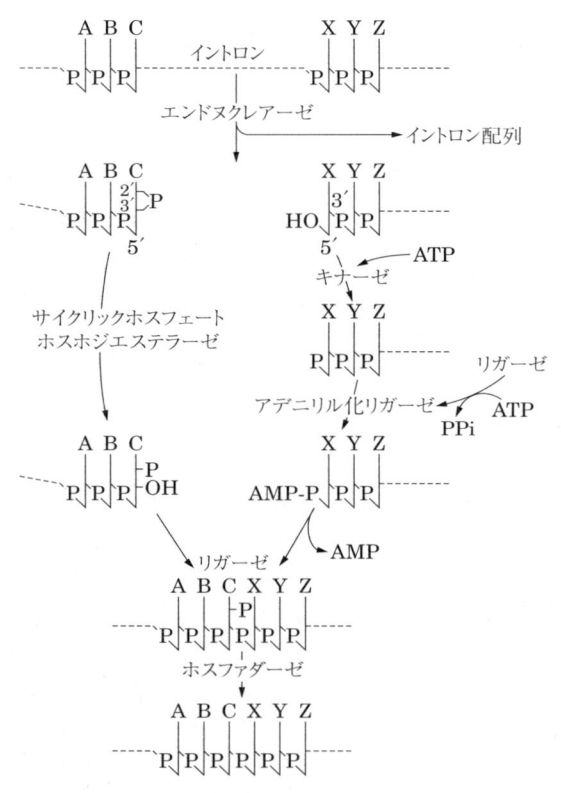

図 3.3 *S. cerevisiae* における tRNA エキソンの
ライゲーション〔C. L. Greer et al. : *Cell*, **32**,
pp. 537-546 (1983) より〕

が加水分解される。以上のような tRNA のスプライシング機構は植物の場合にもあてはまる。

3.3.3 動物細胞の RNA リガーゼ

T4 や酵母の RNA リガーゼに比べて詳細は調べられていないが，この酵素も tRNA のスプライシングにかかわっており，$2',3'$-環状リン酸基を持つ $3'$末端と，$5'$末端ヒドロキシル基との間を連結し，$3',5'$-リン酸ジエステル結合を形成する。$5'$-ヒドロキシル基を $3'$末端に連結できるのが特徴といえる。

3.4 各種リガーゼの活性部位の構造的・反応機構的共通性

各種DNAおよびRNAリガーゼについてアデニリル化部位であるリジン残基(K)周辺のアミノ酸配列が図3.4に示してある．ヒトDNAリガーゼIと Sch. pombe CDC 17（DNAリガーゼI）は全体にわたって44％の相同性があり，図示した配列においてはほとんど同じといってよい．ヒトDNAリガーゼIと全体的に見てそれほど相同性の高くないほかのDNAリガーゼにおいても，活性部位周辺領域には特に保存性の高い配列 E–KYDG–R（酵母，ワクシニアウイルス，T7ファージ由来の酵素間）あるいは E/Q–K–DG（全酵素間）が見受けられる．すべてのDNAリガーゼにおいて，リジン残基の両隣は疎水性アミノ酸となっている（T. thermophilus の場合だけは片方）．二つのRNAリガーゼについて見るとDNAリガーゼとそれほど相同性は認められないが，+3の位置は決まってグリシン残基(G)である．

		-7	-6	-5	-4	-3	-2	-1	K	+1	+2	+3	+4	+5	+6	+7	+8	+9	
ヒト DNA リガーゼ I	561	A	A	F	T	C	E	Y	**K**	Y	D	G	Q	R	A	Q	I	H	577
Sch. pombe CDC 17（DNAリガーゼI）	409	A	A	F	T	C	E	Y	**K**	Y	D	G	E	R	A	Q	V	H	425
S. cerevisiae CDC 9（DNAリガーゼI）	412	E	T	F	T	S	E	Y	**K**	Y	D	G	E	R	A	Q	V	H	428
ワクシニアウイルス DNA リガーゼ	224	S	G	M	F	A	E	V	**K**	Y	D	G	E	R	V	Q	V	H	240
T7ファージ DNA リガーゼ	27	G	Y	L	I	A	E	I	**K**	Y	D	G	V	R	G	N	I	C	43
T4ファージ DNA リガーゼ	152	F	P	A	F	A	Q	L	**K**	A	D	G	A	R	C	F	A	E	168
大腸菌 DNA リガーゼ	108	V	T	W	C	C	E	L	**K**	L	D	G	L	A	V	S	I	L	124
T. thermophilus DNA リガーゼ	111	F	A	Y	T	V	E	H	**K**	V	D	G	L	S	V	N	L	Y	127
T4ファージ RNA リガーゼ	92	D	V	D	Y	I	L	T	**K**	E	D	G	S	L	V	S	T	Y	108
S. cerevisiae tRNA リガーゼ	107	G	P	Y	D	V	T	I	**K**	A	N	G	C	I	I	F	I	S	123

特に注目される領域

左右の端の数字はそれぞれの酵素タンパク質におけるアミノ酸残基番号

図3.4 各種DNAおよびRNAリガーゼにおける酵素のアデニリル化部位（リジン残基(K)）周辺のアミノ酸配列の比較〔T. Lindahl & D. E. Barnes：Annu. Rev. Biochem., **61**, pp. 251–281(1992)より〕

T4 RNAリガーゼとヒトDNAリガーゼIについて部位特異的アミノ酸置換による酵素活性の解析がなされた結果，つぎのことがわかった．

① 両酵素において，リジン残基をほかの残基に置換すると酵素活性が完全に失われる。
② ヒトDNAリガーゼⅠにおいて，−2, +3, +5の位置の残基の置換は酵素のアデニリル化を非常に強く阻害する。
③ 両酵素において，+2のアスパラギン酸(D)の置換は酵素のアデニリル化を阻害しないものの，それに続くホスホジエステル結合の形成反応を完全に阻害する。

以上の実験事実は，DNAリガーゼとRNAリガーゼの活性部位に構造的・反応機構的共通性が存在することを示す。また，ヒトDNAリガーゼⅠの活性部位周辺領域に対する抗体は酵素に結合できないか，あるいは酵素活性を阻害しないことから，活性部位は酵素タンパク質の溝か割れ目に入り込んでいる可能性が考えられる。

4. 核酸分解・切断酵素と関連酵素

　ここでは，DNAを分解・切断する酵素（デオキシリボヌクレアーゼ（deoxyribonuclease, DNase）），RNAを分解・切断する酵素（リボヌクレアーゼ（ribonuclease, RNase）），両方を分解・切断する酵素（ヌクレアーゼ（nuclease））に分類する。これらはまた，分解様式からポリヌクレオチド鎖の内部の3′,5′-ホスホジエステル結合を分解（切断）するエンド（endo）型酵素と，ポリヌクレオチド鎖の一端から3′,5′-ホスホジエステル結合を順次分解してほとんどの場合にモノヌクレオチドを生成するエキソ（exo）型に分かれる。中には，DNA中の特定の塩基配列（3～8 bp）を認識して二本鎖切断する制限酵素（restriction endonuclease（enzyme）），イントロンにコードされ，特定DNA塩基配列（12～40 bp）を特異的に二本鎖切断する酵素（ホーミングエンドヌクレアーゼ（homing endonuclease），DNA中の損傷部位などを認識して一本鎖切断する（ニックを入れる）酵素，RNAのプロセシングやスプライシングに関連する酵素，リボ核タンパク質の会合体であるスプライソソームやリボザイム（ribozyme, RNAを構成成分とする触媒）などがあり，これらについては節を別に設けて解説する。

4.1　部位非特異的デオキシリボヌクレアーゼ

4.1.1　5′-リン酸基生成型エキソデオキシリボヌクレアーゼ

　DNAの末端に作用し，5′末端にリン酸基を持つモノあるいはオリゴデオキ

4.1 部位非特異的デオキシリボヌクレアーゼ

シリボヌクレオチドを順次切り離していく 5′-P 生成酵素である。酵素名は，正確にはエキソデオキシリボヌクレアーゼ（exodeoxyribonuclease）であるが，以下，単にエキソヌクレアーゼと呼ぶことにする。また，デオキシリボヌクレオチドも単にヌクレオチドと呼ぶ。

〔1〕 大腸菌エキソヌクレアーゼⅠ

遺伝子 *sbcB*（染色体上45分）の発現産物で，分子量約72 000の単量体であるが，活性ある多量体も報告されている。一本鎖 DNA に特異的で，二本鎖 DNA より40 000倍速く分解する。3′→5′方向に作用し（3′→5′エキソヌクレアーゼ），モノヌクレオチドと5′-末端ジヌクレオチドを生成する。活性発現に3′-末端ハイドロキシル基を要求する。生物的機能については不明である。

〔2〕 大腸菌 DNA ポリメラーゼⅠ，Ⅱ，Ⅲのエキソヌクレアーゼ

DNA ポリメラーゼⅠは，3′→5′エキソヌクレアーゼと5′→3′エキソヌクレアーゼ活性を持つ（1.2.1項参照）。前者は基質をモノヌクレオチドにまで分解し，DNA 複製においてプルーフリーディング機能を発揮している。一方，5′→3′エキソヌクレアーゼは二本鎖 DNA に作用し，モノおよびオリゴヌクレオチドを生成する。エンド型の酵素により二本鎖 DNA 分子内の損傷部位に導入された切込みニック（incision nick）に作用し，その5′側からピリミジン二量体（ダイマー）（pyrimidine dimer）などの損傷を除去することができ，ポリメラーゼ活性と連動して修復型 DNA 合成を行う。また，5′→3′エキソヌクレアーゼは DNA-RNA ハイブリッドに作用し，RNA を除去することもできる。さらに，負の超らせん DNA 中の D ループ（displacement loop）に作用し，環状二本鎖 DNA の置換された方の鎖にエンド型の切断を入れることが知られている。3′→5′，5′→3′両エキソヌクレアーゼについて以下のような遺伝学的解析結果もある。ポリメラーゼ活性と3′→5′エキソヌクレアーゼ活性を欠いた大腸菌変異株は，DNA 損傷誘起物質に高い感受性を示すものの生育が可能であった。一方，温度感受性変異株による解析から，5′→3′エキソヌクレアーゼは生育に必須であることがわかった。

DNA ポリメラーゼⅡおよびⅢのエキソヌクレアーゼについては，1.2.2項

および 1.2.3 項を参照されたい。

〔3〕 **大腸菌エキソヌクレアーゼⅢ（＝エンドヌクレアーゼⅥ）**

遺伝子 *xthA*（染色体上 40 分）の発現産物で，分子量約 28 000 の単量体である。興味あることに四つの酵素活性を持っており，分類上で厄介な酵素の一つである。四つとは，エキソデオキシリボヌクレアーゼ，RNase H 様活性，DNA-3′-ホスファターゼ（phosphatase），AP エンドデオキシリボヌクレアーゼ（endodeoxyribonuclease）である。AP とは apurinic/apyrimidinic の意味で塩基欠失（baseless）部位（AP サイト）をいう（4.5 節参照）。エキソヌクレアーゼは二本鎖 DNA に特異的で 3′→5′ 方向に分解するが，連続（分解）性に乏しく，モノヌクレオチドのほかに長鎖長の一本鎖 DNA 断片が残る。エキソヌクレアーゼはまた，二本鎖 DNA 分子内のニック部位に作用しギャップをつくる。RNase H 様活性は典型的なものではなく，DNA-RNA ハイブリッドに作用し，RNA と DNA の両鎖を 3′→5′ 方向に分解し，デオキシリボおよびリボヌクレオチドのほかに，一本鎖 DNA と RNA 断片を生成する。ちなみにこの酵素は一本鎖および二本鎖 RNA には作用しない。DNA-3′-ホスファターゼは，DNA の 3′-リン酸モノエステルを加水分解して正リン酸を遊離するが，RNA およびオリゴヌクレオチドの 3′-リン酸を除去することはできない。残る AP エンドヌクレアーゼ活性については 4.5 節で述べる。エキソヌクレアーゼⅢ（＝エンドヌクレアーゼⅥ）の生理的機能については不明である。

〔4〕 **大腸菌エキソヌクレアーゼⅣA とⅣB**

オリゴヌクレオチドに特異的に作用し，モノヌクレオチドにまで分解する。

〔5〕 **大腸菌エキソヌクレアーゼⅦ**

遺伝子 *xseA*（染色体上 56.8 分）の発現産物（分子量 54 000）1 分子と，遺伝子 *xseB*（染色体上 9.5 分）の発現産物（分子量 10 500）4 分子が会合したものである。一本鎖 DNA あるいは二本鎖 DNA の一本鎖末端部分に特異的に作用し，3′→5′ および 5′→3′ 両方向に基質を連続的に分解し，オリゴヌクレオチドを生成する。これら活性は EDTA でほとんど阻害されない。*Micrococcus luteus* の UV エンドデオキシリボヌクレアーゼによりピリミジン二量

体のところに導入されたニックに作用し，両方向に分解する．この酵素は生体内で DNA 修復に関与していると考えられている．

一本鎖 DNA 分子内にヘアピンなどの二本鎖部分が存在する場合に，この酵素を作用させれば二本鎖部分だけを取り出すことができる．

〔6〕 **大腸菌エキソヌクレアーゼⅧ**

遺伝子 *recE*（染色体上 30.6 分）の発現産物（分子量 96 000）で，ホモ二量体で機能する．二本鎖 DNA に一本鎖の 40 倍の優先性を示し，活性発現に $5'$-OH 末端を要求して，$5'\to3'$方向にモノヌクレオチドにまで分解する．しかしながら，二本鎖 DNA 中のニックやギャップには作用しない．生体内では，この酵素が recBCD デオキシリボヌクレアーゼ（4.3.1 項，6.2.4 項参照）および λ エキソヌクレアーゼの代用をするものと考えられている．

〔7〕 **λ エキソヌクレアーゼ**

生体内組換えへの関与が示された最初の酵素の一つである．λ ファージにおいて組換えにかかわる遺伝子の一つである *λredα* の発現産物で，分子量 24 000 のサブユニットが三つ会合し特徴的なドーナツ形をしている．二本鎖 DNA の $5'$-P 末端に作用し，$3'$方向に順次モノヌクレオチドを切り離す．反応は連続性に富み，一つの DNA 分子の分解が終わったあと，別の分子の分解を行う．酵素による 100 ヌクレオチド残基以上引っ込んだ $5'$-P 末端や $5'$-OH 末端からの分解はわずかである．二本鎖 DNA 中のニック部位に結合はするが，そこからの分解は見られない．酵素はしばしば *λredβ* 遺伝子産物（β タンパク質，分子量 28 000）との複合体の形で精製される．λ エキソヌクレアーゼ（α タンパク質）の DNA 親和性は複合体を形成することによって高まるようである．酵素の機能について考えられるのは，酵素が $5'\to3'$方向のエキソヌクレアーゼ活性によっておそらく非常に長い $3'$-テール（一本鎖部分）を産生し，これがほかの二本鎖 DNA を引き寄せ，ヘテロ二本鎖 DNA の形成を誘発するということである．

λ エキソヌクレアーゼは応用性のある酵素の一つである．例えば，上記の $3'$-テール部分を一本鎖に特異的な酵素類により分解除去すれば DNA の短鎖化が

可能である。また，以下のようにDNAの特殊構造の研究にも用いられる。動物のアデノウイルスや枯草菌ファージφ29は直鎖状二本鎖DNAをゲノムとして持っているが，その5′末端にウイルス（ファージ）由来でDNA複製のプライマーとなるタンパク質が共有結合している（1.5.1項参照）。酵母や糸状菌細胞には線状プラスミドが存在し，その5′末端にはやはりタンパク質が結合していたり，突出し型の5′-リン酸末端が折り返されてニックを持つヘアピン構造になっていたりする。λエキソヌクレアーゼは大きな付属物が結合していたり，分子内ニックとなっている5′末端には作用できないので，上述の直鎖状DNAを分解できない。ところが，よく対照として用いられる大腸菌エキソヌクレアーゼⅢは，ニックとなっている3′-ハイドロキシル末端にも作用でき，5′方向にモノヌクレオチドを順次切り離す特性を持つので，上述のいずれの直鎖状DNAも分解できる。5′末端がタンパク質結合型かヘアピン型かの区別については，十分にプロテイナーゼKで処理したあとにλエキソヌクレアーゼを作用させたとき，DNAの分解が起これば前者の型ということになる。

〔8〕 **T7エキソヌクレアーゼ**

遺伝子6の発現産物で，二本鎖DNAの5′末端に特異的に作用する。λエキソヌクレアーゼや大腸菌の各種エキソヌクレアーゼとは異なり，5′末端がリン酸基，ハイドロキシル基にかかわらず作用し，約半分のDNAをモノヌクレオチドにまで分解する。ただ，5′末端がハイドロキシル基の場合は5′末端からの最初の分解でできる産物はジヌクレオシド一リン酸である。

〔9〕 **T7 DNAポリメラーゼのT7エキソヌクレアーゼ**

遺伝子5の発現産物で，一本鎖DNAを3′→5′方向に分解しモノヌクレオチドを生成する。この酵素が宿主大腸菌のチオレドキシンと会合するとDNAポリメラーゼ活性が発現する（1.3.2項参照）。

〔10〕 **ほかのファージのエキソヌクレアーゼ**

T4エキソヌクレアーゼとして2種類分離されている。一つはオリゴヌクレオチドをモノヌクレオチドにまで分解する酵素である。もう一つは一本鎖および二本鎖DNAに作用し5′→3′方向に順次オリゴヌクレオチドを切り離す酵

素で，これは紫外線照射により生成するピリミジン二量体の除去に関与している（4.5.1〔5〕項参照）。

T5エキソヌクレアーゼは一本鎖および二本鎖DNAに作用し，$5'→3'$方向にオリゴヌクレオチド（平均鎖長3）を順次切り離す．紫外線照射DNAに作用し，二本鎖DNA中のニック部位からの分解が可能である．枯草菌ファージSP3のエキソヌクレアーゼは一本鎖DNAに優先性を示し，$5'→3'$方向に順次ジヌクレオチドを切り離す．

〔11〕 肺炎連鎖（双）球菌（*Streptococcus*（*Diplococcus*）*pneumoniae*）のエキソヌクレアーゼ

二本鎖DNAに特異性を示し，$3'→5'$方向に順次モノヌクレオチドを切り離す．DNA 3′-ホスホモノエステラーゼ活性（DNA中の3′末端ヌクレオチド残基のリン酸を切り取る活性）を有する．二本鎖DNA中のニック部位からの分解が可能である．

〔12〕 哺乳類 DNase Ⅲ，Ⅳ，Ⅴ，Ⅶ，Ⅷ

Ⅲは一本鎖および二本鎖DNAを$3'→5'$方向に分解し，モノおよびジヌクレオチドを生成する．Ⅳは一本鎖および二本鎖DNAを$5'→3'$方向に分解し，モノヌクレオチドを生成する．また，ピリミジン二量体を除去することができ，ニック部位からの分解も可能である．Ⅴは二本鎖DNAを$5'→3'$および$3'→5'$方向に分解し，モノヌクレオチドを生成する．また，ポリメラーゼに結合することが確認されており，二本鎖DNA中のニック部位からの分解も可能である．Ⅶは一本鎖およびニックを有する二本鎖DNAを$3'→5'$方向に分解し，モノヌクレオチドを生成する．Ⅷは二本鎖DNAの5′-一本鎖テールおよびニックに作用し，$5'→3'$方向にオリゴヌクレオチドを順次切り離す．

〔13〕 その他の哺乳類エキソヌクレアーゼ

哺乳類の"correxonuclease"はニックを有する二本鎖DNAおよび一本鎖DNAを$3'→5'$および$5'→3'$方向に分解し，オリゴヌクレオチドを順次切り離す．ウサギ骨髄DNAポリメラーゼδ内在性のエキソヌクレアーゼはニック導入DNAまたはポリ（dA-dT）を$3'→5'$方向に分解し，モノヌクレオチド

を順次切り離す。

〔14〕 HSV（herpes simplex virus）DNase

二本鎖DNAを $3'→5'$ および $5'→3'$ 方向に分解し，モノヌクレオチドを順次切り離す。興味あることに，二本鎖DNA中のニックあるいはギャップに対してはエンドヌクレアーゼ活性を示す。

4.1.2 $5'$-リン酸基生成型エンドデオキシリボヌクレアーゼ

DNA分子内に作用し，$5'$末端にリン酸基を持つオリゴあるいはポリデオキシリボヌクレオチドを生成する $5'-P$ 生成酵素である。以下，酵素名は単にエンドヌクレアーゼ（endonucleases），デオキシリボヌクレオチドも単にヌクレオチドと呼ぶ。

〔1〕 大腸菌エンドヌクレアーゼ I

遺伝子 *endA*（染色体上66.6分）の発現産物で，分子量約12 000のポリペプチドの多量体である。細胞のペリプラズム（periplasm）に存在しているが，その量は大腸菌の対数増殖期（logarithmic growth phase）のごく早い時期に最も多く，そのあと徐々に減少し，定常期（stationary phase）には100分の1以下になる。酵素は二本鎖DNAに優先的に作用し，両鎖の同時切断を繰り返し，最終的には平均鎖長7のオリゴヌクレオチドにまで分解する。酵素活性は二本鎖RNAにより強く阻害される。酵素は二本鎖RNAと複合体を形成し不活性型となるが，膵臓のRNase分解により再活性化される。興味あることにtRNAと酵素の複合体が超らせんDNA分子内にランダムなニックを導入する。この複合体は大腸菌からも実際に分離されるので，ニック導入活性が酵素の興味ある機能を示唆しているのかもしれない。

〔2〕 T4エンドヌクレアーゼ II，III，IV

IIは二本鎖DNAにニックを導入し，その蓄積によって1 000ヌクレオチド残基程度のDNA断片が生成する。一本鎖DNAに対しても活性を示すが二本鎖DNAの10分の1程度である。グリコシル化の有無にかかわらずT4 DNAを分解することはできない。T4感染において宿主DNAの崩壊的切断に関与

すると考えられている。

Ⅲは一本鎖DNAに優先性を示し，オリゴヌクレオチドを生成するが，5′-末端のヌクレオチドに特異性はない。一本鎖のT4 DNAを分解するが，ポリdCには作用しない。

Ⅳは一本鎖DNAに対して二本鎖DNAの200倍の活性を示す。生成するDNA断片は平均50ヌクレオチド残基で，その5′末端はもっぱらシチジル酸（pC）である。一本鎖のT4 DNAに作用しないが，Ⅱと同じようにT4感染において宿主DNAの崩壊的切断に関与すると考えられている。

〔3〕 T7エンドヌクレアーゼⅠ，Ⅱ

Ⅰは遺伝子 3 の発現産物で，一本鎖DNAを二本鎖DNAより150倍速く分解する。一本鎖DNAを基質とした場合にのみ酸可溶性ヌクレオチドの産生が見られ，その5′末端は優先的にピリミジンヌクレオチドとなっている。プラスミドなどの超らせんDNA分子内に形成される十字構造（cruciform structure）を認識し，そのループ部分を切断する（ヌクレアーゼS1と同様の活性（4.7.1〔1〕項参照））。一本鎖のT7 DNA，二本鎖のT7 DNA，二本鎖の大腸菌DNAを徹底分解した場合に，それぞれ平均18，300，18ヌクレオチド残基からなるDNA断片の生成が見られる。酵素活性は多量のRNAによってのみ阻害される。変異株の解析から，T7感染において宿主DNAの崩壊的切断に関与することが示されている。また，T7 DNAの in vitro 遺伝的組換え系にT7エンドヌクレアーゼⅠが必要であることが示されており，生体内においても遺伝的組換えに関与している可能性が高い。二本鎖DNAに一本鎖切断を導入でき，一本鎖の入込みにより形成されるD-ループの切断が可能なことから考えて，遺伝的組換えの過程で形成されるホリデイ構造（中間体）（Holliday structure（intermediate））において交差している部分の鎖を切断できる可能性がある。

Ⅱは一本鎖DNAに対しては活性を示さず，二本鎖のT7 DNAに徹底的に作用させた場合には13個の一本鎖切断が導入される。このとき，切断末端のヌクレオチド残基に特異性は見られない。

〔4〕 **大腸菌以外の細菌エンドヌクレアーゼ**

　肺炎連鎖（双球）菌の主要エンドヌクレアーゼは一本鎖および二本鎖DNAをオリゴヌクレオチドにまで分解する。膜に局在しており，形質転換DNAの細胞内侵入に関与すると考えられている。すなわち形質転換におけるDNAのエントリーには一方の鎖の分解が伴っており，これを行うのがこの酵素である。連鎖球菌属のDNaseは二本鎖DNAの方に優先性を示し，オリゴヌクレオチドを生成する。ジヌクレオチドは分解されない。枯草菌エンドヌクレアーゼは一本鎖DNAに対して二本鎖DNAの50倍の活性を示し，オリゴヌクレオチドを生成する。ペリプラズムに存在し，内生胞子には酵素活性が認められない。rec^-変異株においては酵素活性が低い。

〔5〕 **真核微生物のエンドヌクレアーゼ**

　黄色麹カビ（*Aspergillus oryzae*）から分離されたDNase K2は一本鎖および二本鎖DNA中のグアノシン-グアノシン（G-G），グアノシン-アデノシン（G-A）間のホスホジエステル結合を優先的に切断し，オリゴヌクレオチドを生成する。単細胞緑藻のクラミドモナス（*Chlamydomonas reinhardi*）のエンドヌクレアーゼは二本鎖DNAに無作為的ではない一本鎖切断を導入し，ギャップを生成する。切断点の5′末端の塩基はTとGである。おそらくクロロプラストに存在していると考えられる。*S. cerevisiae*から一本鎖DNAに対して二本鎖DNAの750倍の優先性を示すDNaseが分離されている。分解産物は平均4ヌクレオチド残基のオリゴヌクレオチドである。

〔6〕 **哺乳類のDNase I（膵臓DNase）**

　（a）**特　性**　　二本鎖DNAに優先性を示し，オリゴヌクレオチドにまで分解する（EC 3.1.21.1）。代表的なものはウシ膵臓のDNase Iであり，これはDNAに特異的に作用する酵素として最初に見いだされ，結晶化された。反応初期にはプリンヌクレオシドとピリミジンヌクレオシド間のホスホジエステル結合を優先的に切断するが，最終分解産物は平均4残基のオリゴヌクレオチドであり，本質的には切断部位に特異性はない。0.1 mMのCa^{2+}の存在はタンパク質の構造保持と最大活性の発現に必須である。Mg^{2+}も酵素の活性化に

かかわっており，DNAのリン酸二つあたりに一つ結合したときに酵素活性が最大となる。脾臓，胸腺などに酵素のインヒビターが見いだされ，それらはアクチンであることが示された。生体内ではアクチン-DNase I 複合体が何らかの機能を果たしていると考えられる。

ウシ膵臓の DNase I には A，B，C，D の 4 種類の分子種が知られているが，これらは触媒活性的には全く変わらない。DNase IA は 257 残基のアミノ酸からなる分子量 30 072 の糖タンパク質である。二つのジスルフィド結合を持ち，Asn-18[†] に 1 本の糖鎖が結合している。DNase IB は IA と同じアミノ酸配列を持ち，DNase IC と ID は IA（IB）とは His-118 が Pro になっている点だけが異なっている。DNase IB と IC は糖鎖にシアル酸を含むところが IA，ID と異なっている。

DNase I はその表面のループが DNA の狭い溝（minor groove）に入り込み，両鎖の糖-リン酸バックボーンと相互作用する。そのあとの DNA 鎖の切断機構はつぎのようなものである（**図 4.1**）。Glu-75 によるプロトンの引抜きで活性化された His-131 がさらに水分子を活性化し，水の OH 基の求核攻撃を受けてヌクレオチドの P–O 3′ 結合が開裂する。このとき Ca^{2+} がリン酸基と相互作用して水の OH 基の求核攻撃を助ける。

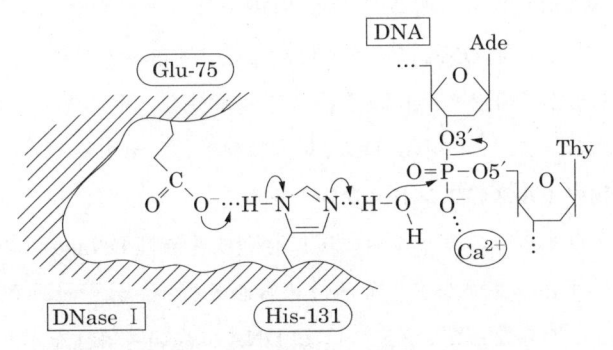

図 4.1 DNase I の活性部位と DNA 鎖の切断機構
〔生化学辞典，第 3 版，東京化学同人（1998），p.926 より〕

---

† Asn-18 はタンパク質の N 末端から 18 番目がアスパラギンということを意味する。このようにアミノ酸 3 文字記号と数字の組合せがよく用いられる。

（b）応用　DNAをDNase Iで完全分解し，ヘビ毒ホスホジエステラーゼ（4.7.3〔1〕項参照）を作用させれば，DNAを完全にモノヌクレオチドにまで分解できることから，この酵素の組合せがDNAの塩基組成の解析によく使われる。DNAポリメラーゼ Iによるニックトランスレーション（1.2.1項参照）においてニックの入ったDNAが必要であるが，これにDNase Iがよく用いられる。また，DNA結合性タンパク質因子の結合部位の決定（DNase Iフットプリント法）にも用いられる。すなわちタンパク質-DNA複合体をDNase Iで分解したときに，タンパク質が結合しているところがDNase Iによる分解からまぬがれるというわけである。さらにDNase Iは，活性クロマチンを分解して核内のRNAやタンパク質を分離するのに使われる。

〔7〕　他の哺乳類エンドヌクレアーゼ

ウシ小腸粘膜のエンドヌクレアーゼはクロマチンに結合性を示し，一本鎖DNAを二本鎖DNAより20倍速く分解する。5′末端のヌクレオチドには特異性はなく，分解活性がCa^{2+}により阻害される。条件を設定すれば二本鎖DNA数kbあたり1個のニックを導入することができる。

仔ウシ胸腺からクロマチン結合性を示し，活性発現にCa^{2+}とMg^{2+}を要求し，二本鎖DNAを優先的にオリゴヌクレオチドにまで分解するエンドヌクレアーゼが分離されている。酵素活性はADPリボシル化によって影響される。哺乳類細胞から二本鎖DNAに二本鎖切断を起こす酵素が分離されている。これはDNAを素早く0.2～2kbのサイズに断片化し，そのあと120bpくらいまでに分解する。また，一本鎖DNAを非特異的に分解する。

〔8〕　動物ウイルスのエンドヌクレアーゼ

ワクシニアウイルスのウイルスコアに存在する酸性DNaseはエンドヌクレアーゼ活性とエキソヌクレアーゼ活性を合わせ持つ。分子量約50 000の二つのサブユニットからなっている。一本鎖DNAに高い特異性を示し，モノおよびオリゴヌクレオチドにまで分解する。至適pHは4.5で，DNAに特異的な点以外はヌクレアーゼS1に似ている（4.7.1〔1〕項参照）。ワクシニアウイルスのウイルスコアからアルカリ性DNaseも分離されている。これも一本鎖

DNA に高い特異性を示し，オリゴヌクレオチドにまで分解する．DNA の複製中に生ずる一本鎖部分を分解することにより宿主 DNA の複製を阻害する．

4.1.3　3′-リン酸基生成型エンドデオキシリボヌクレアーゼ

黄色麹カビの DNase K 1 は一本鎖および二本鎖 DNA 中の G–G, G–A 間のホスホジエステル結合を優先的に切断し，オリゴヌクレオチドを生成する．哺乳類 DNase II（脾臓のエンドヌクレアーゼ）は二本鎖 DNA に優先性を示し，二本鎖を同時切断する．反応初期には G–C 間のホスホジエステル結合を切断する．5′-リン酸基を持つトリヌクレオチドを分解することはできない．カニ精巣の DNase は二本鎖 DNA を分解してジおよびトリヌクレオチドを生成し，サケ精巣の DNase は 3′末端が G のオリゴヌクレオチドを生成する．めのう模様のカタツムリ（agate snail）の DNase はポリ(dA)・ポリ(dT)，あるいは二本鎖 DNA 中の連続した dA または dT 配列を分解し，オリゴヌクレオチドを生成する．

4.2　制　限　酵　素

4.2.1　制限修飾系と制限酵素の発見

細菌細胞には，ほかの菌株由来の DNA が何らかの経路，例えばファージの感染によって侵入した場合，それを自株 DNA と見分けて分解し，あるいは自株型に修飾するという制限・修飾系（restriction-modification system）が存在する．制限酵素はこの系を構成する酵素の一つで，外来の異種 DNA は分解するが，自株の DNA あるいは自株型に修飾された DNA には作用しないエンド型の DNA 分解酵素である．DNA 修飾の実体は DNA メチラーゼ（methylase, methyltransferase）による DNA 塩基のメチル化である．

制限酵素の酵素化学的研究は 1968 年ごろに始まった．最初に分離されたのは大腸菌 B 株の *Eco*B（現在 *Eco*B I）と同 K 株の *Eco*K（現在 *Eco*K I）である．しかしこれらは特定サイズの DNA 断片を生成するものではなかった．

1970年に *Haemophilus influenzae* Rd（血清型）から *Hind*II，1971年に大腸菌 RY13 株から *Eco*RI が分離された。これらは，DNA 上の特定の塩基配列を認識してそこを切断するという，それまで全く知られていなかった新型のエンドヌクレアーゼであることがわかった。これ以後，現在までに各種細菌から制限酵素が続々と分離され，その数は 3 000 近くに達する。中には異なる細菌から分離されたにもかかわらず同じ塩基配列を認識するもの（イソシゾマー (isoschizomer)）があるが，DNA 認識の特異性が異なるもののみでも数は 200 以上になる。イソシゾマーのうち，同じ塩基配列を認識し，同じ部位で切断する酵素は特にネオシゾマー（neoschizomer）と呼ばれる。

4.2.2 制限酵素の種類と特異性

制限酵素は，菌株の属名のイニシャル1文字，種名のイニシャル2文字をイタリック体で記し，株名およびプラスミド由来（酵素の遺伝子がプラスミド上にある場合）などを付記し，同一菌株から2種類以上の酵素が分離された場合には順次ローマ数字を添えて命名されている。制限酵素は二本鎖 DNA 分子内の特定配列を認識し，リン酸ジエステル結合を両鎖において加水分解して DNA 断片を生成するが，その認識配列中の特定のシトシンあるいはアデニン塩基がメチラーゼにより 5-メチルシトシンや N^4-メチルシトシンあるいは N^6-メチルアデニンに修飾されると認識・分解できない特異性を持ち，I，II，III 型に分類される。

〔1〕 **I 型制限酵素**

高分子量（~400 000）の酵素で数種類のサブユニットからなり，エンドデオキシリボヌクレアーゼ（以下，単にエンドヌクレアーゼ）活性，修飾メチラーゼ活性，ATPase 活性を持つ多機能酵素である。活性発現に Mg^{2+}，ATP，S-アデノシルメチオニン（S-adenosyl-methionine，SAM または AdoMet と略称される）を必要とし，DNA 鎖の切断に際し多量の ATP を分解する。これまで約 20 種類知られており，その中で代表的なものに *Eco*BI と *Eco*KI がある。これら酵素の認識配列とメチル化部位（*）は

EcoBⅠ　　　5′—TGÅNNNNNNNNTGCT—3′
　　　　　　3′—ACTNNNNNNNNACGA—5′
EcoKⅠ　　　5′—AÅCNNNNNNGTGC—3′
　　　　　　3′—TTGNNNNNNCACG—5′
　　　　　　　　　　　　　　*

であるが（Nは不特定の塩基），切断箇所に特異性はなく（完全にアトランダムというわけではない），認識配列から1000bp以上離れたところを両鎖切断する。したがって，一定長のDNA断片の生成は見られない。

　EcoBⅠとEcoKⅠは染色体上の遺伝子 hsdR, hsdM, hsdS にコードされる3種のサブユニットから構成される。三つの遺伝子はオペロンを構成し，P1-hsdR-P2-hsdM-hsdS の順序で存在する。P1とP2は別個のプロモーターである。EcoKⅠは分子量450 000で，二つのRサブユニット（分子量135 000），二つのMサブユニット（分子量62 000），一つのSサブユニット（分子量55 000）からなる（R_2M_2S）。Rサブユニットは制限（restriction），Mサブユニットはメチル化，Sサブユニットは標的部位の認識に関与している。EcoBⅠも同じサブユニット構成を示し，サブユニットの分子量も似通っている。ただ，EcoBⅠの場合は，MサブユニットとSサブユニットが一つずつ会合した修飾複合体が形成されることが知られている。大腸菌の hsdR 変異株はr^-m^+の表現系を示し，DNA制限活性を持たないが，修飾（メチル化）活性を持つ。hsdS 変異株はr^-m^-で，制限および修飾の両方の活性を持たない。hsdM 変異株は修飾活性のみならず制限活性も示さない。このことはMサブユニットがRサブユニット機能の発現に必要であることを示す。変異株の表現型はr^+m^-ではなくr^-m^-である。もし，r^+m^-であるとすれば，これは修飾のない自分自身のDNAを分解すること，ひいては致死となることを意味する。hsdM 変異は生物の持つ二重安全装置機構（fail-safe mechanism）の一例である。

　DNAがⅠ型酵素（EcoBⅠとEcoKⅠ）により切断されるか，あるいはメチル化されるかは標的部位の状態により決定される。もし標的部位の特定塩基（アデニン）が二つともメチル化されている（両鎖がメチル化されている（fully methylated))場合は，酵素が標的部位に結合するものの何もせずにそこから離れる。標的部位の特定塩基の一つだけがメチル化されている（単鎖がメチル化されている（hemimethylated））場合は，残る塩基をメチル化する。標的部位が全くメチル化されていない（nonmethylated）場合は，酵素がそこに結合し，別のところを切断する。標的部位はメチル化されない状態で残る。

Ⅰ型酵素の標的部位は両端の特定塩基配列を含む左右の二つの部分に分かれているが，これらはSサブユニットの異なる二つのドメインによって認識される。このことはつぎの実験によりわかった。二つの菌株由来のSサブユニットをコードする *hsdS* 遺伝子を組み換え，それから生じた組換え型Sサブユニットについて調べたところ，それぞれの親株の標的配列を左と右に持つ新しい標的部位を認識した。

SAMはMサブユニットに結合するが，反応初期段階においてはアロステリックエフェクター（allosteric effector）として働く。すなわち，Sサブユニットの立体構造を変えDNAに結合するようにする。Ⅰ型酵素がDNAに結合したあとの反応は以下のようである。完全にメチル化された部位に結合した場合には，ATPが酵素をDNAから解離させる。メチル化されていない部位に結合した場合には，ATPは酵素のRサブユニットがDNA鎖切断を起こすようにする。鎖切断にはATPの加水分解が伴う。なお，SAMは鎖切断が起こる前に酵素から遊離する。

切断反応は二つの段階に分かれる。まず単鎖に切断が入り，つぎに相補鎖がその付近で切断される。そして，切断点のどちらか一方の側の領域がエキソヌクレアーゼ的に分解されると考えられる。このときATPの加水分解が盛んに起こるが，その具体的作用は未知である。

Ⅰ型酵素が標的部位を認識し，そこから遠く離れたところをどのようにして切断するかについては二つの考え方がある。一つは，標的部位に結合した酵素がDNAに結合したままスライドし切断点にたどり着く，もう一つは，酵素が標的部位に結合したまま動かず，DNAの方がおそらく酵素分子上の第二のDNA結合部位を介し，切断を受けるべき部位まで引き寄せられる。Ⅰ型酵素

反応物の電子顕微鏡解析において，酵素が異なる二つの離れた領域に同時に結合し，DNAのループ構造を形作っている複合体分子が実際に観察されている。このことは後者の考え方を支持する。

〔2〕 II型制限酵素

これまで，種々の細菌から合わせて3000くらいの酵素が分離されている。これは細菌株三つに一つの割合になる。分子量20000〜100000の酵素が多く，その制限エンドヌクレアーゼ活性の発現にMg^{2+}だけを要求する。修飾活性（塩基のメチル化活性）の方は異なる酵素タンパク質が有する。酵素は二本鎖DNA分子内の特定塩基配列——4〜6 bpで中央を軸とし二回回転対称性（two-fold rotational symmetry, パリンドローム（palindrome）ともいわれる）の配列が多いが，7〜8 bpの配列を認識する酵素もある——を認識して，その配列内の特定塩基間，あるいは認識配列から一定ヌクレオチド数離れたところを切断する。これまで分離された制限酵素のほとんどはこのII型に属し，特定のDNA断片の生成を引き起こすので遺伝子組換えに頻繁に用いられる。というよりもII型制限酵素の分離なくして遺伝子組換え技術の誕生はなかった。

II型酵素の切断様式は一般的には図3.2に示すように分けられる。すなわち，切断末端に一本鎖部分を生成するように切断する型（付着末端（cohesive (sticky) end）型）と，生成しない型（平滑末端（blunt (flush) end）型）とがある。前者には，また，一本鎖部分が5′方向に突き出したようになるものと，3′方向にそうなるものとがある。II型に限らず，制限酵素によってDNAのリン酸ジエステル結合が切断されると，生成される末端は3′-OH, 5′-Pとなる。これはDNAリガーゼによるリン酸ジエステル結合の形成（DNA断片の連結）に都合がよい。主なII型制限酵素について，認識・切断部位，各種DNA上の切断点の数，イソシゾマー（あるいはネオシゾマー），同じ付着末端を生成する酵素などを**表4.1**にまとめてある。

これらはほとんど市販されており，遺伝子操作に繁用される代表的なものである。表を補足する形で二，三述べておく。*Nci* I は興味あることに切断末端が3′-P, 5′-OHになる酵素である。イソシゾマーとしては例えば，*Bst*N I

表4.1 代表的なⅡ型制限酵素

酵素	微生物	認識切断部位*	酵素	微生物	認識切断部位*
AluⅠ	*Arthrobacter luteus*	5′ AGCT 3′ 3′ TCGA 5′	HpaⅡ	*Haemophilus parainfluenzae*	5′ CCGG 3′ 3′ GGCC 5′
AvaⅠ	*Anabaena variabilis*	5′ CPyCGPuG 3′ 3′ GPuGCPyC 5′	KpnⅠ	*Klebsiella pneumoniae* OK8	5′ GGTACC 3′ 3′ CCATGG 5′
BalⅠ	*Brevibacterium albidum*	5′ TGGCCA 3′ 3′ ACCGGT 5′	MboⅠ	*Moraxella bovis*	5′ GATC 3′ 3′ CTAG 5′
BamHⅠ	*Bacillus amyloliquefaciens* H	5′ GGATCC 3′ 3′ CCTAGG 5′	NotⅠ	*Nocardia otitidiscaviarum*	5′ GCGGCCGC 3′ 3′ CGCCGGCG 5′
BglⅠ	*Bacillus globigii*	5′ GCCNNNNNGGC 3′ 3′ CGGNNNNNCCG 5′	PacⅠ	*Pseudomonas alcaligenes*	5′ TTAATTAA 3′ 3′ AATTAATT 5′
BglⅡ	〃	5′ AGATCT 3′ 3′ TCTAGA 5′	PstⅠ	*Providencia stuartii* 164	5′ CTGCAG 3′ 3′ GACGTC 5′
BstEⅡ	*Bacillus stearothermophilus* ET	5′ GGTNACC 3′ 3′ CCANTGG 5′	PvuⅡ	*Proteus vulgaris*	5′ CAGCTG 3′ 3′ GTCGAC 5′
ClaⅠ	*Caryophanon latum* L	5′ ATCGAT 3′ 3′ TAGCTA 5′	SacⅠ	*Streptomyces achromogenes*	5′ GAGCTC 3′ 3′ CTCGAG 5′
DraⅠ	*Deinococcus radiophilus*	5′ TTTAAA 3′ 3′ AAATTT 5′	SalⅠ	*Streptomyces albus* G	5′ GTCGAC 3′ 3′ CAGCTG 5′
EcoRⅠ	*Escherichia coli* RY13	5′ GAATTC 3′ 3′ CTTAAG 5′	SmaⅠ	*Serratia marcescens* Sb	5′ CCCGGG 3′ 3′ GGGCCC 5′
HaeⅢ	*Haemophilus aegyptius*	5′ GGCC 3′ 3′ CCGG 5′	TaqⅠ	*Thermus aquaticus* YT1	5′ TCGA 3′ 3′ AGCT 5′
HgaⅠ	*Haemophilus gallinarum*	5′ GACGC(N)₅ 3′ 3′ CTGCG(N)₁₀ 5′	XbaⅠ	*Xanthomonas badrii*	5′ TCTAGA 3′ 3′ AGATCT 5′
HhaⅠ	*Haemophilus haemolyticus*	5′ GCGC 3′ 3′ CGCG 5′	XhoⅠ	*Xanthomonas holcicola*	5′ CTCGAG 3′ 3′ GAGCTC 5′
$Hind$Ⅲ	*Haemophilus influenzae* Rd	5′ AAGCTT 3′ 3′ TTCGAA 5′	XmaⅢ	*Xanthomonas malvacearum*	5′ CGGCCG 3′ 3′ GCCGGC 5′

* 矢印 (↓↑) は切断点, Pu はプリン塩基 (A, G), Py はピリミジン塩基 (C, T), N は四つの塩基 (A, G, C, T), 例えば, …… (N)₅↓ は……NNNNN↓を意味する.

(5′CC↓(A/T)GG3′)とEcoRⅡ(5′↓CC(A/T)GG3′), SmaⅠ(5′CCC↓GGG3′)とXmaⅠ(5′↓CCCGGG3′)などがある。ネオシゾマーとしては，MboⅠ(5′↓GATC3′)とSau3AⅠ(5′↓GATC3′)などがある。

Ⅱ型酵素は認識配列内のアデニンあるいはシトシンが別の酵素タンパク質であるメチラーゼ（詳細については7.1節参照）によりメチル化され，N^6-メチルアデニンあるいは5-メチルシトシン（まれにN^4-メチルシトシン）になるとDNA鎖の切断が起こらないのが通常であるが，Sau3AⅠはN^6-メチルアデニンになっても切断できる。MspⅠ(5′C↓CGG3′)は配列内の中央寄りのシトシンが5-メチルシトシンになっても切断できるが，ネオシゾマーのHpaⅡ(5′C↓CGG3′)は切断できない。DpnⅠは興味のある酵素で，上述のMboⅠ，Sau3AⅠと一応同じ塩基配列を認識するが，N^6-メチルアデニンになっている場合にのみ切断できる。DpnⅠを生産する細菌（*Streptococcus* (*Diplococcus*) *pneumoniae*) と同じ細菌に属するが，異なる菌株の生産するDpnⅡは，通常の酵素と同じように非メチル化配列のみを認識・切断する。DpnⅠ生産菌は相応するメチラーゼを生産しないが，DpnⅡ生産菌は相応するメチラーゼを生産し，自身の染色体DNAはメチル化されている。BglⅠの認識・切断配列は特殊で，両端は逆向きの相補的配列になってはいるが中央の配列は非特異的である。BbvⅠ，HgaⅠ，HphⅠ，MboⅡなどの場合も特殊で，認識配列には逆向きの相補性は見られず，両鎖切断も認識配列から一定ヌクレオチド数離れたところで起きる。

Ⅱ型制限酵素タンパク質の構造は比較的単純である。中でも一番よく解析されているのはEcoRⅠで，ホモ二量体を形成することが明らかにされている。ちなみにEcoRⅠメチラーゼ（M・EcoRⅠ）の方は単量体で機能する。両者は同一の標的部位に作用するわけであるが，一次構造的に類似性がないので，両者は独立的な進化の産物と考えられる。なお，EcoRⅠ遺伝子とM・EcoRⅠの遺伝子は染色体上で隣接して存在している。このようなことは他のⅡ型制限酵素と対応するメチラーゼの場合においても見られる。通常，Ⅱ型酵素の標的部位は二回回転対称性であるので，両鎖の特定塩基がメチル化される。したがって，

I型酵素の場合と同じように標的部位としては完全にメチル化されたもの，片方の鎖がメチル化されたもの，あるいは両鎖ともメチル化されていないものに分かれる。完全にメチル化された部位は制限酵素および修飾酵素メチラーゼの両方の対象にならない。片方の鎖がメチル化されている場合には，制限酵素により認識されず，メチラーゼにより残る鎖がメチル化される。両鎖ともメチル化されていない部位に対しては，*in vitro* では制限か修飾かのいずれかが起こる。しかし，細胞内では制限の方が高頻度で起こる。

II型酵素のメチラーゼは一度に一つの塩基のメチル化しか起こさない。メチル化のあとメチラーゼがDNAからいったん離れ，再び標的部位に結合し塩基をメチル化する。メチラーゼはいくつかの保存配列モチーフを持っている。これらはおそらくメチル化という共通した反応に必要なものと理解される。メチラーゼタンパク質はDNA結合領域により分断される二つのドメイン構造を持っている。*Hha*Iメチラーゼ（M・*Hha*I）とその認識配列との共結晶構造の解析から，メチル化されるシトシン残基だけが引っぱり出され，酵素の活性部位にはまり込んでいることがわかった。これ以外の領域は全く通常のB型構造をとっていた。活性部位にはまり込んだシトシンにSAMからメチル基が付加され，シトシンは元の位置に戻るという機構が考えられる。

特異性の異なるII型制限酵素をいくつか組み合わせれば，とてつもなく長いDNA分子を計画的に一定の場所で切断して特定の遺伝子を含む均質なDNA断片を得ること（**DNAの分画**）が可能である。

以下，DNAの断片化に関連して制限酵素の"**スター(star)活性**"，制限酵素とメチラーゼとの組合せ法について述べる。*Eco*RI，*Bam*HI，*Dde*I，*Hae*III，*Hha*I，*Hind*III，*Kpn*I，*Pst*I，*Sal*I，*Sau*3AI，*Sst*I，*Xba*Iなどは反応条件を変えることによって特異性の低下（緩和），いわゆるスター活性の発現が見られる。一般的には，pHの上昇とイオン強度の低下，Mg^{2+}のMn^{2+}，Co^{2+}あるいはZn^{2+}による置換，グリセロールあるいは疎水性有機溶媒の添加などにより起こる。例えば，*Eco*RIはpH 7.5で通常のイオン強度（50〜100 mMトリス-塩酸緩衝液，50〜100 mM NaCl（またはKCl），5〜10 mM $MgCl_2$な

ど）では

   ↓
  5′ GAATTC 3′
  3′ CTTAAG 5′
      ↑

を認識して（↓↑）で切断するが，pH 8.5 で低イオン強度（2.5 mM トリス-塩酸緩衝液，2 mM $MgCl_2$）においては

   ↓
  5′ AATT 3′
  3′ TTAA 5′
     ↑

を認識して（↓↑）で切断するようになる。このように特異性の低下した EcoRI を特に EcoRI スターと呼び，EcoRI* と記す。また，BamHI は通常の条件下においては

   ↓
  5′ GGATCC 3′
  3′ CCTAGG 5′
      ↑

のみを認識して切断するが，イオン強度を下げるか，グリセロール濃度を上げるか，あるいはジメチルスルフォキシド（DMSO）を添加すると

   ↓   ↓   ↓   ↓
 5′ GGAACC 3′ 5′ GGCTCC 3′ 5′ GGGTCC 3′ 5′ GAATCC 3′
 3′ CCTTGG 5′ 3′ CCGAGG 5′ 3′ CCCAGG 5′ 3′ CTTAGG 5′
     ↑   ↑   ↑   ↑

をも切断するようになる。DNA 断片について塩基配列の解析やサブクローニング（subcloning）を行いたいが，断片を切断する酵素がなかなか見つからないということはよくある。そのようなときに制限酵素のスター活性を活用するとよい。

 DNA メチラーゼは制限酵素と認識配列を共用するので，DNA メチラーゼを制限酵素と上手に組み合わせて用いれば，図 4.2 に示すような DNA 切断の阻害と限定が可能となる。DNA 組換え実験では制限酵素の認識・切断部位を保護したい，あるいは DNA が切断されすぎるので切断点を減少させたいとい

M·*Eco*RI ⟶ *Eco*RI 切断

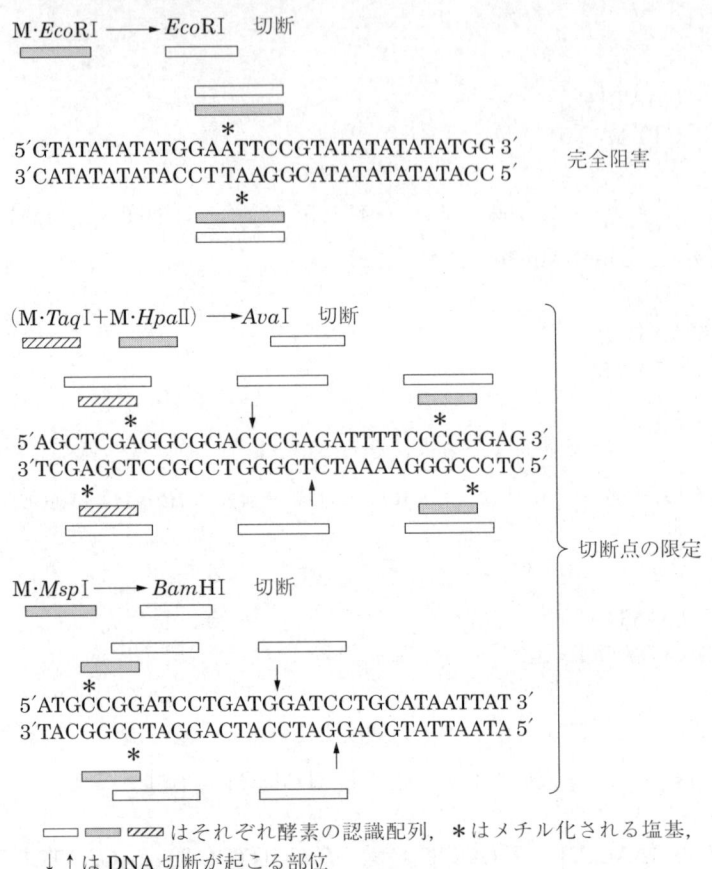

5´GTATATATATGGAATTCCGTATATATATATGG 3´
3´CATATATATACCTTAAGGCATATATATATACC 5´

完全阻害

(M·*Taq*I+M·*Hpa*II) ⟶ *Ava*I 切断

5´AGCTCGAGGCGGACCCGAGATTTTCCCGGGAG 3´
3´TCGAGCTCCGCCTGGGCTCTAAAAGGGCCCTC 5´

M·*Msp*I ⟶ *Bam*HI 切断

5´ATGCCGGATCCTGATGGATCCTGCATAATTAT 3´
3´TACGGCCTAGGACTACCTAGGACGTATTAATA 5´

} 切断点の限定

▭ ▭ ▨ はそれぞれ酵素の認識配列，＊はメチル化される塩基，↓↑はDNA切断が起こる部位

図4.2 制限酵素とDNAメチラーゼの組合せによるDNA切断の阻害と限定

うことはよくある。

〔3〕 III 型制限酵素

四つの酵素 *Eco*P1I，*Eco*P15I，*Hinf*III，*Sty*LTIが知られている。*Eco*P1I と *Eco*P15I は大腸菌プラスミド P1 あるいは P15 にコードされ，*Hinf*III は *H. influenzae* Rf（血清型）の染色体，*Sty*LTI は *Salmonella typhi* LT 株の染色体にコードされている。これらの酵素は二つのサブユニットから構築されている。制限にかかわる R サブユニット（分子量約 108 000）と修飾・標的部位

認識にかかわる MS サブユニット（分子量約 75 000）である。酵素は ATP 関与のもとに標的部位に結合し，MS サブユニットを介し，そこの特定塩基をメチル化する。そして酵素は標的部位から一方向へ 24〜27 塩基離れたところを切断する。おそらく酵素のサイズはこれを可能にするほど十分に大きいと考えられる。切断により 2〜4 塩基突き出した形の末端が生成する。DNA に結合すると，*Eco*P1I と *Eco*P15I はともに特定のアデニンをメチル化するが，標的部位の塩基配列が II 型酵素の場合のように二回回転対称性を持たないことから，DNA の一方の鎖だけをメチル化することになる。

酵素が非メチル化部位をメチル化するか，それともそこを認識し近傍に切断を入れるかの決定は少し複雑である。例えば，メチル化されている（＊印）*Eco*P1I の標的配列 sP1, AG$\overset{*}{A}$CC/TCTGG (parental) が複製すると，二つの replicas AG$\overset{*}{A}$CC/TCTGG と AGACC/TCTGG が生ずることになるが，酵素は後者の方に対してメチル化だけを起こし，近傍での切断は起こさない。これは酵素のメチラーゼ活性は一つの非メチル化部位があればそこをメチル化するが，制限活性により DNA の切断が起こるのは二つの逆向きの非メチル化部位が存在する場合だけである。二つの逆向きのメチル化部位が複製されると，一つの部位は必ずメチル化されることになり，残る非メチル化部位を酵素がメチル化することになる。

4.3　遺伝的組換えあるいは転移などにかかわる部位特異的エンドデオキシリボヌクレアーゼ

ここでもエンドデオキシリボヌクレアーゼ，エキソデオキシリボヌクレアーゼに対してはエンドヌクレアーゼ，エキソヌクレアーゼと呼ぶことにする。

4.3.1　大腸菌 RecBCD ヌクレアーゼ

大腸菌の遺伝子 *recB*, *C*, *D* の発現産物である RecB（分子量 134 000），RecC（分子量 129 000），RecD（分子量 67 000）が会合したもので，エキソヌクレアー

ゼVと別称され，大腸菌における一般的な遺伝的組換えに必要な酵素である。ATPに依存した二本鎖DNAの巻きをほぐすアンワインディング（unwinding）活性，つまりヘリカーゼ活性，巻きを元に戻すリワインディング（rewinding）活性，ATPに依存した一本鎖DNAに対するエンドおよびエキソヌクレアーゼ活性を有する。両ヌクレアーゼ活性はCa^{2+}存在下で阻害される。酵素はDNA依存性のATP分解酵素（ATPase）でもある。二本鎖DNAの一端からDNAに入り込み，DNA鎖に沿って$3'→5'$，$5'→3'$両方向に，ATPaseによるATPの分解エネルギーを用いて，毎秒約300塩基の速度でDNA鎖をほぐしながら進む。このとき，酵素後方の一本鎖部分を二本鎖に戻す速度は毎秒約200塩基といわれている。この差により酵素が作用している部分に図4.3に示すように俗に"ウサギの耳（rabbit ears）"といわれる二つの一本鎖ループが形成される。

そしてχ配列（$5'$-GCTGGTGG-$3'$）が存在するとそれの4〜6塩基$3'$側を一本鎖切断する。切断末端は$5'$-P，$3'$-OHとなる。ここでおそらくRecDが外れ，RecBCのヘリカーゼ活性により切断点を末端として一本鎖がひげ状に伸び，そこにRecAタンパク質とSSBが働き，ヘテロ二本鎖DNAを形成すると考えられている。ヘリカーゼとしてのRecBCDの詳細については6.2.4項を参照されたい。

ここで*recA*遺伝子をはじめとした*recB*, *C*, *D*遺伝子以外の大腸菌*rec*系遺伝子について，それらの発現産物の特性と機能について述べておく。

遺伝子*recA*の発現産物であるRecAタンパク質は分子量38 000で，細胞内では四量体を形成している。ATPの存在下で一本鎖DNAと結合することによって活性化され，ATPase活性を表す。二本鎖DNAを部分的にほぐし，そこに相同的な一本鎖をその末端から巻き込み，ヘテロ二本鎖DNA分子の形成を行う（図4.3）。これは遺伝的組換え初期過程の重要な反応である。また，RecAタンパク質は潜在的にプロテアーゼ活性を持っており，この活性はRecAが一本鎖DNA断片と結合することによってATPの存在下で発現する。RecAプロテアーゼはSOS遺伝子系のリプレッサーLexAやファージリプレッサー

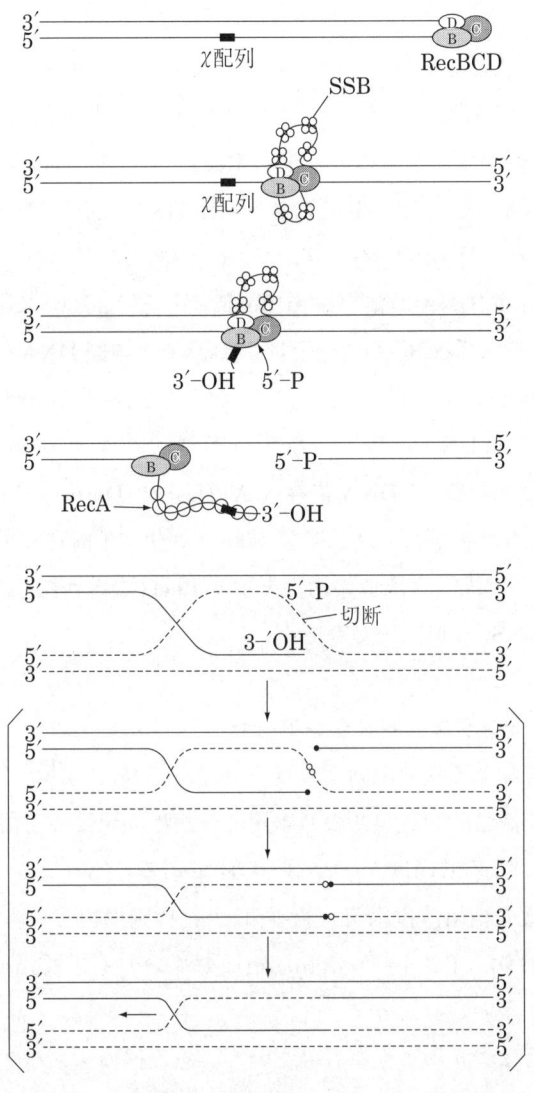

図 4.3 RecBCD エンドヌクレアーゼの作用と
DNA 組換えへの関与

の λ CI と φ 80 CI を切断・不活化する。RecA に類似の相同的組換えに関与しているタンパク質 Rad 51 と Dmc 1 が *S. cerevisiae* から分離されている。

遺伝的組換え初期過程の経路として，RecA–RecBCD 経路以外に RecE 経路

とRecF経路が知られている。RecE経路には二つの遺伝子 *recE* と *recT* がかかわっている。前者の発現産物はエキソヌクレアーゼⅧ（4.1.1〔6〕項参照）で，二本鎖DNAの5′末端から順次モノヌクレオチド残基を切り離し，一本鎖DNA断片を生成する。後者の発現産物RecT（分子量33 000）はATP非依存的に一本鎖DNAに結合し，相補的な一本鎖DNAを塩基対合（アニール）させる。RecF経路には *recF*，*G*，*J*，*N*，*O*，*Q*，*R* がかかわっている。分子量40 000で一本鎖DNAに結合するRecF，分子量26 000で相補的な一本鎖DNAをアニールさせるRecO，分子量22 000で二本鎖DNAに結合するRecRが協調して組換え初期過程に働き，このほかに，分子量63 000のRecN，分子量63 000で一本鎖DNAに特異的な5′→3′エキソヌクレアーゼ活性を示すRecJ，分子量約67 000でDNA依存性ATPaseとDNAヘリカーゼ活性を示すRecQ（6.2.5項参照），分子量76 000でホリデイ構造に特異的に結合しRuvAB（6.1.2項参照）と酷似の活性を示すRecGなどが関与している。なお，*recN* と *recQ* はSOS遺伝子でもある。

4.3.2 ホーミングエンドヌクレアーゼ

制限酵素の認識する塩基配列より長く（12～40 bp），かつ二回回転対称性のない塩基配列を認識し，数塩基の一本鎖部分が生成するように切断する酵素である。生成する切断末端は5′-P，3′-OHである。ホーミングエンドヌクレアーゼは，通常の細菌，古細菌（始原菌），真核微生物から合わせて数十種以上分離されており，イントロン（intron）やインテイン（intein）にコードされているものが多い。

インテインとはつぎのようなものをいう。ある種のタンパク質では，前駆体タンパク質が自己触媒反応により一部が切り出され，残りの部分が再結合されて成熟タンパク質となる。この切り出される部分に相当する塩基配列がインテインである。残る領域の塩基配列はエクステイン（extein）と呼ばれる。ホーミングエンドヌクレアーゼは，イントロンやインテインが除去されたときに両端が結合して生ずる塩基配列を認識して切断する。したがって，この酵素は自

身の認識する配列へイントロンやインテインを新たに転移挿入させる過程にかかわっていると考えられている（図4.4）．しかし，これは酵素によるホーミング部位の切断末端にイントロンやインテインがちょうど挿入されるという単純なものではない．それは，酵素の切断部位と両遺伝要素の挿入部位が異なるからである（表4.2）．

　酵素はアミノ酸配列モチーフの特徴から四つのファミリー，LAGLIDADG, GIY-YIG, H-N-H, His-Cys box に分類される．酵素の命名法は制限酵素の場合と同じであるが，コードされている場所の違いを表すために，イントロンの

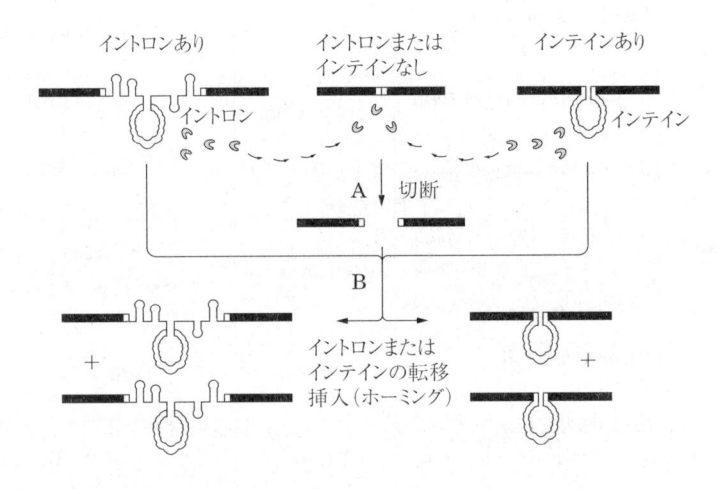

■ エクソンまたはエクステインDNA
イントロンDNA
エンドヌクレアーゼORF
ホーミング部位
ホーミングエンドヌクレアーゼ

A：ホーミングエンドヌクレアーゼによるイントロンあるいはインテインのない対立遺伝子座内部位（ホーミング部位）の切断
B：ホーミング部位へのイントロンあるいはインテインの転移挿入（ホーミング）的組換えによる当該遺伝要素の重複

図4.4　イントロンおよびインテインの転移挿入（ホーミング）
〔M. Belfort & R. J. Roberts：*Nucleic Acids Res.*, **25**, pp. 3379–3388 (1997) より〕

表 4.2 代表的ホーミング

酵素名	微生物	細胞内局在	遺伝子/タンパク質
I–*Ani*I	*Aspergillus nidulans*	ミトコンドリア	シトクロム b (cob)
I–*Cpa*II	*Chlamydomonas pallidostigmatica*	クロロプラスト	small rRNA
I–*Cre*I	*Chlamydomonas reinhardtii*	クロロプラスト	large rRNA
I–*Dmo*I	*Desulfurococcus mobilis*	染色体	large rRNA
I–*Hmu*I	*Bacillus subtilis* ファージ SPO1	ファージ	DNA ポリメラーゼ
I–*Ppo*I	*Physarum polycephalum*	核(染色体外)	large rRNA
I–*Sce*I (ω endo)	*Saccharomyces cerevisiae*	ミトコンドリア	large rRNA
I–*Sce*V (aI 2 endo)	*Saccharomyces cerevisiae*	ミトコンドリア	シトクロムオキシダーゼ I (coxI)
I–*Sce*VI (aI 1 endo)	*Saccharomyces cerevisiae*	ミトコンドリア	シトクロムオキシダーゼ I (coxI)
I–*Tev*I	*Escherichia coli* ファージ T4	ファージ	チミジル酸シンターゼ (td)
I–*Tev*III	*Escherichia coli* ファージ RB3	ファージ	リボヌクレオチドレダクターゼ サブユニット B (nrdB)
PI–*Sce*I	*Saccharomyces cerevisiae*	染色体	液胞内膜型 ATPase サブユニット (VMA1)
F–*Sce*I (endo *Sce*I)	*Saccharomyces cerevisiae*	ミトコンドリア	—
F–*Sce*II (HO endo)	*Saccharomyces cerevisiae*	核	—
F–*Tev*I (SegA endo)	*Escherichia coli* ファージ T4	ファージ	—
F–*Tev*II (SegE endo)	*Escherichia coli* ファージ T4	ファージ	—

認識配列の長さおよび絶対性については，さらなる解析に待たねばならない．▽はイントロな配列における切断部位を示す．〔M. Belfort & R. J. Roberts：*Nucleic Acids Res.*, **25**,

4.3 遺伝的組換えあるいは転移などにかかわる部位特異的エンドデオキシリボヌクレアーゼ

エンドヌクレアーゼ

ファミリー	認識・切断配列およびイントロン，インテイン挿入部位	
LAGLIDADG	TTATTTGAGGAGG_TTT	C~TCTGTAAATAATGCA
LAGLIDADG	GGAATAAGCCCCGGCT	A_ACTC~TGTGCCAGCAG
LAGLIDADG	GCTGGGTTCAAAACGT	C_GTGA^GACAGTTTGGT
LAGLIDADG	AATGCCTTGCCGG_GTA	A^GTTCCGGCGCGCATG
H-N-H	GAGTAGTAATGAGCCT	AACG_CTCAGCAATTCC
His-Cys box	GTAACTATGACTCTC_T	TAA^GGTAGCCAAATGC
LAGLIDADG	AAGTTACGCTAGGG_AT	AA^CAGGGTAATATAGC
H-N-H	GTATTAATAATTTTCT^	TCTTAGTAAT_GCCTGC
H-N-H	TCACAGTTATTTAATG^	TTTTAGTAGT_TGGTCA
GIY-YIG	CA_AC^GCTCAGTAGATGTTTTCTTGGGT	CTACCGTTTAATATTG
H-N-H	T~TA_TGTATCTTTTGCGT	GTACCTTTAACTTCCA
LAGLIDADG	TATCTATGTCGG_GTGC^	GGAGAAAGAGGTAATG
LAGLIDADG	ACCCTGGATGCTGT_AGGC^ATAGGCTTGGTTAT	
LAGLIDADG	TTTCAGCTTTCCGC_AACA^GTAAAATTTTATAA	
GIY-YIG	ATACGAAACACAAG_A_^A^ATGTTTAGTAAAAC	
GIY-YIG	ATTTAATCCTCGCT_TC^AGATATGGCAACTG	

ンあるいはインテインの挿入部位を，^ は示してある配列における切断部位を，_ は相補的
pp. 3379-3388 (1997) より]

場合は頭文字"I"（for intron）を，インテインの場合は"PI"（for protein insert）を，それ以外の場合は"F"（for free standing）を付す（表4.2）。以下に，モチーフ別に主な酵素の特徴を述べるとともに，S. cerevisiae 由来のF-SceⅡ，すなわち HO エンドヌクレアーゼを取り上げ，S. cerevisiae の接合型変換における役割について詳述する。

〔1〕 **LAGLIDADG エンドヌクレアーゼ**

I-CreⅠは LAGLIDADG モチーフを一つ持ち，ホモ二量体（単量体は 163 アミノ酸からなる）を形成するが，モチーフは二量体境界面に位置している。I-CreⅠは B 型 DNA に対して minor groove から攻撃し，4 塩基の 3′ 突出し型末端を生成する。PI-SceⅠは 454 アミノ酸からなる二機能性（bifunctional）のタンパク質で，二つの LAGLIDADG モチーフを含み，エンドヌクレアーゼ活性とタンパク質-スプライシング（protein-splicing）活性を持つ。PI-SceⅠは単量体で DNA の major groove とリン酸骨格に結合し，DNA を湾曲させることが知られている。PI-SceⅠの DNA 鎖切断活性は認識・切断配列（ホーミング部位）が負の超らせん分子内にある場合に促進される。

〔2〕 **GIY-YIG エンドヌクレアーゼ**

I-TevⅠは単量体（28 kDa）で作用する。LAGLIDADG エンドヌクレアーゼとは異なり，切断部位とイントロン挿入部位が大きく離れている。N 末側半分の領域は GIY-YIG モチーフを含み，DNA 鎖切断にかかわっている。C 末側半分の領域は DNA-結合性ドメインを含み，イントロン挿入部位を含む領域に結合する。I-TevⅠの DNA 結合様式は PI-SceⅠのそれに類似している。

〔3〕 **His-Cys box エンドヌクレアーゼ**

His-Cys box とは 30 残基にわたるアミノ酸配列の中に二つの保存されたヒスチジン残基と三つの保存されたシステイン残基を含むのが特徴である。I-PpoⅠは単量体としては 18～20 kDa（翻訳開始点に依存してサイズが異なる）であり，二量体を形成して major groove 側から作用する。酵素の結合により DNA 構造に歪みが生ずる。

〔4〕 H–N–H エンドヌクレアーゼ

残基数30～33のアミノ酸配列の中に二組のH–N–H配列が存在し、ジンクフィンガー様ドメインを形成している。例えば、I-*Tev*Ⅲは5′側に突き出た末端を生成する。また、I-*Hum*Ⅰ（およびI-*Hum*Ⅱ）はホーミング部位のみならず、そこにイントロンが挿入された場合であっても本来のホーミング部位内に単鎖切断を引き起こす。

*S. cerevisiae*のグループⅡイントロン・エンドヌクレアーゼであるI-*Sce*ⅤとI-*Sce*Ⅵは興味ある酵素で、それぞれのイントロンRNAと複合体を形成しているリボ核酸タンパク質である。これらの酵素はRNA–依存性のグループⅡイントロンホーミング（レトロホーミングともいわれる）に関与している。多機能性で、エンドヌクレアーゼ活性のほかに、逆転写酵素およびRNAマチュラーゼ（maturase）機能を持つ。RNAはDNAホーミング部位のセンス鎖に逆スプライシング（reverse splicing）により切断を入れ、一方、タンパク質部分はアンチセンス鎖を切断し、逆転写によるイントロンRNA合成のためのプライマーを与える。

〔5〕 *S. cerevisiae* HO エンドヌクレアーゼ

*S. cerevisiae*の一倍体細胞にはaとαの接合型があり、これらの接合によりa/αの二倍体細胞が生ずる。接合型を決定するのは第Ⅲ染色体上に存在する接合型（交配型）遺伝子座（mating type locus, MATと略す）であり（図4.5）、*MAT*遺伝子座はいずれも転写調節タンパク質をコードしている。a型細胞はa1、α型細胞はα1とα2である。

*S. cerevisiae*にはこのように雌雄異株的な（heterothallic）株以外に雌雄同株的な（homothallic）株がある。雌雄同株的な株では、胞子が発芽して生ずる一倍体細胞は交配せずに、aとαの接合型を持つ二倍体細胞となるが、これは*MAT*座において遺伝子再編成により接合型がaからαへ、αからaへ高頻度に変換するためである。*MAT*座の両側には発現が抑えられた形の接合型遺伝子座*HML*と*HMR*が存在する。*HML*は*MAT*座の左200 kbのところにあり、通常α遺伝子のコピーを持っている。*HMR*は*MAT*座の右側にあり、

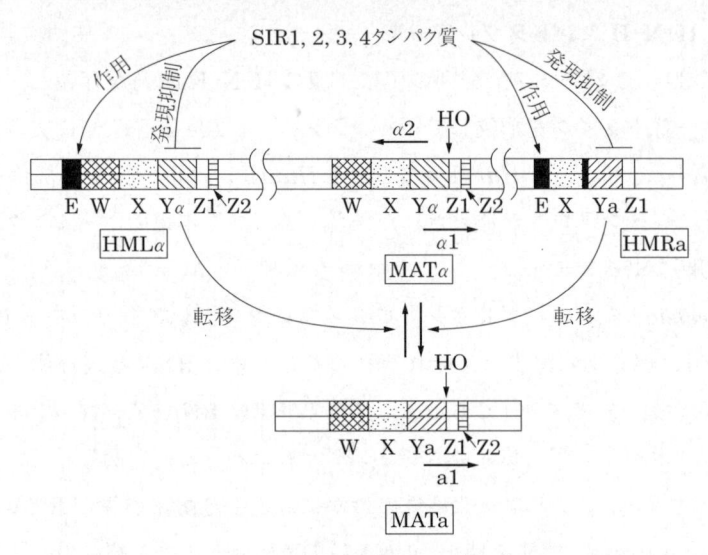

図 4.5 *S. cerevisiae* の第III染色体上に存在する三つの接合（交配）型遺伝子座（*MAT*）

通常 a 遺伝子のコピーを持っている．*MAT* 座の活性型遺伝子が切り出され，休止している *HMLα* あるいは *HMRa* 座においてそれとは反対の接合型を決定する遺伝子と置き換えられる．休止状態の遺伝子でも *MAT* 座では活性を発現する．この接合型変換機構は遺伝子があたかもテープレコーダーのカセットのように置換されることから"カセット機構"と呼ばれており，そこにおいて遺伝子の切出しと置換反応の開始にかかわるのが，HO 遺伝子（第IV染色体上にある）の発現産物である HO エンドヌクレアーゼである．HO エンドヌクレアーゼは雌雄異株型酵母（ho^-），あるいは二核（a/α）の雌雄同株型酵母には見いだされない．

接合型 a および α の *MAT* 座位，つまり *MATa* と *MATα* は複数のセグメントに分かれている．すなわち，W（723 bp），X（704 bp），Yα（747 bp）または Ya（642 bp），Z1（239 bp），と Z2（89 bp）である（図 4.5）．*HMLα* はセグメントを1セットで持っているが，*HMRa* は W と Z2 を欠いている．*MATα* の二つの遺伝子 α1 と α2 は Yα 内の中央プロモーターから両方向に転

写されるような形で配置している。*MATa* では遺伝子 a1 が Ya 内のプロモーターから転写発現する。*HMLα* および *HMRa* にはプロモーターがあるにもかかわらず遺伝子の発現が抑えられ休止状態になっているが，それは四つの遺伝子 *SIR 1, 2, 3, 4* の働きによる。*HMLα* および *HMRa* に隣接して E 領域 (130 bp) が存在し，そこに SIR 1, 2, 3, 4 タンパク質 (silent information regulator) が作用して α1 と α2 あるいは a1 遺伝子の発現を抑える。E 領域はそれら遺伝子のプロモーターから 1 500 bp あるいは 1 000 bp 離れており，どのような機構で"サイレンサー"として遺伝子発現を抑えているのかははっきりしないが，一つの可能性としては，*HMLα* および *HMRa* 領域のクロマチン構造を遺伝子発現を抑える状態にしていることが考えられる。最近，両遺伝子領域の右側にも SIR タンパク質の結合領域（I 領域）が発見され，複雑である。

HO エンドヌクレアーゼは *MATα* と *MATa* の Y–Z1 境界点の配列を認識して Z1 配列内に 3′側 4 塩基突出し型の切断を入れ，その切断末端は 5′-P，3′-OH である（図 4.6，表 4.2）。Y–Z1 領域は *HMLα* および *HMRa* にもあるわけであるが，これらは切断されない。理由はよくわからないが切断点が何らかの形でプロテクトされている可能性が考えられる。HO エンドヌクレアーゼにより，例えば *MATa* の Ya 境界点に隣接する Z1 配列に切断が入ると，*MATa* の Ya 領域が分解を始め，それに呼応するように Z 領域が *HMLα* の相当領域に入り込む。*MATa* の Ya 領域の分解が X 領域に及んだところで *MATa* の X 領域が *HMLα* の相当領域に入り込む。入り込んだ二つの領域の鎖の 3′-OH 末端を起点に DNA 鎖が伸長し（修復型 DNA 合成が行われ），対応する 5′-P 末端と連結される。以上の過程でできたホリデイ構造において鎖の分解が起こり，*MATa* が *MATα* に変換する。それと同時に，供与体であった *HMLα* はそのまま残る。以上が現在考えられているモデルであるが，HO エンドヌクレアーゼ以外に DNA 修復や組換えにかかわる多くのタンパク質が接合型の切換えに必要である。

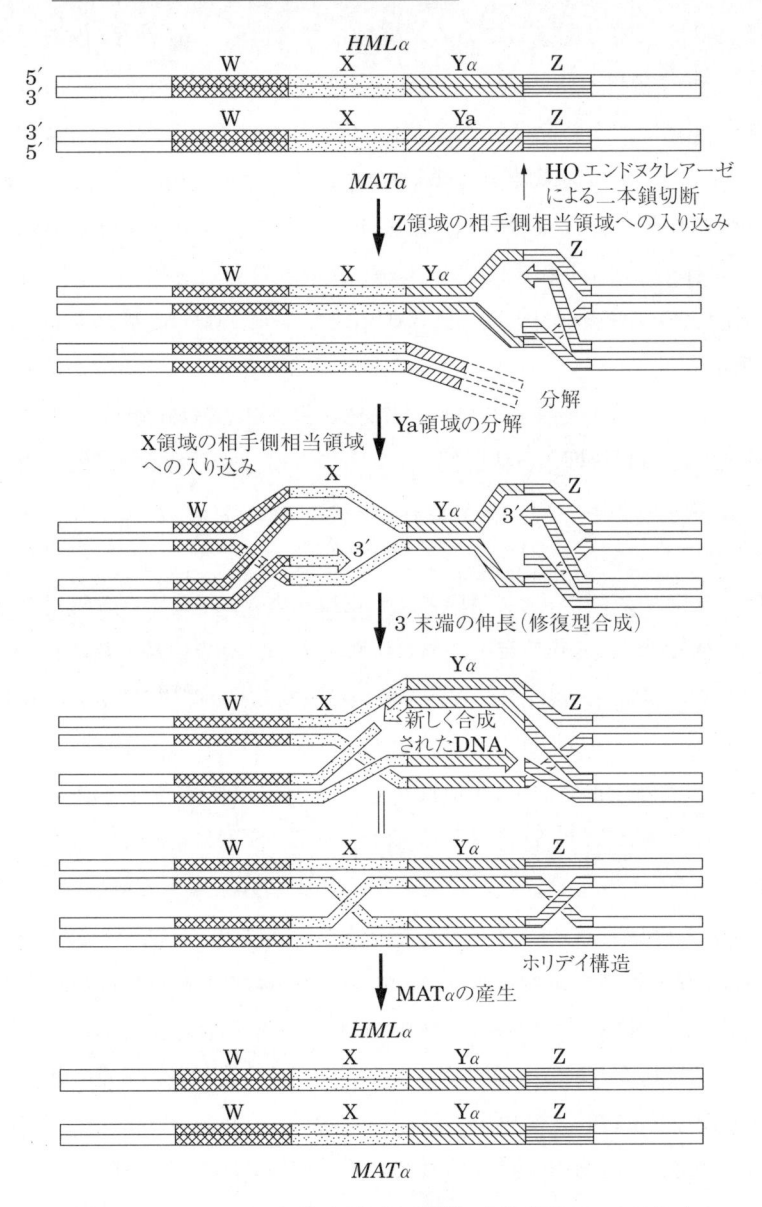

104　　4. 核酸分解・切断酵素と関連酵素

図 4.6 *S. cerevisiae* の接合型（交配型）変換（*MATa→MATα*）機構を説明するための遺伝子変換モデル〔J. D. Watson et al.: Molecular Biology of the Gene Ⅳ, The Benjamin/Cummings Publishing Co.(1987), p.580 より〕

4.3.3 Tn3トランスポゼース

Tn3トランスポゼースはクラスIIの代表的なトランスポゾンTn3の遺伝子 *tnpA* の発現産物（分子量120 000）である。この酵素はTn3の末端にある38 bpからなる逆向き繰返し配列中の約25 bp配列に結合する（**図4.7**）。

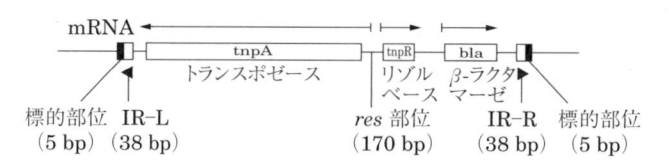

```
            mRNA ←―――――――――――――――→
         ┌──┬───────────┬───┬─────┬──┐
         │  │   tnpA    │tnpR│ bla │  │
         └──┴───────────┴───┴─────┴──┘
              トランスポゼース  リゾル  β-ラクタ
                           ベース   マーゼ
    標的部位 IR-L         res 部位    IR-R  標的部位
    (5 bp) (38 bp)       (170 bp)  (38 bp) (5 bp)
```

（a） Tn3（4 957 bp）の構造（*res* 部位，リゾルベース結合部位）

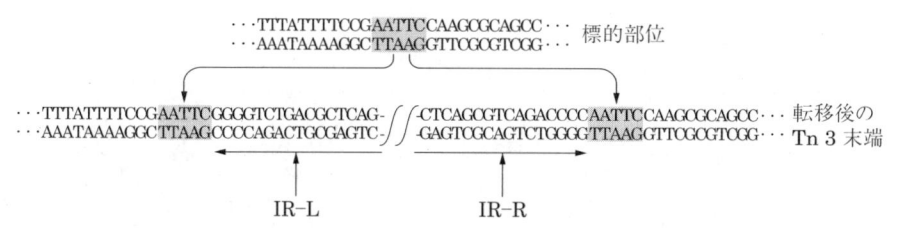

```
         ···TTTATTTTCCGAATTCCAAGCGCAGCC···  標的部位
         ···AAATAAAAGGCTTAAGGTTCGCGTCGG···
              ↙                    ↘
···TTTATTTTCCGAATTCCGGGGTCTGACGCTCAG- -CTCAGCGTCAGACCCCAATTCCAAGCGCAGCC···  転移後の
···AAATAAAAGGCTTAAGGCCCCAGACTGCGAGTC- -GAGTCGCAGTCTGGGGTTAAGGTTCGCGTCGG···  Tn3 末端
             ←――――――→                          ←――――――→
              IR-L                              IR-R
```

（b） Tn3の標的部位として使われた塩基配列（5 bp）の一例（転移後のTn3の両末端には標的部位が重複して存在）

IR-LとIR-Rはそれぞれ左側あるいは右側の逆向きの繰返し配列（inverted repeat）を示す。

図4.7 トランスポゾンTn3の構造と転移後のTn3末端〔J.D.Watson et al.: Molecular Biology of the Gene IV, The Benjamin/Cummings Publishing Co.(1987), p.335 より〕

この結合は大腸菌のIHF（integration host factor）（4.3.6項，5.4.1項参照）により促進されるが，IHFの結合部位はトランスポゼース（transposase）の結合する逆向きの繰返し配列に隣接していることが明らかにされている。トランスポゼースはATP存在下でトランスポゾンの両端で別々の鎖に切断を入れるとともに，受容体DNA中の標的部位に5 bp突出し末端を生成するような切断（互い違いの切断，staggered cleavage）を入れる。生ずる切断末端は$5'$-P，$3'$-OHである。トランスポゾンの末端は標的部位の末端とつながり，両方のDNA分子が一体となった構造ができる（**図4.8**）。

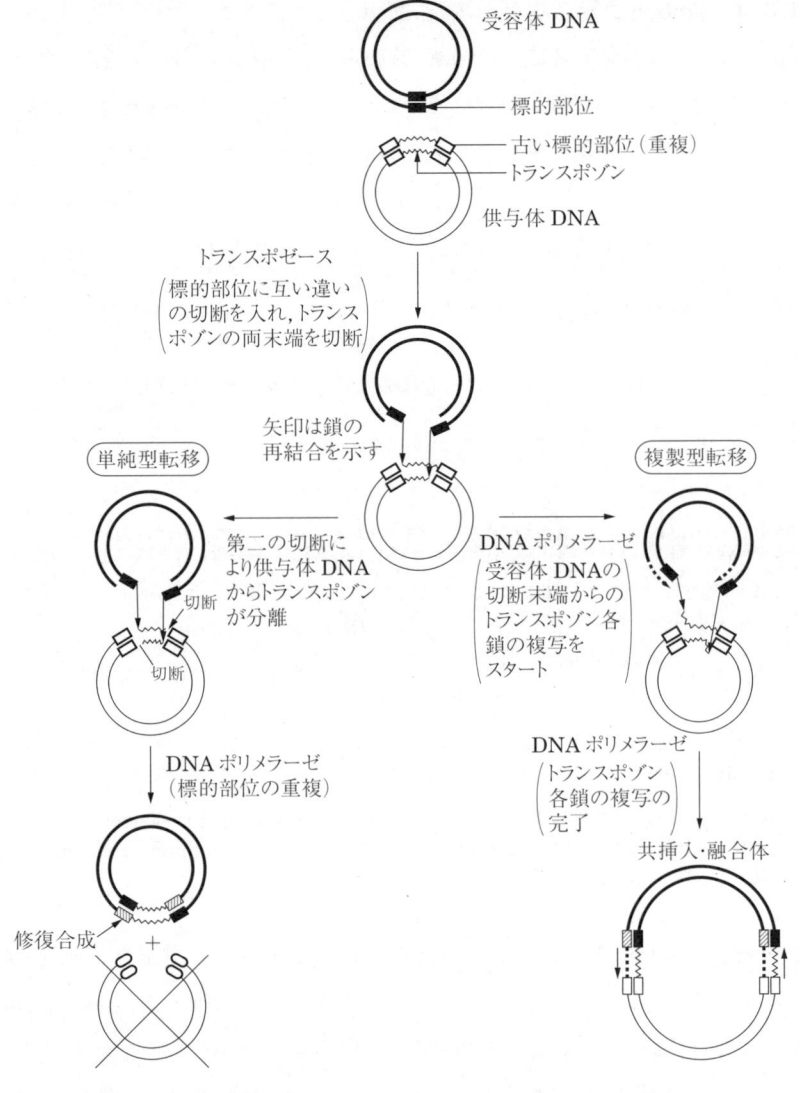

図 4.8 単純型転移と複製型転移のモデル〔J. D. Watson et al.：Molecular Biology of the Gene Ⅳ, The Benjamin/Cummings Publishing Co. (1987), p. 336 より〕

このようにトランスポゼースはトランスポゾンの転移につながる組換えを引き起こすと考えられている。両方の DNA 分子が一体となってからあとは二つの様式により転移が進行する。まず，単純型転移（simple transposition）で

は，トランスポゾンが供与体 DNA との連結部分で切られ，トランスポゾン全体が受容体 DNA に移る．DNA ポリメラーゼが修復型 DNA 合成を行い，標的部位を重複する．複製型転移（replicative transposition）では，二度目の切断は起こらず，DNA ポリメラーゼにより受容体 DNA の切断末端からトランスポゾンの複写が起こる．こうしてできたものは共挿入・融合体（コインテグレート（cointegrate））と呼ばれる．共挿入・融合体の解離についてはリゾルベース（5.4.2項）を参照されたい．

4.3.4 Mu ファージのトランスポゼース

　Mu ファージは大腸菌を宿主とするテンペレートファージの一種であるが，λ ファージの場合と全く異なり大腸菌染色体のランダムな場所に入り込み，遺伝子破壊により溶原菌の約 2% を新たな栄養要求性株としうる mutator であることからこの名が付いた．Mu ファージは非常に高い頻度で転移することから，ファージというよりは転移にかかわる遺伝子のほかに DNA を包み込む構造タンパク質の遺伝子を合わせ持ったトランスポゾンという方が適切である．Mu ファージ粒子中の DNA はファージ本来の DNA の両末端に宿主 DNA が結合している（図 4.9）．

　ファージ DNA 本体の両末端は逆向きの繰返し配列となっており，そこに結合している宿主 DNA 側の末端には 5 bp の重複が認められる．Mu ファージの転移において中心的な働きをするのがファージの A 遺伝子産物のトランスポゼース（分子量約 70 000）である．また，転移にはファージの B 遺伝子産物（B タンパク質）や大腸菌の HU タンパク質（ヒストン様タンパク質）の協力が必要である．トランスポゼースは Mu ファージ末端の逆向き繰返し配列に 2 分子ずつ結合し，それらが会合し四量体を形成する．トランスポゼースはまた内部のエンハンサー領域にも何分子か結合する．その持つ意味は B タンパク質や HU の機能とともに明らかではないが，一つの可能性としては，結合することによって DNA を湾曲（bend）させ，DNA 両末端に結合しているトランスポゼースを会合しやすくすることがある．トランスポゼース分子は DNA

4. 核酸分解・切断酵素と関連酵素

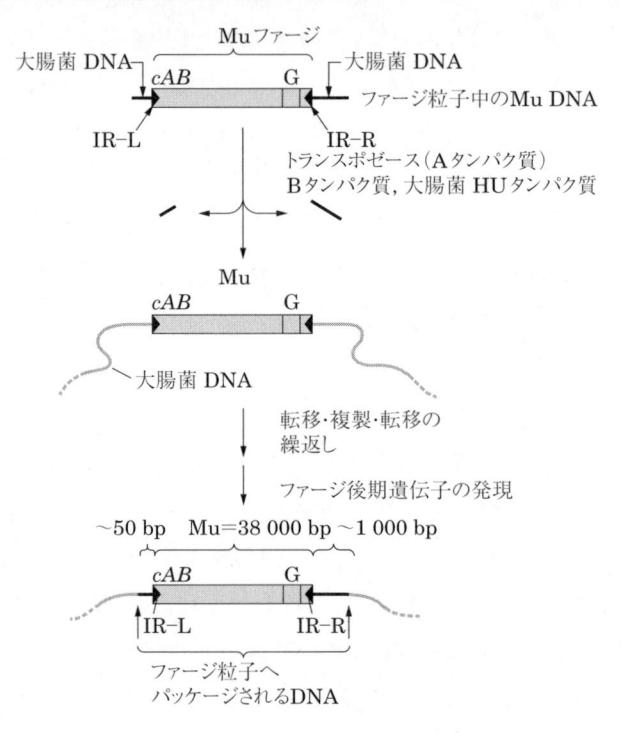

```
              Muファージ
 大腸菌DNA ┌──────────┐ 大腸菌DNA
         ┤ cAB    G ├─
           └──────────┘  ファージ粒子中のMu DNA
          IR-L    IR-R
              トランスポゼース(Aタンパク質)
              Bタンパク質, 大腸菌HUタンパク質
                  ↓
                 Mu
              ┌──────────┐
         ┈┈┤ cAB    G ├┈┈┈
              └──────────┘
         ┈ 大腸菌DNA
                  ↓ 転移・複製・転移の
                    繰返し
                    ファージ後期遺伝子の発現
         ~50 bp  Mu=38 000 bp ~1 000 bp
              ┌──────────┐
         ┈┈┤ cAB    G ├┈┈┈
              └──────────┘
              IR-L    IR-R
              ファージ粒子へ
              パッケージされるDNA
```

IR-L と IR-R については図 4.7 を参照

図 4.9 Mu ファージの転移および増殖の機構

の片方の鎖に結合するが，会合した4分子はその分子が結合している鎖ではなく他方の鎖を切断する，すなわち鎖切断はトランスに行われているようである。生ずる末端は 5′-P，3′-OH である。ファージの挿入を受ける宿主 DNA の方に（トランスポゼースあるいは他のエンドヌクレアーゼにより）5 bp 突出し型の切断（staggered cleavage）が入り，Mu DNA 末端との間で鎖の交換が行われ，連結される。

4.3.5 レトロウイルスのエンドヌクレアーゼ

レトロウイルスの遺伝子 *pol* は *gag* とともに発現し，生成する融合タンパク質のプロセシングにより Pol ポリペプチド部分から逆転写酵素やプロテイナーゼとともにエンドデオキシリボヌクレアーゼが産生する。これは分子質量

32~46 kDa で ATP により活性化され，プロウイルス DNA に特異的にニックを導入する．この酵素は *pol* 遺伝子の 3′ 末端領域にコードされているが，ここに変異が入るとプロウイルス DNA の宿主染色体への組込みが阻害されることから，その過程にかかわるインテグラーゼと考えられる．この酵素が染色体 DNA にも切込みを入れるか否かは不明である．

4.3.6 大腸菌ファージλターミナーゼ

λ粒子から抽出した DNA は直鎖状であり，両端は 12 ヌクレオチドの 5′-突出し型付着末端となっている．λが大腸菌に感染すると，やがて付着端が会合して環状化する．付着端が会合したところを *cos* 部位と呼ぶ．ターミナーゼ（terminase）はこの *cos* 部位に作用して

$$\begin{array}{c}\downarrow\\ 5'\ \text{GTTACGGGCGGCGACCTCGCGGG}\ 3'\\ 3'\ \text{CAATGCCCGCCGCTGGAGCGCCC}\ 5'\\ \uparrow\end{array}$$

のように切断し，12 ヌクレオチドの付着末端を与える酵素である．λの場合は，DNA の正確なパッケージングにはコンカテマー（concatemer）分子（一単位のファージ DNA が鎖状につながったもの）が要求されるが，DNA を頭部に入れ込む際にターミナーゼがコンカテマーを一単位長に切断する．ターミナーゼは，λゲノム（直鎖状）の左端に存在する *Nu1* と *A* 遺伝子の発現産物で，*cos* 部位を含む 100 bp 配列を認識し，IHF あるいは THF (terminase host factor) の関与のもとに付着末端型切断を引き起こすと考えられている．

4.4 損傷あるいは不正塩基対合部位特異的エンドデオキシリボヌクレアーゼ

紫外線照射により生じたピリミジン二量体やほかの原因により生じた損傷部位を含む二本鎖 DNA に作用し，損傷部位の近傍にニックを入れるエンドデオキシリボヌクレアーゼ（DNA 損傷の修復に直接関与する酵素類の一つ）があ

る。また，これとは別に，不正塩基対合部位の修復にかかわる特殊な酵素も存在する。ここでは損傷あるいは不正塩基対合部位特異的エンドデオキシリボヌクレアーゼ（damage- or mismatch-specific endodeoxyribonuclease）を扱うことにする。いずれもエンドデオキシリボヌクレアーゼであるが，以下，単にエンドヌクレアーゼと呼ぶことにする。

4.4.1 細菌およびファージの酵素
〔1〕 大腸菌 UvrABC エンドヌクレアーゼ

大腸菌における uvr 切除修復系は，UV 損傷，特にピリミジン二量体や，フリーラジカルあるいは放射線損傷などによる大きな付加体を認識して除去する酵素系の一つである。酵素系は三つのタンパク質の複合体であるが，それらタンパク質は recA-lexA 系で制御されている遺伝子 uvrA（染色体上92分），uvrB（染色体上17.6分），uvrC（染色体上43分）の発現産物で，それぞれの分子量は 114 000, 84 000, 68 000 である。大腸菌抽出物中では三つのタンパク質は個々に存在しているが，エンドヌクレアーゼ活性は三つが同時に存在してはじめて発現する。切断は損傷部位の近傍で起こり，ピリミジン二量体の場合で見るとエンドヌクレアーゼはそこから 5′ 側へ 7～8 ヌクレオチド，3′ 側へ 3～4 ヌクレオチドの部位で切断し，12～13 ヌクレオチドの DNA 断片を切り離す。この反応は以下のように進行すると考えられている（**図 4.10**）。

$UvrA_2B$ 複合体が ATP の加水分解（UvrA の ATPase 活性による）を伴って DNA 上を移動し，異常ヌクレオチドを探して損傷領域に結合する。結合後，$UvrA_2$ は解離し，損傷部位に残った UvrB は UvrC と複合体を形成し，UvrB は 3′ 側の切断を，UvrC は 5′ 側の切断を行い，12～13 ヌクレオチドの DNA 断片を切り離す。これと類似の酵素系は哺乳類の細胞抽出液や *Xenopus* oocyte（卵母細胞）などにおいても確認されている。

〔2〕 大腸菌エンドヌクレアーゼ V

分子量約 27 000 のタンパク質で一本鎖 DNA に特異性を示すが，もし，二本鎖 DNA 分子内に四酸化オスミウム（OsO_4，強力な酸化剤）や 7-ブロモメ

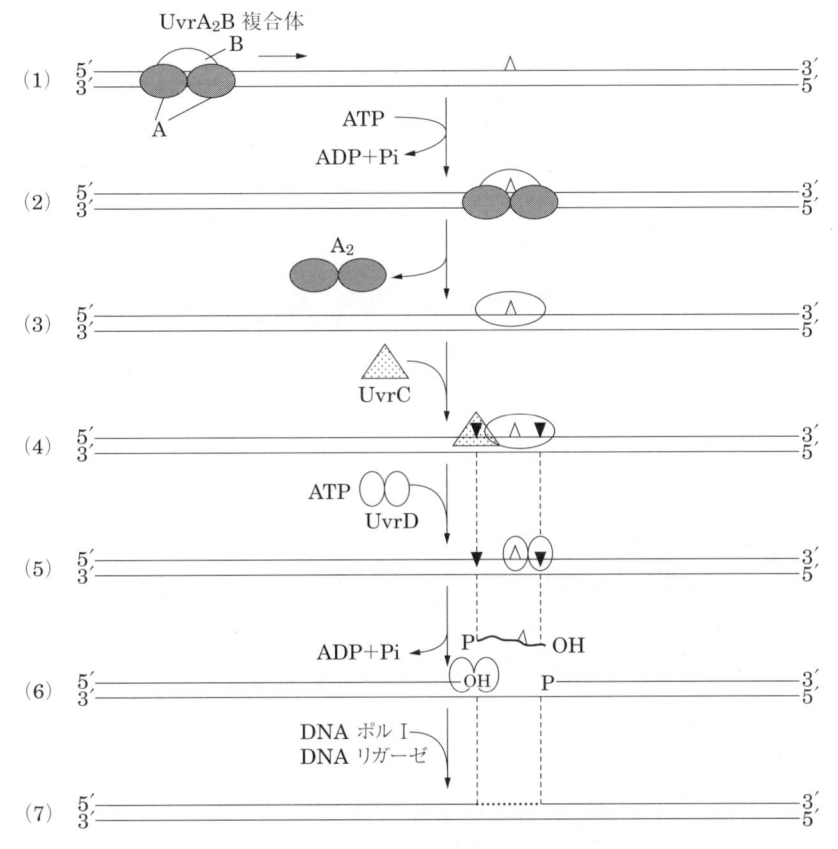

(1),(2) UvrA₂B 複合体の ATP 加水分解を伴っての移動（5′→3′ 方向）（一種のヘリカーゼ作用）と DNA 損傷部位の認識と結合
(3),(4) UvrA₂ の解離，UvrB–DNA 複合体への UvrC の結合，および UvrB による損傷部位 3′ 側，UvrC による 5′ 側の切断
(5),(6) UvrD ヘリカーゼの作用（3′→5′）による損傷部位を含む DNA 断片（12〜13 ヌクレオチド）の除去
(7) 産生する DNA ギャップ部分の修復

図 4.10 UvrABCD 酵素系によるピリミジン二量体除去修復モデル

チルベンズ[α]アンスラセンなどにより導入された損傷があれば分解する．その場合に，DNA 構造上の"ゆがみ"，おそらく塩基のスタッキング破壊部位を認識して切断するものと考えられる．酵素は Mg^{2+} を要求し，至適 pH は 9.5 で，DNA 切断末端は 3′-OH，5′-P である．ピリミジン二量体やメチルメタ

ンスルホン酸損傷などには作用せず，RNAやRNA–DNAハイブリッドにも作用しない．酵素は一つの損傷DNA分子に対して連続的（processively）かつ協同的（cooperatively）に分解を進めたあとで，ほかのDNA分子の分解に移ると考えられている．酵素に最適の基質はチミンの代わりにウラシルを含むファージPBS2の二本鎖DNAで，酸可溶性オリゴヌクレオチドにまで分解される．

〔3〕 T4エンドヌクレアーゼV（UVエンドヌクレアーゼ）

ファージT4の遺伝子 *denV* の産物で，ピリミジン二量体グリコシラーゼ（pyrimidine dimer glycosylase）活性とAPエンドヌクレアーゼ活性（クラスI）を合わせ持つ．詳細については4.5.1〔5〕項で述べる．なお，類似の酵素としては *Micrococcus luteus* のUVエンドヌクレアーゼがある．

4.4.2 真核生物由来のUVエンドヌクレアーゼ

酵素化学的なデータには乏しいが，ピリミジン二量体のところに切れ目を入れる酵素が分離されている．ラット肝臓からの酵素は分子量約15 000で，UV照射したDNA以外にアセチルアミノフルオレン処理したDNAにも特異的にニックを入れる．仔ウシ胸腺からの酵素は非常に不安定であるが，ピリミジン二量体に特異的であることが報告されている．

4.4.3 不正対合修復酵素系（mismatch repair enzymes）

DNA複製におけるDNA鎖の伸長は，間違ったヌクレオチドの重合による不正塩基対合の大部分を3′→5′エキソヌクレアーゼなどの校正（プルーフリーディング）酵素により除去しながら進行する．それでも一定の確率で校正修復されないままに不正対合が残る．このような対合部分を修正する酵素系（Mutタンパク質群）が細菌および真核生物に存在する．

大腸菌では複製により新しい二重鎖DNAが合成されると，しばらくしてDamメチラーゼにより5′GATC3′配列のAがメチル化される．DNA複製は半保存的に行われるので新しく合成されたDNA鎖はメチル化されていないこ

4.4 損傷あるいは不正塩基対合部位特異的エンドデオキシリボヌクレアーゼ　　113

とになる。不正対合修復ではメチル化されている古い鎖の配列を正しいもの，メチル化されていない新しい鎖の塩基を正しくないものと判断し，これを除去し，正しい塩基対を形成するようなヌクレオチド残基と置換するシステムがある（**図 4.11**）。まず MutS タンパク質が不正塩基対合部分に特異的に結合し，

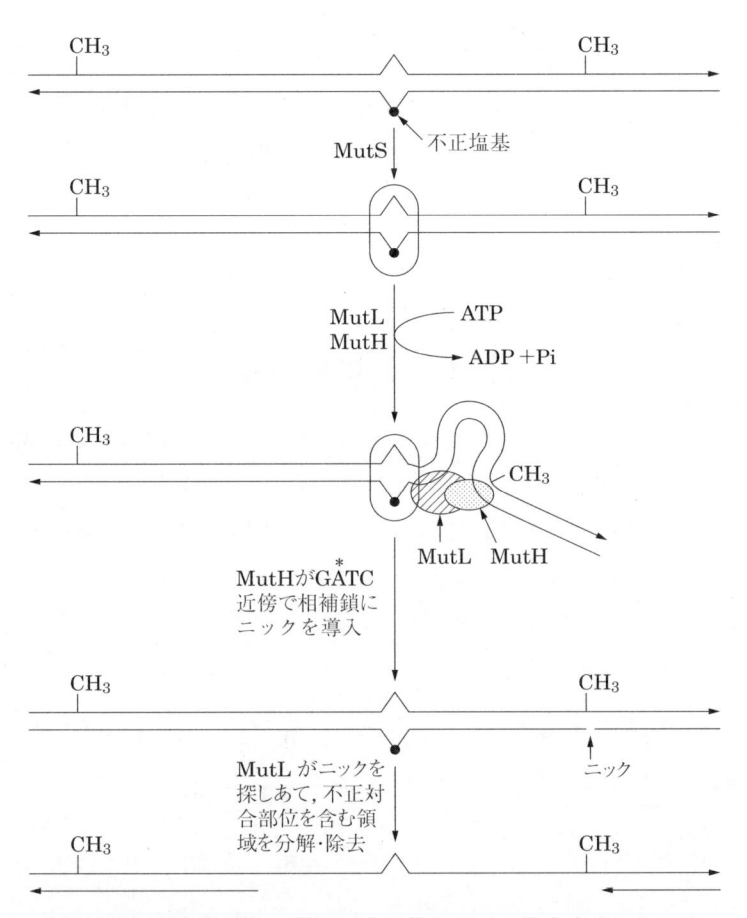

MutS タンパク質が不正塩基対合部位を認識し結合する。そこに MutL と MutH タンパク質が結合し，三者複合体を形成する。複合体がメチル化 G$\overset{*}{A}$TC を認識し，MutH が G$\overset{*}{A}$TC 近傍で非メチル化鎖にニックを入れる。その後，MutL が機能し，非メチル化鎖にギャップを形成する。

図 4.11　大腸菌における不正対合修復機構

これにMutHとMutLが結合し作用する。MutHは新しい鎖のGATCにニックを入れ，MutLがニック部位を探しあてそこから不正対合部位を含む領域を分解・除去し，ギャップ（一本鎖部分）を持ったDNAを生成する。

　酵母やショウジョウバエなどの真核生物において大腸菌のMutSとMutLのホモログタンパク質が分離されている。これらの真核生物ではDNA複製の際に大腸菌などの細菌のように古い鎖のメチル化という現象は見られず，その代わりに新しい鎖に選択的にニックが入っており，これが正しい鎖（古い鎖）を示すシグナルとなっている。したがって，MutHのようなニックを導入する酵素は不要で，MutSとMutLだけの作用のもとに大腸菌の場合と同様なプロセスでギャップDNAが生成する。

4.5　APエンドヌクレアーゼ

　APエンドヌクレアーゼは，DNA分子中，塩基の欠落した部位（AP（apurinic/apyrimidinic）site，APサイト）を認識して，その5′側あるいは3′側のホスホジエステル結合を加水分解する酵素である（図4.12）。生細胞のDNAでは自然発生的にあるいは放射線や薬剤のような物理的・化学的要因により塩基が欠落するし，また，放射線や薬剤などにより生じた損傷塩基をDNAグリコシラーゼ（8.4節参照）が切除すればAPサイトとなる。ちなみに哺乳類細胞の

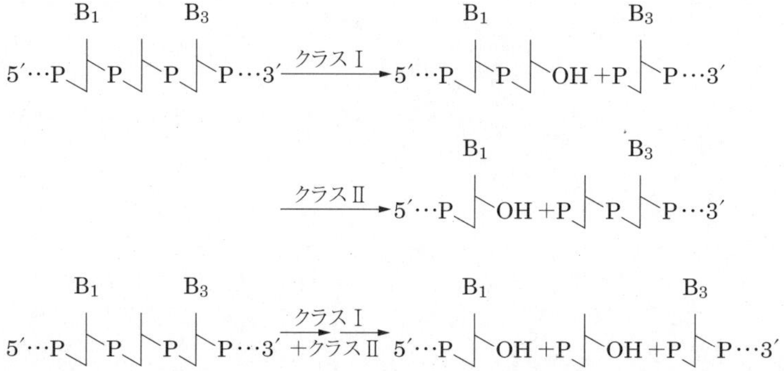

図4.12　APエンドヌクレアーゼの切断様式

DNAは，世代時間20時間あたりプリン塩基が5000から10000個程度，ピリミジン塩基が200から500個程度自然発生的に失われているといわれている。APエンドヌクレアーゼはAPサイトの修復において開始の過程に関与している。

4.5.1 細菌およびファージのAPエンドヌクレアーゼ
〔1〕 大腸菌エンドヌクレアーゼIII

大腸菌のエンドヌクレアーゼIIIは，ジヒドロジヒドロキシチミンのような5,6位飽和チミンをはじめ，種々の損傷塩基を認識し，塩基とデオキシリボースとの間のN-グリコシド結合を加水分解するDNAグリコシラーゼ(glycosylase)活性とAPサイトの3′側を切断するAPエンドヌクレアーゼ活性を合わせ持つ。エンドヌクレアーゼIIIのAPエンドヌクレアーゼの示す切断様式は"クラスI"に分類され，塩基のない3′-OH末端（3′-デオキシリボース末端あるいは3′-AP末端）を生成する（図4.11）。酵素のサブユニット構造は不明であるが，分子量約27000の球状タンパク質である。tRNAにより活性が阻害されるが，EDTA存在下で活性を示す。

酵素により生成した塩基のない3′-OH末端を持つ二本鎖DNAに対する大腸菌DNAポリメラーゼIの作用が調べられた。この末端はよいプライマーとはならず，DNA合成がわずかに認められただけであった。DNAポリメラーゼIをdNTPs非存在下で作用させ，そのあとdNTPsを添加して反応を行ったところ，DNA合成の促進が認められた。これは，DNAポリメラーゼIの3′→5′エキソヌクレアーゼにより3′-AP末端がゆっくりと除去され，新しくできた通常の末端からDNA合成が開始されたものと考えられる。

〔2〕 大腸菌エンドヌクレアーゼIV

APエンドヌクレアーゼ活性だけを示し，大腸菌のAPエンドヌクレアーゼの10%を占める。切断様式はAPサイトの5′側のホスホジエステル結合を切断する"クラスII"に属し，切断末端は3′-OHである（図4.11）。サブユニット構造は明らかでないが，分子量約33000のタンパク質であり，tRNAある

いはEDTA存在下で活性を示す．図4.12に示したように，クラスⅠとⅡの酵素が同時に機能すればAPサイトだけが除去されることになる．

クラスⅡの酵素により生ずる塩基のある3′-OH末端と5′-デオキシリボース末端（5′-AP末端）を持つ二本鎖DNAに対する大腸菌DNAポリメラーゼⅠの作用が調べられた．その結果，DNAポリメラーゼⅠによる末端からの鎖置換反応型のDNA合成（strand-displacement DNA synthesis）が認められた．通常のニックおよびクラスⅠとⅡの同時作用による1ヌクレオチド残基の欠落部位に対しては，ニックトランスレーション（様）反応が主体で，鎖置換反応はごくわずかしか起こらなかった．

大腸菌エンドヌクレアーゼⅣと同族の酵素は *Bacillus stearothermophilus* および枯草菌から分離され，それぞれの分子量は約28 000，56 000と報告されている．

〔3〕 **大腸菌エンドヌクレアーゼⅥ（＝エキソヌクレアーゼⅢ）**

エンドヌクレアーゼⅥというのは，エキソヌクレアーゼⅢ（4.1.1〔3〕項参照）の持つAPエンドヌクレアーゼに対して与えられた呼び名である．これはクラスⅡに属する大腸菌での主要なAPエンドヌクレアーゼであり，その活性は二価陽イオン非存在下で発現するが，EDTAによって阻害される．この酵素をコードする遺伝子 *xthA* の変異株は致死的ではないが，それはエンドヌクレアーゼⅣやほかの酵素がそれを補うからである．しかしながら，非致死的な *dut* 変異（dUTPase非生産性）が加わると *xthA* の変異は致死的になる．これは，おそらくdUTPaseがないのでDNA中にdUMP残基が蓄積し，それらにウラシルDNA-グリコシラーゼが作用して多数のAPサイトを生成するが，エンドヌクレアーゼⅥ以外の酵素だけではAPサイトでの切断が十分ではなく，DNAに多くの変異が生ずるからだと考えられる．

〔4〕 **大腸菌エンドヌクレアーゼⅦ**

一本鎖DNA中のAPサイトを切断する．切断様式についてはよくわかっていない．分子量は約56 000と考えられ，EDTA存在下で活性を示すが，tRNAにより活性が阻害される．

4.5 APエンドヌクレアーゼ　　117

〔5〕 **T4エンドヌクレアーゼV**（**UVエンドヌクレアーゼ**）

T4の遺伝子 *denV* の発現産物で分子量約18 000の単一ポリペプチドからなるが，クラスIに属するAPエンドヌクレアーゼ活性とピリミジン二量体グリコシラーゼ活性を合わせ持つ。ピリミジン二量体グリコシラーゼは，通常のピリミジン二量体以外に，グリコシル化された5-ヒドロキシメチルシトシンを含む二量体にも特異性を示す。活性発現にコファクターを要求せず，10 mM EDTA存在下でも十分に活性を示す。二本鎖および一本鎖DNA上のピリミジン二量体に有効である。T4エンドヌクレアーゼVを中心としたDNA中のピリミジン二量体の修復は，以下のように進行すると考えられる（**図4.13**）。

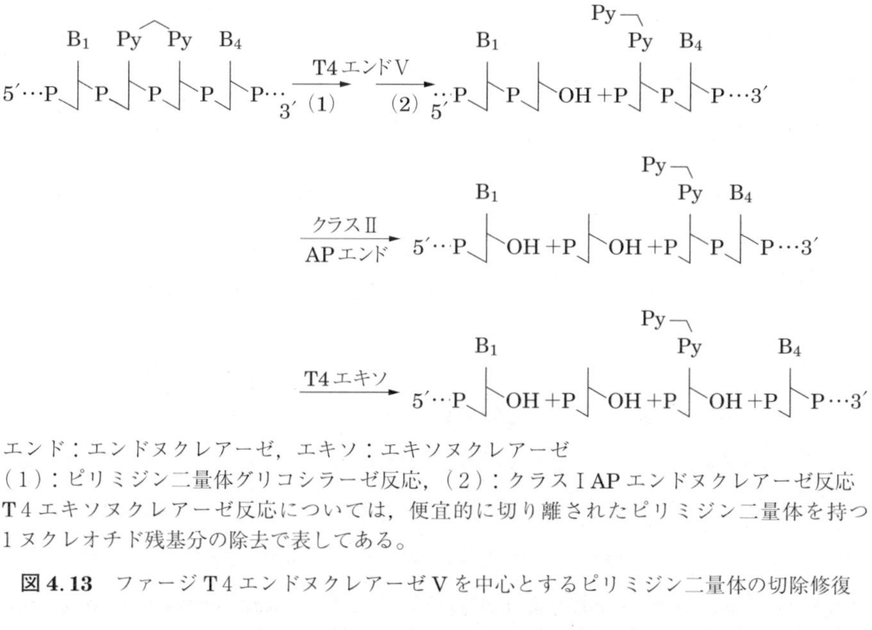

エンド：エンドヌクレアーゼ，エキソ：エキソヌクレアーゼ
（1）：ピリミジン二量体グリコシラーゼ反応，（2）：クラスI APエンドヌクレアーゼ反応
T4エキソヌクレアーゼ反応については，便宜的に切り離されたピリミジン二量体を持つ1ヌクレオチド残基分の除去で表してある。

図4.13 ファージT4エンドヌクレアーゼVを中心とするピリミジン二量体の切除修復

ピリミジン二量体にT4エンドヌクレアーゼVのグリコシラーゼが作用して，ピリミジン二量体の一方の（5′側の）塩基をデオキシリボースから切り離し，生ずるAPサイトにT4エンドヌクレアーゼVのクラスIのAPエンドヌクレアーゼが作用して，その3′側で切断する。このあとクラスIIのAPエンドヌクレアーゼが作用して，1ヌクレオチド残基分が切り取られる。グリコシ

ラーゼにより切り離されたピリミジン二量体を持つ5′末端に，T4の5′→3′エキソヌクレアーゼ（4.1.1〔10〕項参照）が作用すれば，大きなギャップができることになる。

〔6〕 *M. luteus* の AP エンドヌクレアーゼ A と B，および UV エンドヌクレアーゼ

AP エンドヌクレアーゼ A と B はともにクラス II に属し，大腸菌エンドヌクレアーゼ IV と同族の酵素である。A，B とも分子量約 35 000 の単量体と考えられるが，A は等電点（pI）が 4.8，B は 8.8 で大きく異なる。A, B とも二価陽イオン非存在下で活性を示すが，EDTA により阻害される。A，B が別の遺伝子産物なのか，それとも同じ遺伝子産物で翻訳後修飾（posttranslational modification），あるいは酵素精製中の単なるタンパク質の加水分解の違いによるものなのかは不明である。

UV エンドヌクレアーゼはピリミジン二量体グリコシラーゼ活性とクラス I の AP エンドヌクレアーゼ活性を持つ。T4 エンドヌクレアーゼ V の場合と同じように，UV エンドヌクレアーゼ作用のあと，クラス II の AP エンドヌクレアーゼと UV エキソヌクレアーゼが作用してギャップを生成すると考えられる。

4.5.2 真核細胞およびその他の AP エンドヌクレアーゼ

ヒト，仔ウシ，マウス，ラット，酵母などの細胞からクラス I，II に属する酵素が分離されている。半数の酵素は分子量が報告されていないが，大体は 27 000～35 000 と考えられる。例えば，ヒトの繊維芽細胞から分離されたクラス I の酵素は比較的不安定であるが，色素性乾皮症（xeroderma pigmentosum (XP)）遺伝的相補性群 D 細胞株には存在しないと考えられる。クラス II の酵素は主要な酵素（大腸菌のエンドヌクレアーゼ VI と同族）で，繊維芽細胞や胎盤，HeLa 細胞から分離され，かつ同一細胞の種々の株にその存在が認められている。

4.6 リボヌクレアーゼとリボザイム

4.6.1 エキソリボヌクレアーゼ

〔1〕 大腸菌3′→5′エキソリボヌクレアーゼ類

一本鎖DNAの3′末端に作用し5′方向にヌクレオチド残基を一つずつ除去する酵素で，7種類知られている。この中で主要な酵素はRNaseⅡとポリヌクレオチドホスホリラーゼ（PNPase）であり，これらは in vitro ですべてのRNA種を分解する。しかし分解の様式は異なり，前者は加水分解酵素（hydrolase）でヌクレオシド5′-一リン酸（NMPs）を生成し，後者は加リン酸分解酵素（phosphorolase）でヌクレオシド5′-二リン酸（NDPs）を生成する。他の酵素としてはRNaseR, RNaseD, RNaseBN, RNaseT, RNasePH がある。RNaseT（hydrolase），RNasePH（phosphorolase），RNaseD（hydrolase），RNaseBN（hydrolase）はほとんどのtRNA前駆体（pre-tRNAs）の3′プロセシングにおいて，RNaseFなどによるエンド型切断のあとの最終段階的ヌクレオチド除去にかかわっている。RNaseTはまた5S rRNAの3′末端の形成にもかかわっている。一方，RNaseⅡ，PNPase, RNaseR（hydrolase）は主にmRNAの分解に関与している。

大腸菌のエキソリボヌクレアーゼ（exoribonuclease）類は生体内でそれぞれ個別に機能していると考えられる。RNaseⅡは約70 kDaの単量体で，RNaseTとRNasePHはα_2二量体で機能している。PNPaseはα_3三量体として機能しているが，一部分はエンドリボヌクレアーゼ（endoribonuclease）のRNaseE（4.6.2〔2〕（d）項参照），DEAD-ボックスRNAヘリカーゼRhlB（分子量50 000，6.4.3項参照），解糖系酵素のエノラーゼ（enolase）（分子量48 000）とともに"デグラドソーム（degradosome）"複合体を形成している。

〔2〕 エキソソーム

真核細胞に見いだされ，数多くの3′→5′エキソヌクレアーゼが会合してできた一つの大きな複合体である。この複合体は，例えば，5.8S rRNA, snoRNA（small nucleolar RNA），snRNA（small nuclear RNA）などの前駆体RNA

の3'末端の余分な配列の除去，mRNA の3'→5'方向の分解などにかかわっている．その機能発現には複数の ATPase を要求する．

これまで一番よく研究されているのは *S. cerevisiae*（代表的出芽酵母）のエキソソーム（exosome）である．これは少なくとも10個のコアサブユニット（Rrp4p, Rrp40p～Rrp46p, Mtr3p, Csl4p）から構成され，グリセロール濃度勾配中の沈降速度から推定される分子質量が300～400 kDa であることを考えると，各サブユニットが1個ずつ会合しているものと考えられる．コアサブユニットはすべて必須でどれが一つ欠けてもエキソソームの構築は見られない．注目すべきなのは10個のサブユニットすべてが3'→5'エキソヌクレアーゼ活性を持っていることである．Rrp41p, Rrp42p, Rrp43p, Rrp45p, Rrp46p と Mtr3p は加リン酸分解酵素（phosphorolase）で，大腸菌の RNasePH や PNPase と類縁性があり，ヌクレオシド5'-二リン酸（NDPs）を生成する．Rrp44p は加水分解酵素で，大腸菌の RNaseⅡや RNaseR と類縁性があり，ヌクレオシド5'-一リン酸（NMPs）を生成する．Rrp4p も加水分解酵素で，Rrp40p と Csl4p も Rrp4p にアミノ酸配列相同性を持つ活性ある加水分解酵素と考えられる．エキソソームは核および細胞質内に存在するが，核内のものはもう一つのサブユニット Rrp6p が会合しており，これは注目すべきことに大腸菌の RNaseD に類縁性を持ち，3'→5'エキソヌクレアーゼ活性を有する．

ヒトのエキソソームは PM-Scl 複合体として知られる．この名は多発性筋炎-強皮症併発症候群（polymyositis-scleroderma overlap syndrome）の患者の自己免疫性血清中に見いだされたことに由来する．ヒトのエキソソームは，タンパク質あるいは cDNA レベルの解析から，*S. cerevisiae* 核内エキソソームの11個のサブユニットのうちの9個に類縁なサブユニットで構成されていると考えられる．ほかに *Schizosaccharomyces pombe*（代表的分裂酵母）や *Caenorhabditis elegans*（線虫）などのエキソソームが研究されている．

S. cerevisiae におけるエキソソームによる5.8S rRNA の生成の様子は以下のようである．5.8S rRNA の前駆体 RNA から二つの類縁の5'→3'エキソヌクレアーゼ Rat1p と Xrn1p の作用により生じた7S pre-rRNA（5.8S+～134

ヌクレオチド)が，基本エキソソーム(10個のサブユニットからなる)とRrp6pとの作用により5.8S+30ヌクレオチドにプロセシングされ，ついで5.8S+8ヌクレオチド（6S pre-rRNA）を経て5.8S rRNAに成熟化する。すべての反応過程においてATPase活性を持つヘリカーゼMtr4p(Dob1p)/Ski2pが関与すると考えられている。これらタンパク質はRNAの二次構造を解き，おそらくほかのタンパク質因子（Ski3p，Ski8p）と協力してエキソソームによるヌクレオチド除去反応を手助けしている。

〔3〕 その他のエキソリボヌクレアーゼ類

トリの骨髄芽細胞腫ウイルス（AMV）や肉腫ウイルス（RSV），ネズミの肉腫ウイルス（MSV）や白血病ウイルス（MLV），ヒト免疫不全ウイルス（HIV）などのレトロウイルスの逆転写酵素タンパク質分子中に内在するリボヌクレアーゼH（RNaseH）は，DNAとハイブリッドを形成しているRNA分子に作用し，5′末端あるいは3′末端から分解して5′末端にリン酸基を持つオリゴヌクレオチドを生成する。DNAとハイブリッド形成しているRNAが末端を持たない場合には分解することができない。DNAポリメラーゼと協調して機能し，ゲノムRNAを鋳型としてcDNAが合成されたあとにRNAを分解し，つぎに合成される2本目のDNA鎖の合成開始に必要なプライマーRNAを産生している。

Ustilago sphaerogena（黒穂菌の一種）の培養濾液中から分離されたリボヌクレアーゼU4（RNase U4）は，3′末端にリン酸基を持つモノヌクレオチドを生成する。

4.6.2 エンドリボヌクレアーゼ
〔1〕 3′-ホスホリボヌクレオチド生成型酵素

このタイプの酵素のほとんどは，環状化リボヌクレアーゼ（cyclizing ribonuclease）に属する。環状化リボヌクレアーゼは，RNA鎖の3′,5′-ホスホジエステル結合を切断し，リン酸基を2′-OH基に転移して反応中間体の2′,3′-環状ヌクレオチド（ヌクレオシド2′,3′-環状リン酸）を生成する（第一段階反

応,リン酸基転移反応)。ついで,加水分解により環状リン酸を開裂して3′-ホスホリボヌクレオチドに変換する(第二段階反応)。これらの酵素は特定塩基を認識して切断するものと,塩基非特異的に切断するものとに分けられる(図4.14)。

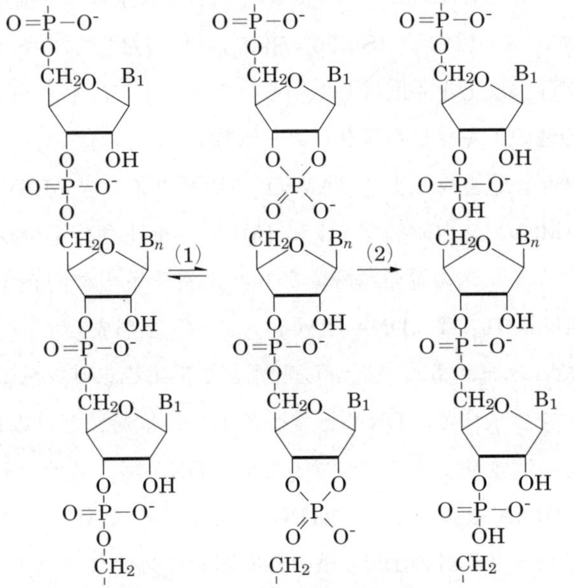

B_1 =G   :グアニン特異的 RNase
  =A, G   :プリン特異的 RNase
  =C, U   :ピリミジン特異的 RNase
  =A, G, C, U:非特異的 RNase
B_n =B_1 以外の塩基

反応はリン酸基転移(1)と加水分解(2)の二段階で進行

図 4.14 3′-ホスホリボヌクレオチドを生成する環状化リボヌクレアーゼ類

(a) **リボヌクレアーゼA** 膵臓リボヌクレアーゼ,リボヌクレアーゼⅠ(RNaseⅠ)(EC 3.1.27.5)とも呼ばれ,古くから最もよく研究されてきた酵素で,ピリミジン塩基に特異性を示し,RNAの一次構造の決定に不可欠の酵素である。選択的に一本鎖RNA中のピリミジンヌクレオチド残基の3′側のホ

スホジエステル結合を切断して，3′-ピリミジンヌクレオチドと 3′末端が Cp と Up であるオリゴヌクレオチドを生成する。1930 年に M. Kunitz によりウシ膵臓から単離・結晶化された。分子量 13 680 で 124 アミノ酸残基からなる，単一ポリペプチドの塩基性タンパク質（pI 9.60）である。リボヌクレアーゼ S（RNase S）というのは，RNase A がズブチリシン（subtilisin）の限定分解により 19〜22 番目のアミノ酸間でペプチド結合が 1 個切断されて生じた大小二つの断片が会合して，完全な元の RNase 活性を持つようになったものである。また，タンパク質架橋剤を用いて作製した RNase A の二量体は，単量体の場合に比べて約 8.5 倍の二本鎖 RNA 分解活性を示す。

　RNase A に類似の酵素は，脊椎動物の膵臓に広く分布している。これらの酵素は，特に触媒活性部位を含む領域におけるアミノ酸配列相同性が高く，酵素特異性も酷似している。RNase A 型酵素の生理的意義・機能に関しては不明の点が多い。ただ，最近，微弱なリボヌクレアーゼ活性しか示さないものの，動物組織内でほかの重要な生理活性を示す RNase A 様のタンパク質（RNase A スーパーファミリー）が分離された。例えば，血管形成誘導因子の一つであるアンギオゲニン，神経毒素，シアル酸結合性レクチンなどがそれである。

　（b）リボヌクレアーゼ T1　　黄麹カビ（*A. oryzae*）の酵素製剤タカジアスターゼ原末（菌体外酵素粉末）中から分離された酵素（EC 3.1.27.3）で，一本鎖 RNA 中のグアニル酸残基の 3′側のホスホジエステル結合を特異的に切断し，3′末端が Gp であるオリゴヌクレオチドを生成する酵素である。非常に高い塩基特異性を示すことから，RNA の一次構造の決定に繁用される。類似の酵素が *U. sphaerogena* やアカパンカビ（*Neurospora crassa*）から分離され，RNase U1, RNase N1 と命名されている。RNase T1 は分子量 11 000 の酸性タンパク質（pI 3.8）で，極めて広い範囲の pH(3.7〜7.8) で活性を示す。ヒポキサンチン，キサンチン，ジメチルグアニン，およびグアニンの 8 位の誘導体を認識する。活性に関与するアミノ酸残基として Tyr-38, His-40, Glu-58, Arg-77, His-92 が特定されているが，これらの残基はすべて，RNase U1 や RNase N1 のみならず，塩基特異性の異なる RNase Ms（*Aspergillus saitoi*

由来）や RNase U2（*U. sphaerogena* 由来）において保存されている。なお，RNase A の活性部位はこれとは異なるアミノ酸残基で構成されている。

（c） リボヌクレアーゼ T2　　RNase T1 とともにタカジアスターゼ原末中から分離された酵素（EC 3.1.27.1）で，一本鎖 RNA を塩基非特異的に分解し，3′-ホスホモノヌクレオチドを与える。このことから RNA の完全分解に利用される酵素である。239 アミノ酸残基からなる糖タンパク質で，糖含量は約 87％ であるが，酵素分子によってその含量は異なる。

（d） リボヌクレアーゼ U2　　*U. sphaerogena* の培養濾液中に発見された酵素（EC 3.1.27.4）で，一本鎖 RNA 中のプリン塩基を持つヌクレオチド残基の 3′ 側のホスホジエステル結合を切断する。プリン塩基の中でもどちらかというとアデニンに優先性を示し，分子量 12 280 の酸性タンパク質（pI 3.3）である。RNase T1 のアミノ酸配列とは全体的に見て 30％ くらいの相同性があるが，触媒活性中心を構成する His-41, Glu-62, Arg-85, His-101 近傍数残基の配列は T1（や U1）との間でよく保存されている。

（e） リボヌクレアーゼ L　　真核生物の細胞中に不活性型で存在し，インターフェロン（IFN）誘導性の抗ウイルス因子 2-5A（2′-5′-オリゴアデニル酸，2′,5′-ホスホジエステル結合で連結したオリゴアデニル酸）により可逆的に活性化される。L の名は latent（潜伏性の）に由来する。2-5A は 2′,5′-ホスホジエステラーゼにより分解されるので，RNase L の活性化状態は一過性のものである。最近，RNase L 自身も IFN により誘導されることが示された。一本鎖 RNA 中のウリジル酸残基の 3′ 側のホスホジエステル結合を切断し，3′ 末端が Up であるオリゴヌクレオチドを生成する。酵素の分子量は約 80 000 で，2-5A 結合部位およびシステインに富む基質 RNA 結合部位を含んでおり，ホモ二量体で機能すると考えられている。

（f） そのほかのリボヌクレアーゼ　　枯草菌から塩基非特異的な RNase が分離されている。この酵素は最終産物として 2′,3′-環状ヌクレオチドを与える。*Bacillus cereus* から分離さた酵素は，ウリジル酸とシチジル酸残基の 3′ 側ホスホジエステル結合を切断する。

〔2〕 5′-ホスホリボヌクレオチド生成型酵素

（a） リボヌクレアーゼ P　1971 年に S. Altman と J. D. Smith により大腸菌で発見された酵素（EC 3.1.26.5）で，tRNA の前駆体に作用し，成熟型 tRNA の 5′ 末端に相当するヌクレオチド結合を切断し，5′ 末端にリン酸基を持つ成熟型 tRNA を切り出す酵素（プロセシング酵素）である。大腸菌内ではリボソーム粒子に緩く結合している。この酵素は 1 本のポリペプチド（C5 タンパク質といわれ分子量約 13 800 で 119 アミノ酸残基からなる）と 1 本の RNA（M1 RNA といわれ分子量約 125 000 で 377 塩基からなる）が会合したリボ核タンパク質複合体で，酵素活性発現の本体は RNA 部分である（4.6.3 項参照）。*in vitro* においては RNA 部分単独でも RNase P 活性を示す。これらのことは別の真正細菌から分離された RNase P においても同様である。しかしながら，真核生物や始原菌（古細菌）由来の RNase P の場合は，RNA 単独では酵素活性を示さないことがわかっている。

（b） リボヌクレアーゼ H　大腸菌, *S. cerevisiae, Ustilago maydis*（黒穂菌の一種），各種動物の臓器や細胞，植物細胞などに由来する酵素は，RNA-DNA ハイブリッドに作用し，5′ 末端にリン酸基を持つオリゴリボヌクレオチドを生成する。高等生物は分子量 30 000～90 000 の酵素を通常は複数持っており，それらは単量体の場合もあり，複数のサブユニットから構成されている場合もある。*S. cerevisiae* は 49 000（RNase H1）と 21 000（RNase H2）の少なくとも 2 種類の酵素を持つ。前者は DNA 依存性 RNA ポリメラーゼ I（A）と結合している。大腸菌の酵素は 17 000 と比較的小さいが，二量体で機能すると考えられている。また，大腸菌の DNA ポリメラーゼ I やエキソヌクレアーゼ III が RNase H 活性を合わせ持つことが知られている。

RNase H は DNA の複製において RNA プライマーの除去に関与すると同時に，プラスミド（ColE 1）の複製においては逆に RNA プライマーの産生にかかわっている。*S. cerevisiae* の RNase H1 は転写において校正機能を担っているか，ターミネーターとして機能していると考えられている。大腸菌の RNase H とレトロウイルス HIV-1 の酵素の活性ドメインの三次構造は類似し

ており，また，すべての細胞由来の酵素において，アミノ酸配列上保存されている活性中心を構成する四つの酸性残基が，レトロウイルスの酵素においても保存されていることがわかった．興味のあることに，レトロウイルス由来のインテグラーゼ（4.3.5項参照），大腸菌由来のホリデイ分岐の解消酵素 RuvC（6.1.2項参照），および大腸菌 Mu ファージのトランスポゼース（4.3.4項参照）にも RNase H と類似の三次的骨格構造，ならびに酸性アミノ酸からなる活性部位が保存されいる．

（c） リボヌクレアーゼⅢ　大腸菌の酵素で，二本鎖 RNA あるいは一本鎖 RNA 中の二本鎖部分を特異的に認識して，一本鎖切断する酵素である．切断はほとんど塩基配列非特異的に起こる．酵素は tRNA や rRNA（**図 4.15**），T7ファージ mRNA（**図 4.16**）などの前駆体 RNA のプロセシングに関与している．分子量が 50 000 で，ホモ二量体（25 000×2）で機能すると考えられる．類似の酵素が複数の動物細胞から分離されている．

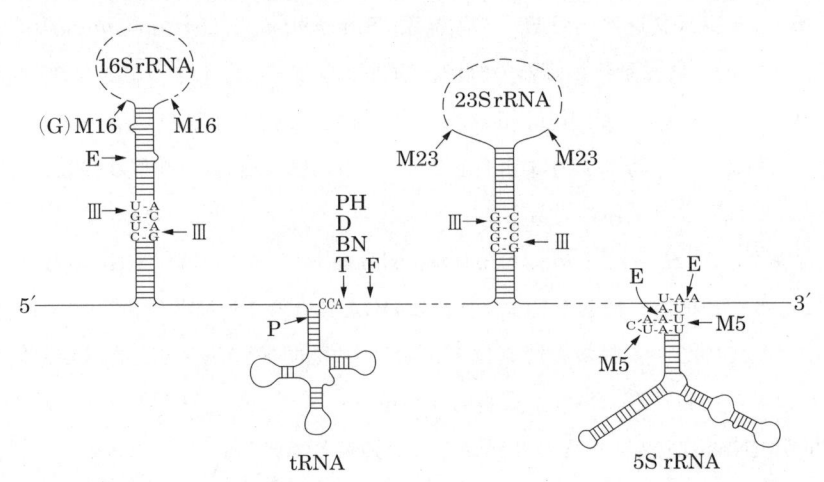

23S rRNA，16S rRNA，5S rRNA および tRNA の遺伝子は染色体上でクラスターをなして存在しており，一つの RNA として転写される．各々のリボヌクレアーゼの特性と機能については本文参照．

図 4.15　原核生物（大腸菌）の rRNA 前駆体 RNA のプロセシングに関与する各種リボヌクレアーゼ〔R. L. P. Adams, J. T. Knowler & D. P. Leader : The Biochemistry of the Nucleic Acids（10th ed.），Chapman and Hall（1986），p. 308 より〕

4.6 リボヌクレアーゼとリボザイム　　　127

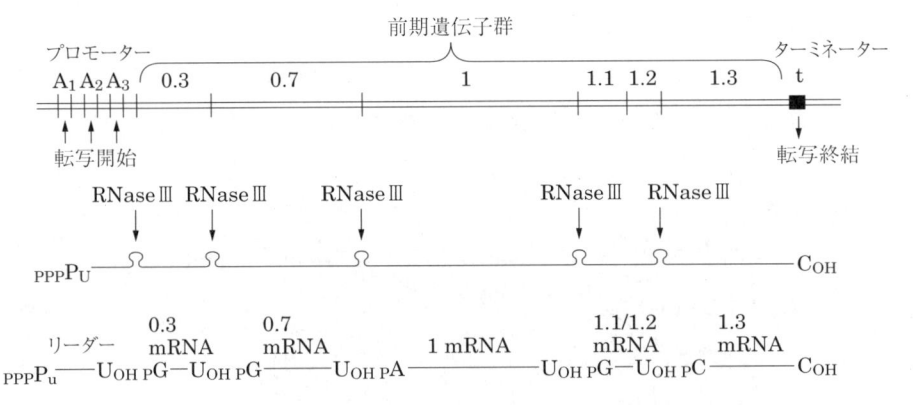

```
                       前期遺伝子群
プロモーター    ┌─────────────────────────┐    ターミネーター
A₁A₂A₃   0.3      0.7         1        1.1 1.2  1.3      t
┤┤┤┤┤─┬────┬──────────┬──────┬───┬─────■──
  ↑↑↑
  転写開始                                            転写終結

        RNaseⅢ  RNaseⅢ    RNaseⅢ        RNaseⅢ RNaseⅢ
          ↓       ↓         ↓             ↓      ↓
pppPu ───⌒───⌒─────⌒────────⌒──⌒─────── COH

              0.3     0.7                 1.1/1.2  1.3
   リーダー   mRNA    mRNA      1 mRNA    mRNA    mRNA
pppPu─UOH pG─UOH pG────UOH pA────UOH pG─UOH pC────COH
```

図 4.16 ファージ T7 前期遺伝子群の単一転写産物の RNase Ⅲ による五つの mRNA 種への切断〔B. Lewin：Genes Ⅳ, Oxford University Press (1990), p. 275 より〕

（d）リボヌクレアーゼ E, F　これらは大腸菌の酵素で，rRNA 前駆体のプロセシングにかかわっている（図 4.15）。RNase E は 5S rRNA 前駆体部分の最初の切出しを行う酵素である。RNase F は tRNA 前駆体部分の 3′ 側に作用し，ヌクレオチドを少し残すように切断する。この 3′ 切断末端に上述のエキソリボヌクレアーゼ類（RNase T, RNase PH, RNase D, RNase BN）が作用し，成熟型 3′ 末端ができ上がる。

（e）リボヌクレアーゼ M 5, M 16, M 23　RNase M5 は枯草菌および大腸菌から分離されている。両酵素とも α と β の二つのサブユニットからなっており，互換性がある。枯草菌から精製された β は，分子量 15 000〜17 000 の塩基性タンパク質である。RNase M5 は，RNase E とともに 5S rRNA の成熟化に関与している（図 4.15）。RNase M16 と M23 は，それぞれ 16S あるいは 23S rRNA の成熟化にかかわる酵素に与えられた名称であるが，酵素的研究はほとんどなかった。しかし，最近，大腸菌の 16S rRNA の 5′ 末端の成熟化にかかわる RNase M16 が分離され，RNase G と命名された。これは，RNaseⅢ により切り出された 16S rRNA 前駆体（17S）を RNase E が切断したあとで作用し，成熟型の 5′ 末端を与える。3′ 末端の成熟化については明らかにされていない。

4.6.3 リボザイム

中性条件下，二価金属イオン（Mg^{2+}）存在下で触媒作用を示す RNA のことで，RNA 酵素ともいわれる（図 4.17，図 4.18）。歴史的には，T. Cech が，

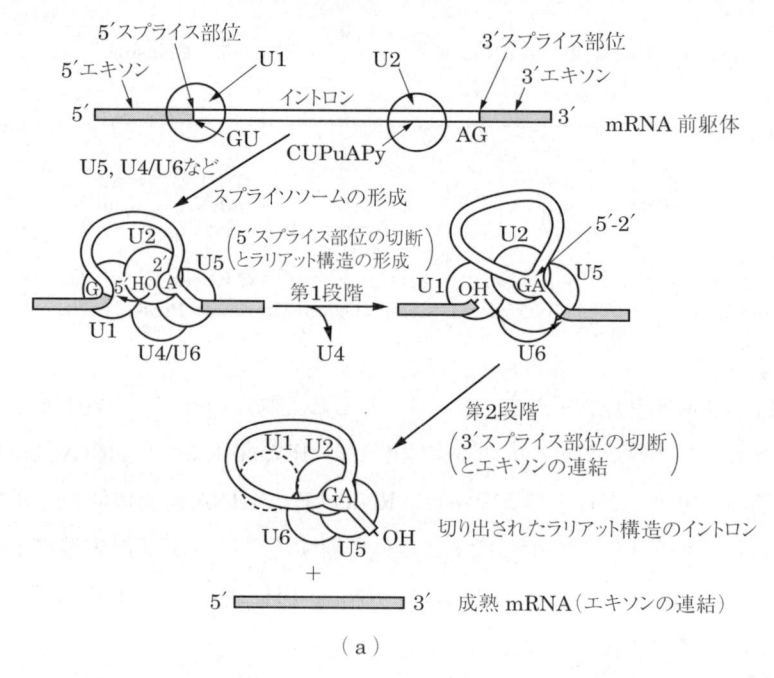

(a)

（a） 核内における mRNA のスプライシング機構。U1，U2，U5，U4/U6 snRNPs（低分子リボ核タンパク質群（small nuclear ribonucleoproteins））およびほかのタンパク質因子（図には示されていない）が基質 RNA と複合体を形成してできたスプライソソーム（spliceosome）（60 S）がスプライシングを触媒する。スプライシング反応は二段階で進行する。第一段階では，イントロン内の 3′スプライス部位近傍にある分岐点内のヌクレオチド A 残基が 5′スプライス部位を攻撃・切断し，生ずる 5′末端の G 残基との間で 2′-5′ホスホジエステル結合を形成する。このことによりラリアット（投げ縄）構造がつくられる。第二段階では，3′スプライス部位が切断され，3′側エキソンの開始点に第一段階の反応で生じた 5′側エキソンの 3′-OH 末端が結合する。これらのことにより連結したエキソンと遊離のラリアット構造が生成する。なお，以上の反応過程において，U1 snRNP が U4 snRNP より早くスプライソソームから解離するという報告もある。また，U5 snRNP が 3′エキソン境界付近からイントロン内部に移動すること，U6 snRNP がトランスエステル化反応を触媒することが知られている。

図 4.17 前駆体 RNA のいろいろな形のスプライシング〔B. Alberts et al.: Molecular Biology of the Cell (3rd ed.), Garland Publishing, Inc.(1994), p.374, 377 より〕

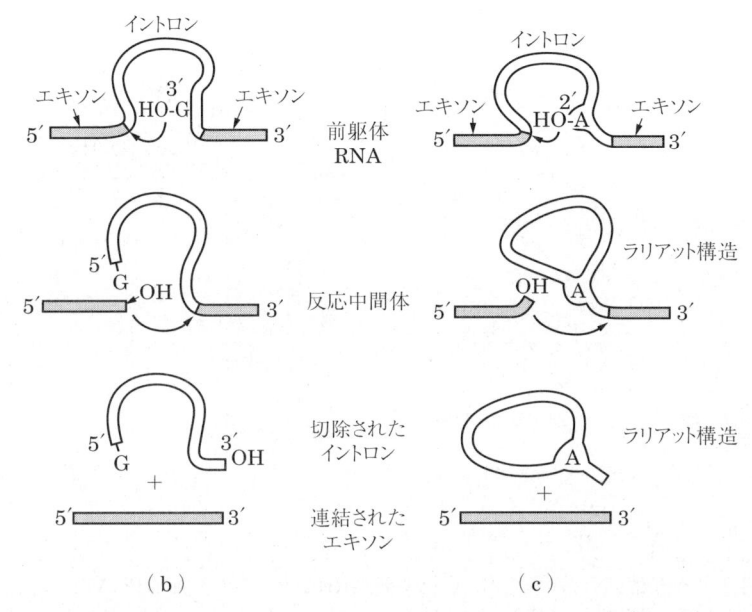

4.6 リボヌクレアーゼとリボザイム

(b), (c) 前駆体 RNA の自己スプライシング：大リボザイム反応。反応はタンパク質因子の存在により効率的に進行することが知られている。(b)はグループ I イントロン RNA の場合で，反応に遊離のグアノシン（G–OH）を要求する。(c)はグループ II イントロン RNA の場合で，イントロン配列内にある反応性の高い A 残基を用いる。ラリアット構造が形成されるのが特徴である。

図 4.17 （つづき）

テトラヒメナ rRNA イントロンが自己触媒活性を持つことを，S. Altman が，RNase P の構成成分 M1 RNA が tRNA 前駆体の 5′ 末端のプロセシングを触媒することを発見したのがリボザイムの始まりである。そのあと，種々のリボザイムが発見され，それらは大リボザイム（large ribozyme）と小リボザイム（small ribozyme）の二つに分類されている。前者は，RNA のリン酸ジエステル結合を切断し，5′–P, 3′–OH 末端を与える（図 4.17）。後者は，RNA 鎖を切断し，5′–OH, 2′,3′–環状リン酸末端を与える（図 4.18）。上述の歴史的な二つのリボザイムは，いずれも大リボザイムに属する。

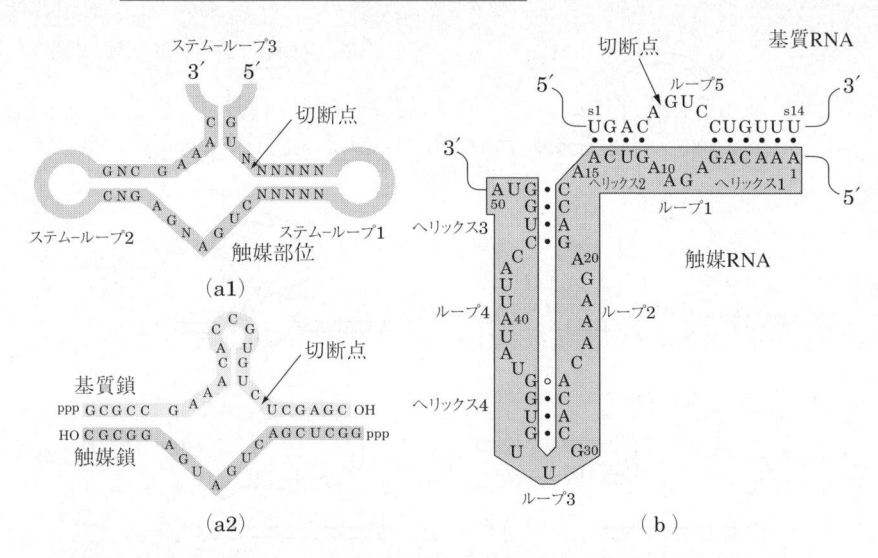

(a1), (a2) ハンマーヘッド型リボザイムの例。(a1)共通型は三つのステム-ループ構造と保存配列を持つ。(a2)自己切断型RNAは二つの相補的RNA鎖の対合によってもつくり出せる。〔B. Lewin: Genes Ⅵ, Oxford University Press (1997), p. 936より〕

(b) ヘアピン型リボザイムの例。ウイルソイドであるタバコリングスポットウイルス粒子内のサテライトRNA (sTRSV) の (−) 鎖の場合で示してある。
〔A. Hampel et al.: *Nucleic Acids Res.*, **18**, p. 299 (1990) より〕

図 4.18　小リボザイムに属する自己切断型ウイロイドおよびウイルソイドRNA

〔1〕 大リボザイム

(a)　**グループⅠイントロンRNA**　グアノシンによる5′-スプライス部位でトランスエステル化反応を行うイントロンRNAで、上記のテトラヒメナrRNAイントロンが該当し、このほかには、下等生物の細胞内小器官や、T4ファージRNA前駆体の自己スプライシングをするイントロンRNAなどがある〔図4.17(b)〕。

(b)　**グループⅡイントロンRNA**　下等生物の細胞内小器官などにおいて、自己スプライシングを行うイントロンRNAが該当し、核内におけるmRNA前駆体の場合と同じラリアット構造を経る、二段階反応を行うのが特徴である〔図4.17(c)〕。進化的にスプライソソームの原型と考えられている

〔図4.17(a)〕。

(c) リボヌクレアーゼPのRNA成分　4.6.2〔2〕(a) 項参照。

〔2〕 小リボザイム

ウイロイド(viroid, 低分子量リボ核酸病原体)や，ウイルソイド(virusoid, 植物ウイルス粒子内にサテライト状態で存在する比較的小さなRNAで，単独では複製できない)などの自己切断型RNAがあり，その分子の形からハンマーヘッド(hammer-head)リボザイム，ヘアピンリボザイムといわれている(図4.18)。このほかに，肝炎デルタウイルス(hepatitis delta virus, HDV) RNAがあり，これはRNAウイルスのローリングサークル型RNA複製の最終段階において見られるRNAの自己切断反応をつかさどる。種々の配列を持つ改変RNA分子の合成が容易なことから，強力で幅広い活性を有する人工触媒がつくられ，抗ウイルス剤としての利用が図られている[†]。

4.7　ヌクレアーゼおよび関連酵素

ヌクレアーゼ類は，

① 一本鎖DNAおよびRNAに特異性を示すヌクレアーゼ

② 一本鎖と二本鎖の両方の核酸を分解するヌクレアーゼ

③ ヌクレオチド間のホスホジエステル結合のみならず，例えばビス(p-ニトロフェノール)リン酸などの単純なホスホジエステルをも分解するホスホジエステラーゼ(phosphodiesterase, PDaseと略称)

に分類できる。

4.7.1　一本鎖核酸に特異性を示すヌクレアーゼ

〔1〕 ヌクレアーゼS1

黄色麹カビのタカジアスターゼ原末から分離されたエンドヌクレアーゼで，

[†] 上記した典型的リボザイム以外にも，広くには，スプライソソーム〔図4.17(a)〕とリボソーム(例えばペプチジル基転移酵素)の活性中心もリボザイムであると考えられている。

一本鎖核酸に特異的に作用し，5′-ホスホモノヌクレオチドおよび少量のジヌクレオチドを生成する。S1は二本鎖核酸中の一本鎖部分も分解する。分子量32 000の糖タンパク質であり，至適pHは4.5付近で，活性発現に亜鉛（ジンク）を要求する（ジンク・金属タンパク質（zinc metalloprotein））。0.6％ドデシル硫酸ナトリウム（SDS），5％ホルムアミド，0.8 M尿素存在下でもほとんど活性に変化はない。基質が存在すれば65℃でも活性を示す。S1の生理的機能は不明であるが，その特異性および使いやすさから，**図4.19**に示すように核酸構造や遺伝子構造（エキソン-イントロン）の解析，遺伝子操作などに多用される。図を補足する形でS1の具体的利用例についてまとめると以下のようになる。

① 一本鎖核酸中の二本鎖構造部分の定量と分離

② 限定条件下（低温，高塩濃度）でのtRNAおよび5.8S rRNAの部位特異的切断（例えば，tRNAの場合はアンチコドンループと3′末端部分で切断）

③ 二本鎖核酸中の短い一本鎖部分（2〜4塩基）の除去（平滑末端の形成）

④ 超らせん構造を持つ閉環状二本鎖DNAの直鎖化（これは二段階反応で，S1がDNA中に存在する塩基対合開裂部位を認識し，どちらかの鎖にニックを入れ，つぎにニックのところで相補鎖を切断して，直鎖状に変換）

⑤ ④に関連するが，二本鎖DNA中のニックの有無，およびニックを持つ二本鎖DNAの断片化

⑥ ヘテロ二本鎖核酸において塩基対合する部分がなく，ループとなってはみ出した（ループアウト）部分の切除（例えば，イントロンを含む遺伝子DNAとmRNAの間でヘテロ二本鎖を形成させると，イントロン相当部分がループアウトするが，S1はループを切除し，当該部位でRNAも切断する。塩基配列欠失あるいは挿入変異型DNAと野生型DNAとの間に形成される，ヘテロ二本鎖DNA中のループ部位で二本鎖切断）

⑦ 二本鎖DNAのヘアピン末端の切断（例えば，mRNAから逆転写酵素により合成される相補的二本鎖DNAは，一方の末端が閉じてヘアピンと

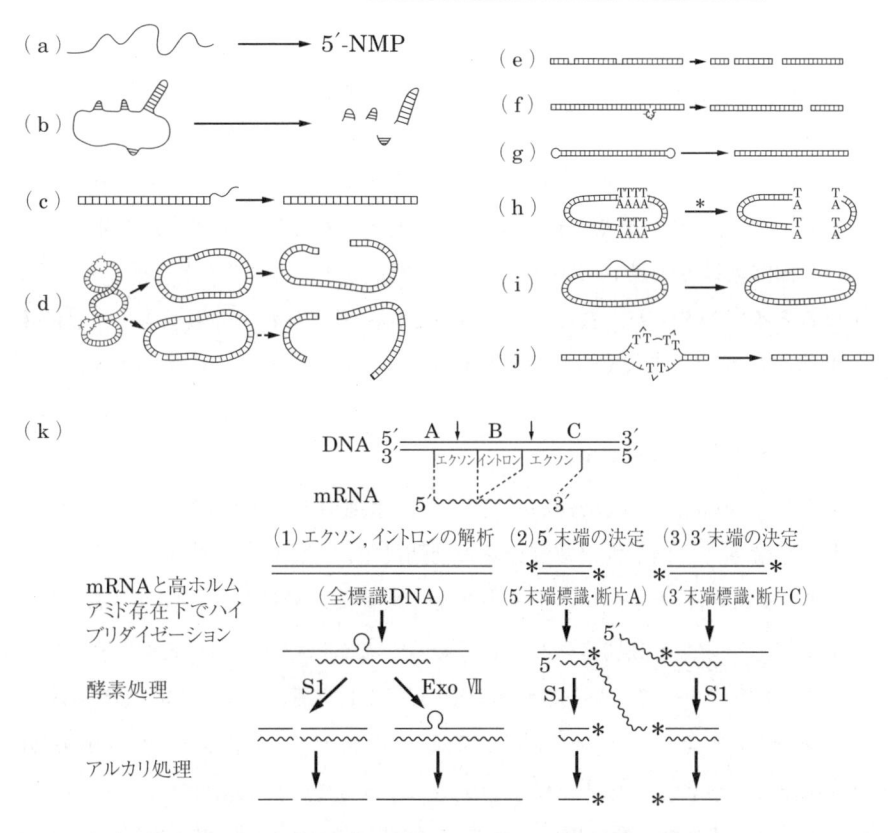

4.7 ヌクレアーゼおよび関連酵素 133

(a) 〜〜〜 ⟶ 5′-NMP
(b) ⟶
(c) ▭▭▭〜 ⟶ ▭▭▭
(d)
(e) ▭▭▭ ⟶ ▭ ▭ ▭
(f) ▭▭▭ ⟶ ▭ ▭
(g) ▭▭ ⟶ ▭▭
(h)
(i)
(j)

(k)
　　　　DNA 5′ ─A↓─B↓─C─ 3′
　　　　　　 3′ ─────────── 5′
　　　　　　　　 エクソン イントロン エクソン
　　　mRNA
　　　　　　 5′ 〜〜〜〜〜 3′

(1) エクソン,イントロンの解析　(2) 5′末端の決定　(3) 3′末端の決定
　　　═══════════　　 *═══════*　 *═══════*
　　　（全標識DNA）　　（5′末端標識・断片A）（3′末端標識・断片C）

mRNAと高ホルム　　　　　　　　　　　　　　　　　　 5′
アミド存在下でハイ　　　　　　　　　　　　　　5′ 〜〜〜*
ブリダイゼーション　　─────⌒─　　　　　　　*═══════

酵素処理　　　　　↓S1　　　↓Exo Ⅶ　　　　↓S1　　　↓S1

アルカリ処理　　　〜〜〜〜　　〜⌒〜　　　　　　
　　　　　　　　　　↓　　　　↓　　　　　↓　　　　↓
　　　　　　　　〜〜〜〜〜　〜〜〜〜〜　　─*　　　*─

(d) 複数あるS1感受性部位でごくまれに同時切断が起こる。
(h) ＊：ホルムアミド存在下,高温で反応。
(k) S1マッピング法による転写領域の解析。図の一番上のDNA上の矢印は制限酵素切断点を示す。＊印は標識末端を表す。

図4.19　ヌクレアーゼS1の特性と利用

なっている)〔図1.7(b) 参照〕

⑧ 二本鎖DNA中のゆがみ部位の検出（ゆがみとは，例えば，紫外線照射によって生ずるピリミジン二量体，薬剤により嵩（かさ）高く修飾された塩基，塩基の欠失などに起因するもの）

〔2〕 アカパンカビのヌクレアーゼ類

菌糸体から分離された酵素はエンド型で,5′末端にリン酸基を持つオリゴヌ

クレオチドを生成する。分子量 55 000 で Co^{2+} を含み,至適 pH は 7.5〜8.5 であり,Mg^{2+},Ca^{2+} の添加で活性化される。塩基に対して弱い特異性を示し,-dGpdN- を優先的に切断する。分生子から分子量 75 000 の酵素が分離されているが,これはエキソ型の酵素で,5′末端から作用し 5′-ホスホモノヌクレオチドおよび 5′にリン酸基を持つオリゴヌクレオチドを生成する。興味あることに,両酵素は分子量 90 000 の単一で不活性型のポリペプチドを前駆体とし,異なるタイプのタンパク質切断により生じたと考えられている。エキソ型酵素は生体内において DNA の修復や組換えに関与していることが示唆されている。

〔3〕 ヌクレアーゼ P 1

青カビ (*Penicillium citrinum*) 菌糸体の水抽出画分から分離されたエンド-エキソ型酵素で,両活性が核酸分解の初期段階から協同して働き,最終産物として 5′-ホスホモノヌクレオチドのみを生成する。分子量 44 000 で,S 1 と同じように,ジンク・金属タンパク質であるとともに糖タンパク質であり,マンノース,ガラクトース,グルコサミンを 6:2:1 の割合で含む。また P 1 は 3′-ホスホモノヌクレオチドに対してホスホモノエステラーゼ (phosphomonoesterase) 活性を示す。酵素の至適 pH は 5 で,至適温度が 70℃ である。S 1 と同様に種々の目的に用いられるが,特殊な例としては,真核生物の mRNA からの 5′-cap 構造,$m^7G(5′)ppp(5′)N^m$ の分取があげられる。

〔4〕 マングマメヌクレアーゼ

マングマメ (mung bean) の新芽から分離されたエンド型の酵素で,5′-ホスホモノヌクレオチドとオリゴヌクレオチドを与える。分子量 39 000 のジンク・金属タンパク質であり,29 % の糖成分を含むタンパク質でもある。至適 pH は 5 であり,塩基に対して弱い特異性を示し,-dApdN- を優先的に切断する。酵素はポリ (dA-dT) を典型的な二本鎖とはみなさず,分解する。したがって,通常の二本鎖 DNA に作用させると,分子中の AT に富む部位で選択的切断が起こる。

〔5〕 その他のヌクレアーゼ

U. maydis から分離された酵素は，分子量 42 000 のジンク・金属タンパク質で，5′-ホスホモノヌクレオチドとオリゴヌクレオチドを生成する。二本鎖 DNA 中の不正対合部位を認識してニックを入れること，対立遺伝子組換え能の欠損変異株のあるものは酵素生産量が明らかに減少していることから，DNA の修復や組換えにかかわっていると考えられている。変形菌類モジホコリカビ（*Physarum polycephalum*）の微小変形体より分離された酵素は S 1 によく似ており，唯一異なるのが至適 pH 8 という点である。コムギの苗（wheat seedling）から分離された酵素は 3′-ホスホヌクレオチドに対してホスホモノエステラーゼ活性も示し，至適 pH は 4.8〜5.5 で，活性発現に Zn^{2+} を要求する。ヒツジ腎臓から分離された酵素（ヌクレアーゼ SK）は 2′-5′ApA，3′-5′ApA，ADP，ATP，5′-AMP，cAMP に対しても活性を示す。分子量 52 000〜53 000 で，活性発現に Mg^{2+} を要求する。

4.7.2　一本鎖核酸と二本鎖核酸の両方を分解するヌクレアーゼ

〔1〕 *Alteromonas* BAL 31 ヌクレアーゼ

海洋性細菌 *Alteromonas espejiana* BAL 31 の培養液中から分離された酵素で，一本鎖 DNA に特異的なエンドデオキシリボヌクレアーゼ活性，二本鎖 DNA の 3′, 5′ 両末端から同時に 5′-ホスホモノヌクレオチドを順次に分解除去するエキソデオキシリボヌクレアーゼ活性，およびリボヌクレアーゼ活性を合わせ持つ多機能タンパク質である。分子量 73 000〜83 000 で，至適 pH は 8.0〜8.8，至適温度は 60 ℃，活性発現に Ca^{2+}，Mg^{2+} を要求する。2 M NaCl，1.8 M CsCl，5% SDS 存在下でも十分に活性を示す。二本鎖 DNA に対するエキソデオキシリボヌクレアーゼ活性は DNA の両末端からの短鎖化によく用いられる。

〔2〕 その他のヌクレアーゼ

カイコ（silk worm）のヌクレアーゼ SW はエンド型の酵素で，分子量が 22 000，至適 pH は 10.3，活性発現に Mg^{2+} を要求する。分解産物は 5′-ホス

ホジヌクレオチドまたはトリヌクレオチドと，少量の5′-ホスホモノヌクレオチドである。霊菌（*Serratia marcescens*）や*Micrococcus luteus*から分離された酵素もエンド型で，最終産物として5′ではなく，3′-ホスホモノヌクレオチドとオリゴヌクレオチドを与える。

4.7.3 ホスホジエステラーゼ

〔1〕 ヘビ毒（venom）ホスホジエステラーゼ

　一本鎖核酸に優先性を示し，3′-OH 末端から3′→5′方向に順次ホスホジエステル結合を切断して，5′-ホスホモノヌクレオチドを生成する。5′末端も OH 基となったものに酵素を作用させれば，5′末端だけがヌクレオシドで，ほかはすべてヌクレオチドとなるので5′末端の塩基が決定できる。また，この酵素は，基質によりエンドヌクレアーゼとしても働き，例えば，ポリ ADP リボースを完全分解するし，超らせん構造を持つ閉環状 DNA にニックを入れ，開環状 DNA を経て直鎖状二本鎖 DNA を与える。分子量約 120 000 の塩基性糖タンパク質である。

〔2〕 脾臓ホスホジエステラーゼ

　ブタや仔ウシの脾臓（spleen）から分離されている。一本鎖核酸に優先性を示し，5′-OH 末端から5′→3′方向に順次ホスホジエステル結合を切断して3′-ホスホモノヌクレオチドを生成する。3′末端も OH 基となったものに酵素を作用させれば，3′末端だけがヌクレオシドで，ほかはすべてヌクレオチドとなるので3′末端の塩基が決定できる。

5. DNAトポイソメラーゼと関連酵素

　DNAトポイソメラーゼ（topoisomerase）とは，基本的には，超らせん構造（superhelical（supercoiled）structure）を持つ閉環状（covalently closed circular）二本鎖DNAに作用して，超らせん的ねじれの数の違うトポイソマー（topoisomer，位相構造異性体）の生成を触媒する酵素をいう。DNA鎖の切断（breakage）と再結合（rejoining（resealing））反応を触媒するが，その様式の違いにより，Ⅰ型とⅡ型に分けられる（**表5.1**）。

　Ⅰ型は，ごく一部の例外を除いて反応にATPを要求せず，二本鎖の一方に切断（single-strand breakage，ニック）を入れ，それを再結合する。Ⅱ型は，ATP依存的に二本鎖を同時切断（double-strand breakage）し，それらを再結合する。

　Ⅰ型，Ⅱ型ともDNA鎖を切断してもDNAから離れることはない。これは酵素が，チロシン残基のハイドロキシル基とDNA切断末端のリン酸基との間でホスホジエステル結合を形成することによる。このDNA-酵素中間体に保存されたエネルギーが再結合のときに利用される。

　DNAトポイソメラーゼは，DNAの複製，修復，転写，組換え，染色体分離，染色体の構造安定化，凝縮，ループ構造の形成などにかかわっている。また，典型的なDNAトポイソメラーゼ以外に，Ⅰ型に類似の活性を示し，部位特異的組換え反応を触媒する酵素も知られている。この章では，これらを関連酵素として含め，解説する。

表5.1 DNAトポイソメラーゼの種類と性質

	酵 素	分子サイズ〔kDa〕（遺伝子）	ATP, Mg^{2+} 要求性	行う反応	DNA鎖の切断様式と中間体
Ⅰ型	大腸菌トポイソメラーゼⅠ（ωタンパク質）	97（topA）	Mg^{2+}	負の超らせんの解消	$\begin{cases} 3'-OH \\ 5'-P-Ⓔ \end{cases}$
	大腸菌トポイソメラーゼⅢ	74（topB）	同上	同　上	同　上
	S.cerevisiae トポイソメラーゼⅢ	74（TOP 3）	同上	同　上	同　上
	古細菌リバースジャイレース	120, 135	両方	同　上 正の超らせんの導入	同　上
	真核生物トポイソメラーゼⅠ	80〜100（TOP 1）	なし	負・正の超らせんの解消	$\begin{cases} 3'-P-Ⓔ \\ 5'-OH \end{cases}$
	ワクシニアウイルストポイソメラーゼ	32	同上	同　上	同上
Ⅱ型	大腸菌ジャイレース（トポイソメラーゼⅡ）	$GyrA_2GyrB_2=374$ $\begin{cases} A=97(gyrA) \\ B=90(gyrB) \end{cases}$	両方	負の超らせんの導入 負・正の超らせんの解消 結び目の解消 連環の分離	$\begin{cases} 3'-OH \\ 5'-P-Ⓔ \end{cases}$
	大腸菌トポイソメラーゼⅣ	$ParC_2ParE_2=308$ $\begin{cases} 84(parC) \\ 70(parE) \end{cases}$	同上	連環の分離 負・正の超らせんの解消 結び目の解消	同　上
	真核生物トポイソメラーゼⅡ	$(AB)_2=320〜340$ $AB=160〜170$ （TOP 2）	同上	負・正の超らせんの解消 結び目の形成と解消 連環とその分離	同　上
	ファージT4トポイソメラーゼ	$\begin{cases} 58(gene\ 39) \\ 50(gene\ 52) \\ 18(gene\ 60) \end{cases}$	同上	同　上	同　上

Ⓔ：酵素（enzyme）

5.1 DNA トポイソマー

5.1.1 超らせん DNA

　二本鎖 DNA において，2 本の相補鎖は相互にらせん状に巻き付いているが，その 2 本の鎖の絡み合いの度合いはリンキング数（linking number）α という数値で表される。自由に回転できる末端を持つ直鎖状（linear）や，開環状（open（nicked）circular）の二本鎖 DNA は，生理的水溶液中では B 型構造をとり，10.4 塩基ごとにらせんは 1 回転する。この B 型構造をとった状態で環状になったものが，弛緩型（relaxed form）DNA である。

　いま，この DNA が塩基対 n 個の長さを持っているとすると，弛緩型 DNA のリンキング数 α_0 は $n/10.4$ になる。ここで α が α_0 と異なると，その環状二本鎖 DNA は超らせん構造をとることになる。そして，超らせんの数（スーパーヘリカルターン（superhelical turn））は α と α_0 の差（$\alpha - \alpha_0$）になる。これが linking difference τ である（$\alpha - \alpha_0 = \tau$）。$\tau < 0$ なら，環状 DNA は負の超らせん（negative supercoil（supertwist））構造をとり，$\tau > 0$ なら，正の超らせん（positive supercoil（supertwist））構造をとる〔**図 5.1**（a）〕。

　いま，弛緩型環状 DNA を切断することなく，10.4 塩基対（らせん 1 回転分）だけ巻き戻すと，1 個の正の超らせんが DNA 内部に生ずる〔図（b）-（1）〕。1 個の負の超らせんを持った DNA を同様に巻き戻した場合には，負の超らせんはなくなる〔図（b）-（2）〕。1 個の正の超らせんを持った DNA の巻戻しでは，正の超らせんが 1 個加わり合計で 2 個となる〔図（b）-（3）〕。超らせんの負，正ということは，位相幾何学（トポロジー，topology）においてトポロジカルサイン（topological sign）が（−）と（＋）ということである。図にある DNA 分子の構造を矢印を付けてなぞった場合，矢印の交点（DNA 鎖の交差する部位に相当）において，上の方の矢印を回転して下の方の矢印に重ね合わせようとした場合に，時計回りになるものが（−）サインであり，反時計回りになるものが（＋）サインである（**図 5.2**）。

　細胞から取り出した DNA は，通常，負の超らせん構造をとっている。つま

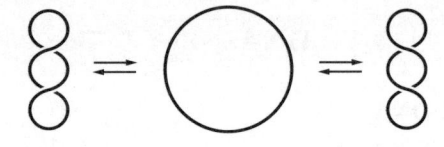

5. DNAトポイソメラーゼと関連酵素

(a) 負の超らせん型，弛緩型，正の超らせん型の相互変換

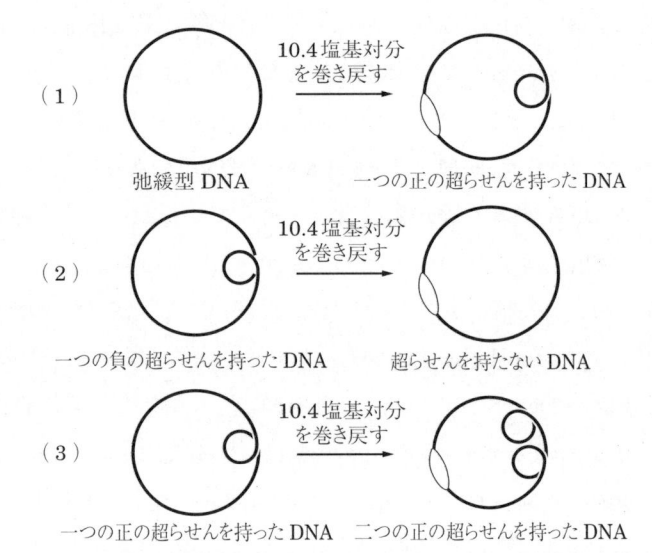

(1) 弛緩型DNA → 10.4塩基対分を巻き戻す → 一つの正の超らせんを持ったDNA

(2) 一つの負の超らせんを持ったDNA → 10.4塩基対分を巻き戻す → 超らせんを持たないDNA

(3) 一つの正の超らせんを持ったDNA → 10.4塩基対分を巻き戻す → 二つの正の超らせんを持ったDNA

(b) 三つの異なる構造を持つ環状二本鎖の塩基対合を押し開き，DNAのらせん1回転分巻き戻したときの構造変換

太線：二本鎖，細線：一本鎖（二本鎖の開裂により生じた）

図5.1 DNAの超らせん構造の変換

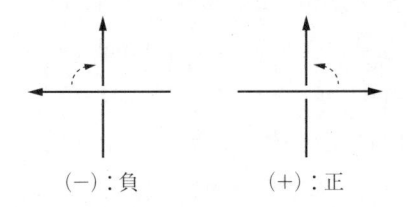

(−)：負　　(＋)：正

図5.2 DNAトポイソマーにおけるトポロジカルサイン

り，2本の鎖の絡み合いの度合いがB型構造の場合よりも少ない。しかしDNAなるがゆえにB型構造をとろうとするときに，三次構造的よじれが生ずる。これが負の超らせんというわけである。上述の α, α_0, τ は，しばしばL (linking number), T (twisting number), W (writhing number) という文字で表される。三者の間に L＝T＋W の関係が成り立つ。DNA が，例えば，5 200 塩基対からなっているとすれば，$T(\alpha_0)$ は 5 200/10.4＝500 である。$L(\alpha)$ が 475 であるとすれば，$W(\tau)$ が -25（＝475－500）となり，負の超らせんの数が 25 個となる。超らせんの度合いは，超らせん密度（superhelical density）W/T で表される。したがって，超らせん密度は -0.05（$-25/500$）となる。天然の DNA の超らせん密度は，ほぼこの値である。

5.1.2 連環状 DNA および結び目環状 DNA

超らせん DNA のほかに，DNA トポイソメラーゼが作用する DNA として，連環状 DNA（catenated DNA ring, catenane）と結び目を持った環状 DNA とがある（図 5.3）。連環状 DNA は環状 DNA の複製が終了した時点で生じ，

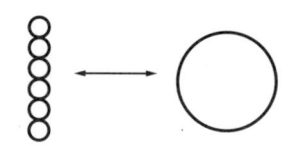

(a) 環状 DNA の弛緩（relaxation）と超らせん化（supercoiling）

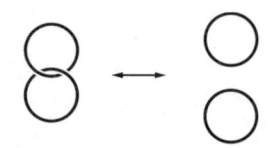

(b) 連環状 DNA と二つの環状 DNA の間の可逆反応（decatenation and cetenation）

(c) 環状 DNA における結び目解消（unknotting）反応と結び目形成（knotting）反応

図 5.3 DNA トポイソメラーゼの作用によって起こる DNA トポイソマーの変換

結び目環状 DNA (knotted DNA ring) は細胞内に多コピー存在するプラスミド DNA の一部や，特定のウィルス DNA などにおいて見られる。図には結び目分子として最も単純なものを示してあるが，実際にはもっと複雑な分子が存在する。

5.2 DNA トポイソメラーゼの種類と特性

5.2.1 I 型 DNA トポイソメラーゼ

環状二本鎖 DNA の片方の鎖に切れ目を入れ，もう一方の鎖を通過させたあと切れ目を閉じることにより，超らせんを解消する酵素である。1回の反応で，DNA リンキング数を一つ変える（図 5.4）。細菌から哺乳類に至るまでほとんどすべての生物に存在し，細菌の酵素と真核生物の酵素の間に一次構造上の相同性がある。I 型酵素は，さらに IA 型と IB 型の二つのサブファミリーに分類される。

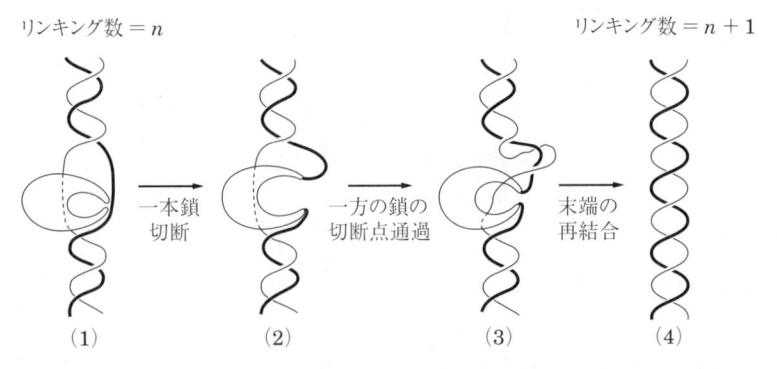

リンキング数 = n　　　　　　　　　　リンキング数 = $n+1$

(1)　　　　(2)　　　　(3)　　　　(4)

一本鎖切断　　一方の鎖の切断点通過　　末端の再結合

(1) トポイソメラーゼは負の超らせん DNA に結合して二本鎖を部分的に押し広げ，(2) トポイソメラーゼと結合した方の鎖が切断され，(3) もう一方の鎖が切断点を通過し，(4) 切断末端が連結される。このような一連の反応1回あたりリンキング数が一つ増える。すなわち負の超らせんが1個減少する。

図 5.4 I 型 DNA トポイソメラーゼによる負の超らせん DNA の弛緩
〔F. Dean et al. : *Cold Spring Harbor Symp. Quant. Biol.*, **47**, p. 773 (1982) より〕

5.2 DNAトポイソメラーゼの種類と特性

〔1〕 IA型DNAトポイソメラーゼ

酵素の切断によって5′-P末端が生成し，そこに酵素のチロシン残基がOH基を介してホスホジエステル結合するタイプである。

(a) 大腸菌トポイソメラーゼI 一番最初（1971年）に見つけられた酵素で，ωタンパク質と名付けられたものである。分子質量は97 kDaで，*topA*遺伝子にコードされている。反応にMg^{2+}を要求し，負の超らせんのみを解消する（表5.1）。

この酵素の構造的特徴としてつぎのようなことがわかっている。97 kDaタンパク質は865アミノ酸からなり，タンパク質切断地図および部位特異的変異導入法により作製された変異タンパク質の解析より，N末側の67 kDaとC末側の30 kDaの二つのドメインを有する。N末側ドメインはDNAの5′-P末端との結合にかかわるチロシン残基（Tyr-319）を含み，単独で一本鎖DNAの切断性を示すが，負の超らせんを解消することはできない。

一方，C末側ドメインは，アミノ酸598番目から736番目の間に三つのテトラシステインリピート（C2/C2）を有する。これらはトポイソメラーゼ活性にとって重要なものであり，Zn^{2+}が配位するためのモチーフと考えられる。C末側ドメインは，さらに酵素の一本鎖DNA結合性および連続移動性（processivity）にかかわる14 kDa領域を含む。X線回折による解析から，N末側67 kDaドメインはさらにドメインI〜Ⅳに細分化され，ドメインⅢにDNAの5′-P末端に共有結合するチロシン残基が存在する。大腸菌トポイソメラーゼIの触媒するDNA鎖切断/通り抜け反応について考えられている機構を図5.5に示す。

大腸菌トポイソメラーゼIの一本鎖切断・再結合反応は，負の超らせんDNA上で無差別に起こるのではなく，超らせん力により分子内に形成されている塩基対合開裂部位の近傍で起こると考えられる。事実，大腸菌トポイソメラーゼIは一本鎖DNAに強固に結合し，切断する性質がある。また，この酵素は，一本鎖ギャップや一本鎖切断（ニック）を持つ二本鎖DNAに作用し，ギャップ近傍の二本鎖部分を，あるいはニック部位で相補鎖を切断することが

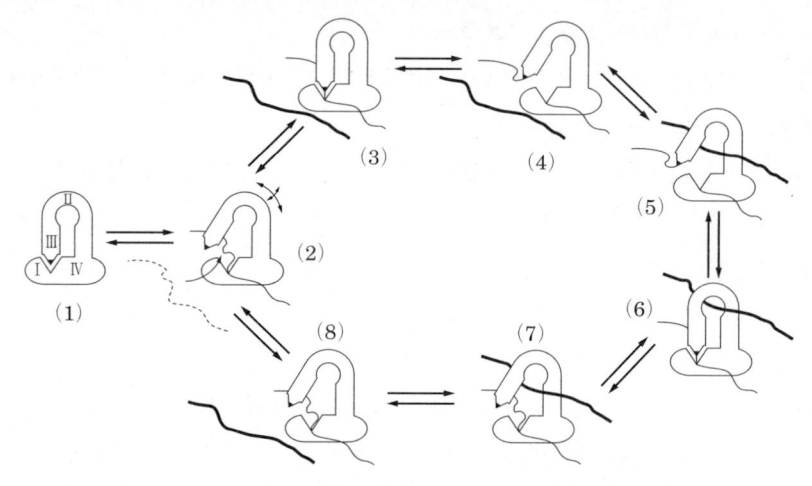

(1)–(2) DNA の 5′-P 末端に結合するチロシン残基を含むドメインⅢが ドメインⅠとⅣから離れ，DNA が活性部位ポケット（ⅠとⅣとで構築された）に結合する。これを引き起こすのはドメインⅡとⅣの間にある"ちょうつがい"部位の動きである。

(2)–(4) ドメインⅢがⅠとⅣに再接着することで DNA 鎖の切断が生じ，5′-P はチロシン残基と共有結合し，3′-OH は共有結合によらない方法でコア酵素と結合している。すなわち酵素が一本鎖 DNA の間に割り込み，折れ曲った状態で"ブリッジ"を形成している。

(4)–(7) もう一方の鎖が折れ曲りにより形成されているホールへと通り抜け，ドメインⅢがⅠとⅣに再接着し，DNA 切断点が連結される。

(8) もう一方の鎖がホールの外へ出る。C 末側の 30 kDa ドメインの機能はおそらく DNA が活性部位ポケットに結合するのを促進することであると考えられる。

以上のような過程とは逆に，(2)–(8)–(7)–(6)–(5)–(4)–(3)と反応が進行する可能性もある。つまり，一方の鎖が活性部位ポケットに結合している状態でもう一方の鎖がホール内へと通り抜け，そのあと結合している DNA 鎖に切断が起こり，ホール内の DNA が切断点を通り抜け，切断点が連結される。

図 5.5 大腸菌トポイソメラーゼⅠの DNA 鎖切断/通り抜け反応の模式図（C 末側の 30 kDa ドメインの方向が不明なので，図には N 末側の 67 kDa のドメインだけを示す）〔J. M. Berger：*Biochim. Biophys. Acta*（*Gene Structure and Expression*），**1400**, pp. 3–18（1998）より〕

知られている。図 5.3 に示した連環状の二本鎖や結び目環状二本鎖 DNA が，一本鎖ギャップ，あるいはニックを持っている場合には，大腸菌トポイソメラーゼⅠは，連環状 DNA の分離（decatenation）と結び目の解消（unknotting）

を行うことができ，また，その逆（catenation, knotting）も行える．

(b) **大腸菌トポイソメラーゼⅢ** 遺伝子 *topB* の発現産物で，分子質量は 74 kDa, 653 アミノ酸からなる．反応に Mg^{2+} を要求し，トポイソメラーゼⅠと同様に負の超らせんのみを解消する（表5.1）．52℃でも活性を示し，一本鎖部分を有する連環状二本鎖に作用し効率的に decatenation する．特定の一本鎖 DNA に対する切断点を解析したところ，それらはトポイソメラーゼⅠのものとは異なることがわかった．トポイソメラーゼⅢとⅠは，それぞれの中央部分（308 アミノ酸からなる領域）に顕著な相同性が認められる（24％が同一のアミノ酸で，同族アミノ酸を加えると 46％の類似性となる）．しかし，N 末と C 末側には相同性が見られない．

(c) ***S. cerevisiae* トポイソメラーゼⅢ** 遺伝子 *TOP3* の発現産物で，74 kDa, 656 アミノ酸からなる．反応に Mg^{2+} を要求し，負の超らせんのみを解消する（表5.1）．真核生物由来のトポイソメラーゼⅠ（およびⅡ）とは相同性が認められないが，大腸菌トポイソメラーゼⅠの N 末 596 アミノ酸配列とは相同性があり，21.5％が同一で，同族アミノ酸を加えると 39.1％の類似性となる．

(d) **古細菌リバースジャイレース** 高度好酸好熱性古細菌 *Sulfolobus acidocaldarius* から分離されたリバースジャイレース（reverse gyrase）は 120 kDa で，活性発現に ATP と Mg^{2+} を要求し，60〜95℃の高温で負の超らせんを解消するとともに，興味あることには正の超らせんを導入することもできる（表5.1）．真正細菌のトポイソメラーゼⅡは通常ジャイレースと呼ばれ，負の超らせんを導入する活性を有するが（5.2.2〔1〕項参照），このジャイレースとは逆に，正の超らせんを導入することからリバースジャイレースと命名された．

正の超らせんの導入は，おそらく，リバースジャイレースが負の超らせん DNA に作用し，負の超らせんを完全に解消したあとも反応を続行し，DNA のリンキング数を B 型構造のそれよりも多くした結果であると考えられる．ATP の加水分解が酵素の代謝回転（リサイクリング）に必要と考えられてい

る。なおリバースジャイレースは，超好熱性古細菌 *Desulfurococcus amylolyticus* からも分離されている。この酵素の分子質量は 135 kDa で，65～100 ℃ の範囲で活性を示す。

〔2〕 **IB型 DNA トポイソメラーゼ**

酵素の切断によって 3′-P 末端を生成し，そこに酵素のチロシン残基が OH を介してホスホジエステル結合するタイプである。

(a) **真核生物トポイソメラーゼI** 大腸菌トポイソメラーゼIが発見された翌年（1972年）に，哺乳類細胞から類似の酵素が分離・精製され，当時はニッキング-クロージング（nicking-closing）酵素と呼ばれた。そのあと，*S. cerevisiae*，テトラヒメナ，ショウジョウバエ，アフリカツメガエルなどを含め多くの真核生物から分離された（表5.1）。真核生物のトポイソメラーゼI（*TOP1* 遺伝子産物）は，分子質量が 80～100 kDa で，反応に ATP および Mg^{2+} を要求せず，負の超らせんのみならず，正の超らせんを完全に解消できる（弛緩型DNAを与える）のが特徴である。なお，大腸菌トポイソメラーゼIは部分的にしか負の超らせんを解消することができない。

真核生物トポイソメラーゼIによる DNA の切断部位の塩基配列にはある程度の特異性がある。ラットの酵素について塩基配列，5′-(AまたはT)-(GまたはC)-(AまたはT)-T-3′ が報告されており，3′末のTに酵素が共有結合する。配列の中で，AGTT はほとんど決まって切断されるが，TCAT の場合は切断頻度が低い。これらの配列は負の超らせんDNA中で二本鎖構造をとっており，そこに酵素が結合すると考えられる。これに対して，塩基配列にほとんど依存せず，負の超らせんDNA中の塩基対合開裂部位に結合し，近傍に切断を入れる大腸菌のトポイソメラーゼIが負の超らせんを完全に解消できないのは，超らせんの数が減少するとDNAが塩基対合開裂部位を形成しにくくなることによると考えられる。真核生物のトポイソメラーゼIの場合は，本質的に二本鎖状態の配列を認識し切断するので，完全に超らせんを解消できることになる。真核生物のトポイソメラーゼIは，ポリ（ADP-リボース）合成酵素のよい基質であり，この酵素によりポリ ADP-リボシル化されると活性を失う。

また，抗癌剤カンプトテシン（camptothecin）により活性が特異的に阻害される。

（b）**ワクシニアウイルスのトポイソメラーゼⅠ**　ポックスウイルス科に属し，最も大きく複雑なDNAウイルスであるワクシニアウイルスは185 kbのゲノムを持つ。ゲノムDNAの末端は共有結合で連結されヘアピンループとなっており，DNAはもっぱら真核細胞の細胞質内で複製される。ウイルス粒子の構築にあたって，数多くのウイルスおよび宿主に由来する酵素がキャプシド（capsid）内に取り込まれるが，そのうちの一つがトポイソメラーゼである。この酵素は，通常の真核生物由来のトポイソメラーゼのほぼ1/3のサイズ（32 kDa，314アミノ酸）であり，活性発現にATP，Mg^{2+}を要求せず，負と正の両方の超らせんを解消できる（表5.1）。

興味あることに，大腸菌ジャイレース（トポイソメラーゼⅡ）の阻害剤であるノボビオシン（novobiocin）とクーママイシン（coumermycin），および弱いながらナリジクス酸（nalidixic acid）により反応が阻害される。また，原生動物トリパノゾーマ（*Trypanosoma*）のミトコンドリア内在性のⅡ型トポイソメラーゼの阻害剤であるベレニル（berenil）によっても阻害される。ワクシニアウイルスのトポイソメラーゼは，アミノ酸配列において*S. cerevisiae*, *Sch. pombe*およびヒト由来のⅠ型トポイソメラーゼと相同性が認められる。すなわち，アミノ酸残基約116～228にわたって26％の同一性が存在する。DNA-酵素中間体の形成にかかわるチロシン残基（Tyr-274）周辺にも弱いながら相同性がある。

5.2.2　Ⅱ型DNAトポイソメラーゼ

環状二本鎖DNAの二本鎖を同時に切断し，その間に分子内の離れた部位の二本鎖を通過させたあと，二本鎖切断を連結する酵素である（表5.1）。1回の反応でDNAリンキング数を二つ変える（図5.6）。超らせんの数を変化させる反応と同時に，環状DNAにおける結び目の導入（knotting）と結び目の解消（unknotting），二つの環状DNAの連結体の形成（catenation）とその分

5. DNAトポイソメラーゼと関連酵素

リンキング数 $=n$ リンキング数 $=n-2$

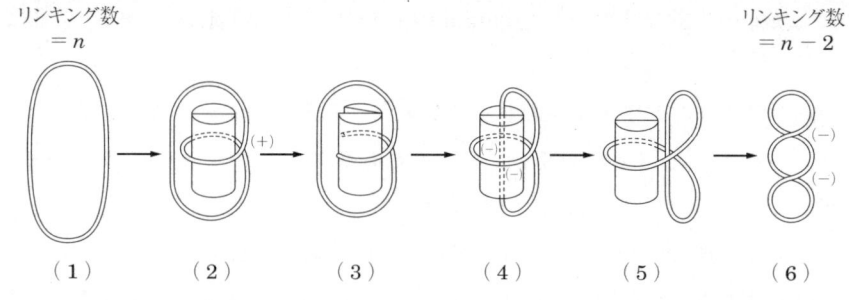

（1） （2） （3） （4） （5） （6）

二本鎖DNAはリボンで，ジャイレースはシリンダで表してある．反応中間体の構造は推定上のものである．また（＋）と（−）はトポロジカルサインを意味する．

図5.6 ジャイレースの触媒する負の超らせん形成反応(1)-(6)を通してのDNAのトポロジカル変化〔Tao-shih Hsieh：DNA Topology and Its Biological Effects, Cold Spring Harbor Laboratory Press（1990），p.250より〕

離（decatenation）などの反応を行う（図5.3）．すべての生物に広く分布しており，大腸菌のT4ファージやアフリカブタ熱病ウイルス（African swine flu virus）にも見つかっている．これらを含め，細菌から哺乳類に至る各種生物由来の酵素タンパク質には顕著なアミノ酸配列の相同性がある．II型酵素は，ATP分解機能とDNAの切断・再結合機能を有するが，真核生物の酵素の場合は両機能を単一のポリペプチド鎖が担っているのに対し，細菌およびT4ファージの酵素の場合は，それぞれを別々のポリペプチド鎖が担っている（**図5.7**）．

〔1〕 大腸菌ジャイレース

II型酵素の中で最初（1976年）に分離されたものであるが，ほかのII型酵素には見られない，弛緩型DNAに負の超らせんを導入する（gyration）活性を持つということからジャイレースと命名された（表5.1）．トポイソメラーゼとしての統一的名称としてはトポイソメラーゼIIである．ジャイレース（374 kDa）は，二つのサブユニット，GyrA（97 kDa）とGyrB（90 kDa）のヘテロ四量体（$GyrA_2GyrB_2$）である．GyrAは*gyrA*遺伝子産物で875アミノ酸からなり，DNA鎖の切断と再結合を触媒する．GyrBは*gyrB*遺伝子産物で804アミノ酸からなり，ATP結合・ATP分解活性（ATPase）を持つ（図5.7）．

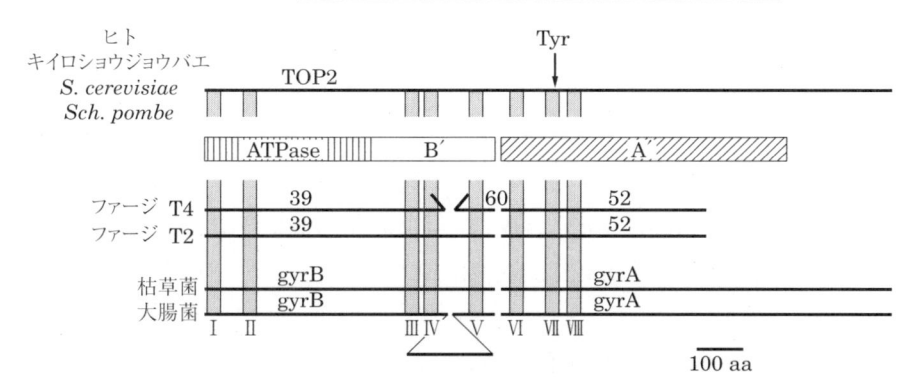

5.2　DNAトポイソメラーゼの種類と特性　　149

コードされるタンパク質の一次構造として示してある．タンパク質の N 末 → C 末は左から右方向である．影の付けてある部分はトポイソメラーゼに共通して見いだされる八つのアミノ酸モチーフの場所である．

アミノ酸を1文字記号で示し，保存されていないアミノ酸をダッシュ（−）で示すと以下のようになる．Ⅰ：R---YIGS；Ⅱ：G-GIP；Ⅲ：EGDSA；Ⅳ：PL-GK-LN；Ⅴ：Y-KGLG；Ⅵ：DG-KP--R；Ⅶ：G-FG（7〜9）A--RY*〔(7〜9) は保存されていないスペーサー，Y*は DNA/酵素共有結合中間体の形成に直接関与するチロシン残基（図には矢印付きで示してある）〕；Ⅷ：P--L-NG--GI--G．

真核生物 TOP 2 タンパク質の直下の〔ATPase+B′〕と〔A′〕は細菌ジャイレースのGyrB と GyrA に対応付けた機能ドメイン領域である．図中一番下の aa はアミノ酸（amino acid）を表す．

図 5.7　Ⅱ型トポイソメラーゼの遺伝子構成の模式図〔Wai Mun Huang：DNA Topology and Its Biological Effects, Cold Spring Harbor Laboratory Press (1990), p.273 より〕

ジャイレースは ATP と Mg^{2+} 存在下において負の超らせんを形成できるほか，正の超らせんを解消することができる．また，ATP に依存せず負の超らせんを解消することができる．しかしながら，両超らせんを解消するには，負の超らせん導入の場合の20〜40倍量の酵素が必要である．ジャイレースはまた ATP 存在下において反応速度が遅いながらも decatenation や unknotting 反応を行う．ジャイレースによる二本鎖 DNA の両鎖切断は，5′末端側に4塩基突き出す形で行われる．切断点近傍の塩基配列にそれほど共通性はないものの，多くの場合 TG の間で切断が起こることが確かめられている．ジャイレースのように，4塩基分ずれた（4 bp-staggered）位置での切断は，すべてのⅡ型トポイソメラーゼに共通して見られる．

ジャイレースと弛緩型 DNA の複合体を DNaseⅠ分解法で解析したところ，ジャイレースが 110～160 bp にわたる領域を DNaseⅠ分解から保護していること，この領域の両側約 50 bp 部分が 10 bp 間隔で切断され，両鎖上の切断点が 2～4 塩基ずれていることがわかった。似たような結果は，染色体のヌクレオソーム (nucleosome) の場合において得られている。このことを踏まえ，ジャイレースによる負の超らせん導入機構について図 5.6 に示したようなモデルが考えられている。

まず，ジャイレースが弛緩型 DNA (1) に結合するとき，140 bp くらいが酵素に右巻きに巻き付いた（トポロジカルサインが正の）状態 (2) をとる。ついで DNA 鎖の切断 (3)，外側にある DNA 鎖の切断点の通り抜けと切断点の再結合が起こる (4)。通り抜けた DNA 鎖が酵素から離れる (5)。以上の過程を経て，負の超らせんが二つできる（環状 DNA のリンキング数が二つ減少する）。

DNA ジャイレースの GyrA サブユニットの機能は，キノロン系抗菌剤オキソリン酸 (oxolinic acid) やナリジクス酸によって阻害され，GyrB サブユニットの機能はクマリン系抗菌剤ノボビオシンやクーママイシンによって阻害される。キノロン系化合物はジャイレースの酵素反応中間体である DNA と酵素の共有結合体から再結合反応に移る段階を不可逆的に阻害し，細菌を死に至らせる。

〔2〕 大腸菌トポイソメラーゼⅡ′

これは，ジャイレースのサブユニット GyrB（804 アミノ酸からなる）の N 末側 393 アミノ酸相当分がプロテアーゼにより切り取られたもの（GyrB′）が，GyrA とヘテロ四量体を形成した酵素である。トポイソメラーゼⅡ′はジャイレースとは異なり，ATP 非存在下で正および負の超らせんを解消することができる。

〔3〕 枯草菌ジャイレース

大腸菌の酵素と本質的には同じ反応を触媒する。GyrA サブユニット（*gyrA* 遺伝子産物）は 821 アミノ酸からなり，GyrB サブユニット（*gyrB* 遺伝子産

物）は638アミノ酸からなる。大腸菌のものと比べてGyrBサブユニットのサイズが小さい（図5.7）。大腸菌の *gyrA*（染色体50.5分）と *gyrB*（85.6分）は染色体上で遠く離れているのに対し，枯草菌の両遺伝子は複製起点近傍で隣接している。なお，両遺伝子のプロモーターは別である。

〔4〕 大腸菌トポイソメラーゼⅣ

これは二つのサブユニット ParC（84 kDa）と ParE（70 kDa）のヘテロ四量体（ParC$_2$ParE$_2$, 308 kDa）である。ParC は *parC* 遺伝子産物で752アミノ酸からなり，その配列にはジャイレースのGyrAと顕著な相同性がある。ParE は *parE* 遺伝子産物で630アミノ酸からなり，その配列にはGyrBと顕著な相同性がある。両サブユニットはジャイレースの場合と同じように，ParCの機能はキノロン系抗菌剤により，ParEの機能はクマリン系抗菌剤により阻害される。トポイソメラーゼⅣは，活性発現にATPとMg^{2+}を要求し，最大の特徴は，decatenation（連環状DNA分離）活性を持つことである（表5.1）。また，その活性はジャイレースの100倍である〔図5.3(b)〕。

トポイソメラーゼⅣは，ATP存在下において正および負の超らせんを解消することができる。しかし，これらの活性は，decatenation活性の1/(25〜30)程度である。トポイソメラーゼⅣが超らせんDNAに結合するときには，ジャイレースのようにDNAの巻付けは起こらないと予想される。それは，ジャイレースの場合の約140 bpに対して，わずか34 bpくらいの狭い領域がDNaseⅠによる分解から保護されるだけであるからである。真核生物のⅡ型トポイソメラーゼについても，トポイソメラーゼⅣと同様に20〜30 bpが保護されることが報告されている。

〔5〕 ファージ T4, T2 トポイソメラーゼ

T4のトポイソメラーゼは，三つの前期遺伝子 *39, 52, 60* の発現産物（それぞれ58, 50, 18 kDa）をサブユニットとしている（表5.1）。遺伝子 *39* 産物（gp 39）は519アミノ酸からなり，GyrBタンパク質のN末側大部分と相同性があり，ATPの結合と加水分解活性にかかわる（ATPaseドメインを含む）サブユニットである。遺伝子 *52* 産物（gp 52）は441アミノ酸からなり，

GyrAタンパク質のN末側部分と相同性があり，DNA鎖の切断と再結合を行うサブユニットである．遺伝子 *60* 産物(gp 60)は160アミノ酸からなり，GyrBタンパク質のC末側と相同性があり，gp 39とgp 52を結び付ける働きを持つと考えられる（図5.7）．T4トポイソメラーゼの分子形態は一様ではないが，三つのサブユニットが2個ずつ会合した形が基本構造と考えられる．

　T4トポイソメラーゼは，ATP存在下において正と負の超らせんの解消活性をはじめ，decatenationおよびunknotting活性を持つ（表5.1）．また，多量の酵素を用いれば，catenationおよびknotting活性が発現する．DNA凝集作用を持つ，例えばDNA結合タンパク質類，ヒストンH1，スペルミジンなどのポリカチオンが存在すれば，通常量の酵素によりcatenationとknotting反応が見られる．以上のような種々の活性は，真核生物由来のII型トポイソメラーゼでも共通して見られる．T4トポイソメラーゼ活性は，高濃度のキノロン系化合物によりごくわずかに阻害される．

　T2のトポイソメラーゼは，二つのサブユニット（遺伝子 *39* 産物（gp 39）と遺伝子 *52* 産物（gp 52））から成り立っている．しかし，本質的には，T4の酵素とほとんど同じといってよい．gp 52はT4と同一であり，gp 39はT4のそれより大きい(605アミノ酸)．つまり，T2のgp 39に相当するものが，T4では519アミノ酸（gp 39）と160アミノ酸（gp 60）の2本のポリペプチドに分断されているわけである（図5.7）．ただ，T2のgp 39には，T4のgp 39のC末側46アミノ酸とgp 60のN末側31アミノ酸に相当する配列はない．

〔6〕　**真核生物トポイソメラーゼII**

　いずれも *TOP2* 遺伝子産物（160～170 kDa）をサブユニットとしたホモ二量体であり，T4トポイソメラーゼと同様に，ATP存在下において正と負の超らせんの解消，catenationとdecatenation，knottingとunknotting反応を触媒する（表5.1）．*S. cerevisiae* と *Sch. pombe*，キイロショウジョウバエ（*Drosophila melanogaster*），ヒトなどからの酵素がよく研究されている．それぞれの酵素のサブユニットは1 429，1 431，1 447，1 530アミノ酸からなる．酵素の遺伝子（*TOP2*）構成が図5.7に示してある．

5.2 DNAトポイソメラーゼの種類と特性

細菌のジャイレースやT偶数系ファージのトポイソメラーゼの二つの機能単位，すなわちATPの結合と加水分解およびDNA鎖の切断と再結合に関するドメイン領域が二つ（あるいは三つ）の遺伝子に分断されているのに対し，真核生物のトポイソメラーゼⅡの場合は二つの機能単位が一つの遺伝子にコードされている（図5.7）。ほぼN末側半分がGyrBに相当するATP結合・加水分解ドメイン（B′），中央およびC末寄り領域がGyrAに相当するDNA鎖切断・再結合ドメイン（A′）である。C末端は高度に親水性の領域であるが，これは酵素活性そのものには必要のない領域と考えられる。図5.8に真核生物トポイソメラーゼⅡの反応モデルが示してある。これによると，ATPの存

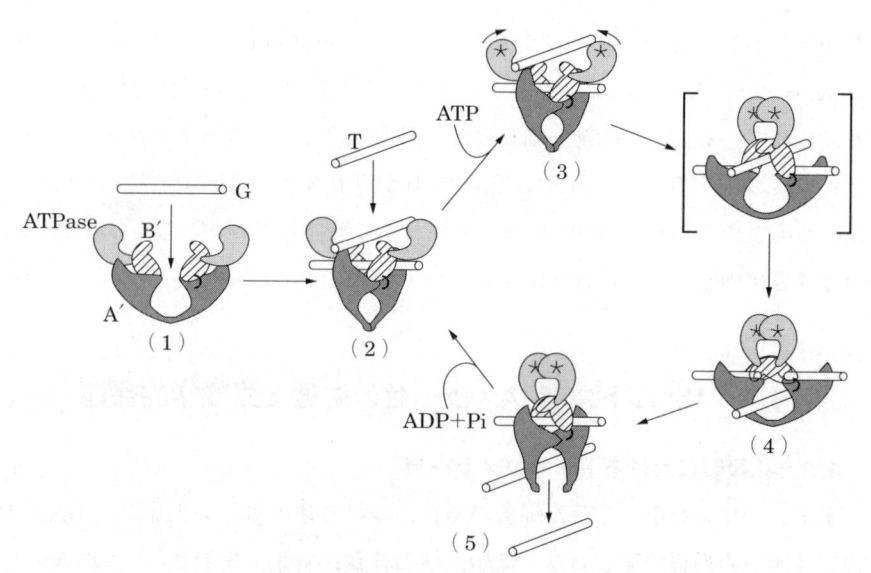

この図では真核生物由来の酵素で示してある。酵素のA′ドメイン二量体を介したDNA鎖G（gate）への結合（ステップ1, 2），別のDNA鎖T（transfer）とATPの酵素への結合（ステップ2, 3），ATPの結合による二つのATPaseドメインの会合，G鎖の切断，T鎖の通り抜け（ステップ3, 4），G鎖の再結合およびT鎖のA′ドメイン二量体の構造変化を介した通り抜け（ステップ5），ATPの加水分解による一連反応の再開始。

図5.8 Ⅱ型トポイソメラーゼのDNA鎖切断-別鎖の通り抜け-再結合反応のモデル〔引用文献は図5.5のものと同じ〕

在下で酵素の立体構造が変化して DNA 鎖の切断，別鎖の通り抜け，再結合反応が起こる。そして ATP の加水分解が起こるが，ATP の加水分解によって生ずるエネルギーは DNA 鎖の切断と再結合反応に必要ではなく，酵素が代謝回転する（再び一連の反応を行う）のに必要と考えられている。

S. cerevisiae と *Sch. pombe* のトポイソメラーゼⅡ間には全体で 49 % の相同性があり，また，両酵素と GyrB との相同性が GyrA のそれより高い。このことと関連するのか，両酵母の酵素はクーママイシンにより阻害されるが，ナリジクス酸では阻害されない。

哺乳類のトポイソメラーゼⅡは，抗癌剤であるエトポシド（etoposide）（VP16），テニポシド（teniposide）（VM26）の標的タンパク質であり，また，アドリアマイシン（adriamycin），エリプテシン（elipticin），アムサクリン（amsacrine）などの化合物もトポイソメラーゼⅡの酵素反応中間体に作用すると考えられている。哺乳動物の細胞には，異なる遺伝子にコードされた二つのトポイソメラーゼⅡイソフォームⅡaとⅡbが存在する。Ⅱaは分裂・増殖中の細胞で高度に発現しており，有糸分裂において機能していると考えられる。Ⅱbの方は分化細胞における機能が考えられている。

5.3　DNA トポイソメラーゼの生理・生物学的機能

5.3.1　複製におけるトポイソメラーゼ

まず，大腸菌を中心とした細菌の場合について述べる。染色体環状 DNA の複製は四つの過程，すなわち，開始，鎖の伸長，終止，複製された DNA の分離とに分けられる。DNA 複製の開始に際しては，種々のタンパク質が複製起点に結合して，DNA 鎖がほどけた状態の "open complex" を形成するが，この形成を可能にしているのが負の超らせんの導入活性を持つジャイレースである。そのあと，DNA ヘリカーゼが二本鎖の開裂部分を広げ，プライマー RNA の合成を経て DNA 複製が開始される。複製が進行し，複製フォークのところでどんどん二本鎖をほどいてゆくと，未複製部分に正の超らせんが蓄積するが，

これを解消するのが正の超らせん解消活性を持つジャイレースと考えられる。環状 DNA の複製が終了すると，二つの環状 DNA がインターロックされた catenated DNA ring（catenane）が生ずるが，これの切離しを行うのがトポイソメラーゼⅣ（大腸菌のみから分離されている）である。

　真核細胞における DNA 複製とトポイソメラーゼとのかかわりについては，細菌の場合ほど詳しく調べられていないが，基本的には同じことであると考えられる。例えば，動物の小型腫瘍ウイルス SV 40 の DNA 複製は，ヘリカーゼの一種である大きい方の T 抗原（large T antigen）が複製起点に結合し，塩基対合をほどくことで開始されるが，複製進行方向に生ずる正の超らせんはⅠ型かⅡ型のトポイソメラーゼ（両酵素とも負のみならず正の超らせん解消活性を持つ）で除去される。複製により生ずる連環状の DNA 二量体分子（catenated dimers）はⅡ型酵素によって切り離される。

　酵母の環状プラスミド DNA はトポイソメラーゼⅡ（トポⅡ）非存在下で完全に複製されるが，catenated dimers が蓄積することが報告されている。酵母染色体 DNA の複製は，Ⅰ型酵素（トポⅠ，トポⅢ）が存在すれば一応行われるが，少なくともいくつかの染色体は有糸分裂（mitosis）においてばらばらになることが観察されている。おそらく，染色体 DNA の場合も，複製される DNA が互いに絡まり合っていることが予想され，トポⅡが二本鎖 DNA の unknotting や decatenation 活性により，DNA のもつれを解消している可能性が高い。酵母においては，一般的にいって，トポⅠとトポⅢは生育そのものに必須ではなく，トポⅡで代用がきくと考えられている。ただし，これは十分な量のトポⅡが細胞内に存在していることが条件である。

5.3.2　転写におけるトポイソメラーゼ

　DNA 上において RNA ポリメラーゼによって転写が進行すると，RNA ポリメラーゼの前方に正の超らせんドメインが，後方に負の超らせんドメインが形成される。これらドメインにトポイソメラーゼが作用し，超らせんを解消することで RNA 合成を持続させている。大腸菌においては，正の超らせんがジャ

イレースにより，負の超らせんがトポIにより解消され，真核細胞においては，トポIかトポIIのどちらかによって正，負の超らせんが解消されると考えられる。

大腸菌の場合には，トポI生産能のない（*ΔtopA*）変異株が野生株より生育が少し悪いだけであるが，興味あることに，DNAの過度な負の超らせん的ねじれを抑制する補正的な変異が*gyrA*あるいは*gyrB*遺伝子に入っており，細胞内におけるジャイレース活性を野生株のそれより抑えている。しかし，*gyr*変異も完全に補正的とはいかず，トポI欠損株から分離されるプラスミドpBR322 DNAの中には，野生株のものに比べて負の超らせん密度の高い分子がかなり含まれている。

S. cerevisiae（ここでは以下，酵母）においても同様な現象が認められる。すなわち，*top1*欠損性で*top2*温度感受性の株（*top1⁻ top2*^{ts}）から分離されるプラスミドDNAは比較的に負の超らせん密度が高く，また，変異株を非許容温度で培養すると正の超らせんを持つDNAが観察されるようになる。酵母などの真核細胞において，トポIとトポIIを同時に欠落させる（トポIIIだけを存在させる）と，RNAポリメラーゼIによるrRNAの合成が強く阻害される。トポIだけを欠落させた酵母においては，RNAポリメラーゼIに新規なタンパク質因子がサブユニットとして会合しているが，この因子がトポIIやトポIIIの作用を助長する可能性が考えられている。

一方，RNAポリメラーゼIIとトポイソメラーゼとのかかわりについては，つぎのようなことが知られている。酵母の*top1*欠損株では，*ADH2*（アルコールデヒドロゲナーゼ2）遺伝子のプロモーターが高度に活性化される。また，定常期において通常は発現が抑えられている遺伝子群が栄養増殖期から引続き発現するようになる。これらは，いずれもトポイソメラーゼによるDNAのトポロジカルな変化に基づくことであるが，トポイソメラーゼが本来のトポイソメラーゼではなく，別の形で転写に影響を及ぼす場合もある。トポIはTATAボックスを含むプロモーターに依存した転写に対して促進あるいは抑制の効果を示す。これらはDNA-酵素反応中間体の形成にかかわるチロシン残基をフェ

ニルアラニンに置換した変異型トポⅠにおいても観察される。促進の場合で見ると，それはトポⅠが活性型 TFⅡD-TFⅡA 複合体の形成を促進することによるもので，DNA 鎖の切断と再結合はかかわっていない。酵素に関して予期せぬ作用や機能が発見されることがしばしばある。この辺りが酵素というものの面白いところである。

5.3.3 組換えとゲノム安定性におけるトポイソメラーゼ

S. cerevisiae（ここでは以下，酵母）において，どのトポイソメラーゼが欠損した場合でも一様に見られる表現型に，"過度な組換え（hyper-recombination）"というものがある。トポⅠ欠損（$top1^-$），あるいはトポⅡ温度感受性（$top2^{ts}$）変異株を半許容温度（semi-permissive）で培養すると，本来タンデムにリピートした（細胞あたり約 200 コピーある）rRNA 遺伝子（rDNA）（第XⅡ番染色体上に存在）の異常な増幅が見られる。トポⅠとトポⅡの二重変異株（$top1^-\ top2^{ts}$）においては，1 コピーの rDNA（複製起点を含む）配列が切り出され，環状で自律複製するようになる。もしトポⅠかトポⅡのどちらかを二重変異株に付与すると，自律複製 DNA は第XⅡ番染色体上のタンデムリピート配列内に再挿入される。

酵母においてトポⅢもゲノム安定性にかかわっている。トポⅢ変異株では，トポⅠ，トポⅡの場合と同じように，rDNA の増幅が見られるだけではなく，つぎのような現象が見られる。レトロポゾン Ty1 の末端にある δ 配列が，酵母染色体上にかなりの数存在しているが，同一染色体上の δ 配列間での相同組換えにより染色体の部分的脱落が起こる。また，染色体末端の特殊構造であるテロメアに隣接する Y' 領域が不安定になり，テロメアそのものも短くなる。δ 配列もテロメア領域も rDNA と同じようにリピート構造をなしている。通常の状態（野生株）では，トポイソメラーゼがリピート構造部分で組換えを起こさないように，DNA のトポロジカルな構造を調節していると考えられる。

真核細胞の減数分裂（meiosis）においては，第一減数分裂（first reductional meiotic division）の際に高程度の相同組換えが起こるが，この相同組換えは

DNA の二重鎖切断により開始される。そして，生化学的な解析から二重切断部位にタンパク質が結合していることがわかっている。このタンパク質の候補の一つと考えられるのが，*S. cerevisiae* の *SPO11* 遺伝子産物である。SPO11 タンパク質はチロシン残基を介して二重鎖切断部位に結合することがわかっているが，通常のトポイソメラーゼと同じように，切断部位の再結合反応を触媒するかどうかについては明らかにされていない。おそらく，5.4節で述べるトポイソメラーゼ様タンパク質に分類されるべきものである可能性が高い。

5.3.4 染色体構造の構築，染色体凝集と有糸分裂，染色体分配におけるトポイソメラーゼ

動物の細胞分裂期の染色体骨格（chromosome scaffold）や，間期（interphase）の核マトリックス（nuclear matrix）を構成するタンパク質の主要なものの一つとして，トポIIが同定されている。トポIIの局在性については，軸構成部分に結合している場合と，染色体全体に分布している場合とが報告されており，はっきりとしたことは不明である。トポIIの作用としてわかっているのは染色体の凝集を起こすことである。クロマチンを有糸分裂期（mitotic phase）の動物の核や，卵の抽出物と混ぜると染色体の凝集が起こるが，抽出物をトポIIの抗体で処理すると凝集が見られなくなり，そこに精製したトポIIを添加すると再び凝集が見られるようになる。染色体凝集状態の反応系からトポII抗体を用いてトポIIを除去しても染色体の状態に変化は見られず，トポIIは染色体の凝集に必要であるが，凝集状態の維持には関与していないことがわかる。同様の現象が，酵母においても観察される。また，酵母のトポII温度感受性株を用いた実験から，トポIIは染色体の娘細胞への分配時においても機能していることが示されている。

5.3.5 トポイソメラーゼの期待される新奇な機能

S. cerevisiae において，トポI，トポII，トポIIIと相互作用するタンパク質として SGS1 がある。これは大腸菌 RecQ タイプのヘリカーゼ（6.2.5項参照）

5.3 DNAトポイソメラーゼの生理・生物学的機能

に分類されるが,生育に必須ではないものの,遺伝子に変異が生ずると胞子形成が見られず,組換えが高頻度に起こるようになり,細胞の老化(senescence)が加速されるようになる。トポイソメラーゼがSGS1と協同して働くと,正の超らせんの導入が可能になるが,このことが,正常細胞における上記異常現象の抑制にどのように結び付くかは,今後の課題である。

最近,真核生物のトポⅠがリボヌクレアーゼ活性を持つことが示された(図5.9)。弛緩反応では,5′-OH が DNA-酵素共有結合中間体に作用してトランスエステル化反応を起こし,5′-3′ホスホジエステル結合を再形成するのに対し,RNA 鎖切断反応では 2′-OH が DNA-酵素中間体に求核攻撃して 2′-3′環状リン酸が生ずる。トポⅠが,このような反応を通して,DNA 鎖中に間違って取り込まれたリボヌクレオチド残基の除去(最初に鎖の切断が必要である),あるいはRNAプロセシングにかかわっていることが十分考えられる。さらに,

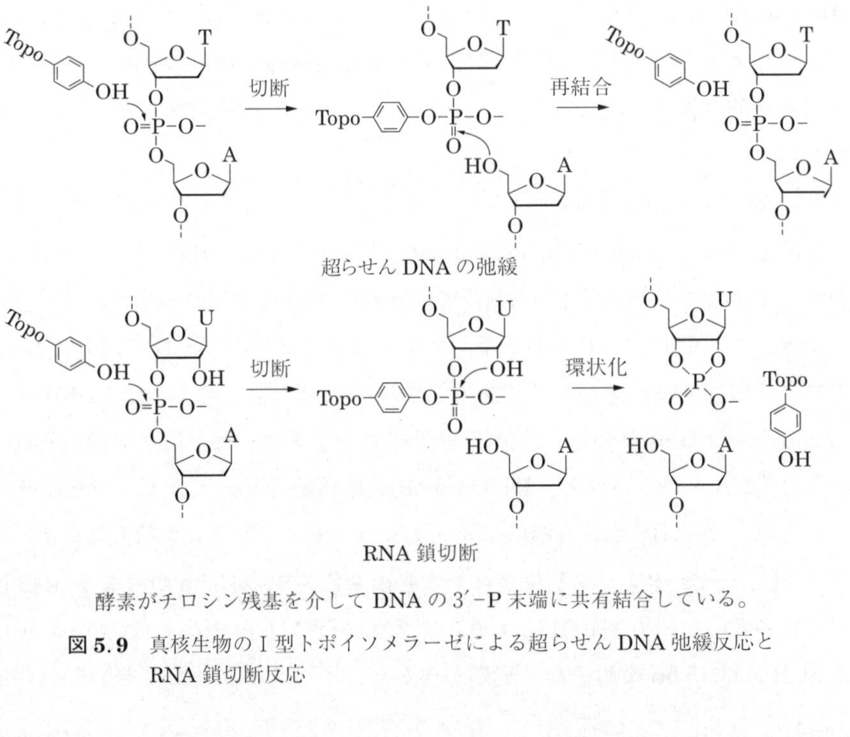

超らせん DNA の弛緩

RNA 鎖切断

酵素がチロシン残基を介してDNAの3′-P末端に共有結合している。

図 5.9 真核生物のⅠ型トポイソメラーゼによる超らせんDNA弛緩反応とRNA鎖切断反応

動物細胞においてトポIが癌抑制タンパク質 p53 と相互作用すること，スプライシングにかかわる SR タンパク質（SC 35, SF 2/ASF）を特異的にリン酸化することなどが報告され，トポイソメラーゼの新奇な機能が示唆されている。他方，真核生物のトポIがセリン残基を通してリン酸化，あるいはポリ ADP-リボシル化されることにより活性が変化することも明らかになっており，トポイソメラーゼが機能する場所や，時期も制御されているようである。

5.4 DNA トポイソメラーゼに関連する酵素

5.4.1 λインテグラーゼ

λファージの *int* 遺伝子産物で，Int タンパク質ともいわれ，分子量約 40 000 の塩基性タンパク質である。インテグラーゼ(integrase)は，ファージ(Phage) DNA の attachment site（attP）といわれる DNA 鎖交差部位と，宿主大腸菌（Bacteria）の *gal*（ガラクトース代謝にかかわる遺伝子群）と *bio*（ビオチン生合成にかかわる遺伝子群）の間にある attachment site（attB）との間で，部位特異的組換えを起こし，ファージゲノムを大腸菌染色体に組み込む（図 5.10）。

この組込み（integration）には，インテグラーゼのほかに大腸菌のタンパク質因子 IHF（integration host factor）が必要である。IHF は分子量 11 000 の *himA* 遺伝子産物と分子量 9 500 の *hip* 遺伝子産物の二つのサブユニットからなる。インテグラーゼはトポイソメラーゼ I に類似して，DNA 鎖の切断と再結合を触媒するタンパク質である。閉環状（負の超らせん）のλDNA 中の 240 bp からなる attP 領域に，5～7 分子のインテグラーゼが塩基配列特異的に結合し DNA を巻き付ける。IHF は attP 領域に結合し，インテグラーゼの結合を促進する。IHF の結合部位はインテグラーゼのそれらに隣接している。この特異的な核酸-タンパク質構造体が大腸菌染色体中の 23 bp からなる attB 配列に整列する。一方，attB にはインテグラーゼ 2 分子が結合している。attP と attB には 15 bp の共通コア配列が存在し，インテグラーゼはその配列中で

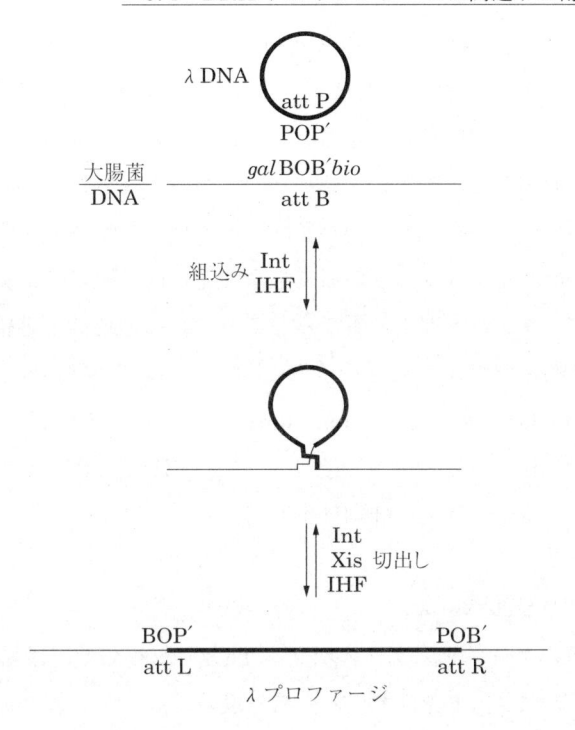

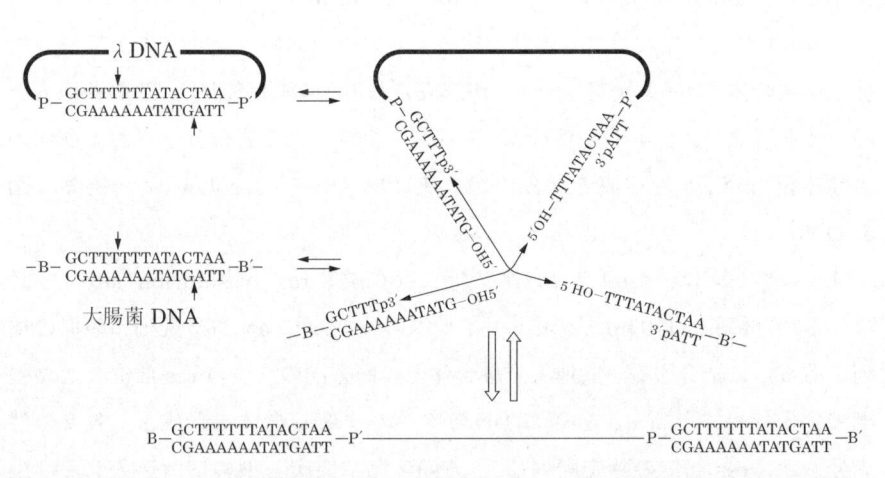

5.4 DNA トポイソメラーゼに関連する酵素

図 5.10 λファージの大腸菌染色体への組込みとプロファージ状態からの切出しの機構
〔B. Lewin：Genes IV, Oxford University Press (1990), pp. 642–643 より〕

7塩基離して両鎖に一本鎖切断（staggered cut）を導入する（図5.10）。

切断末端は，一応，3′-P，5′-OHで，5′方向7塩基突出し型の状態である。インテグラーゼ分子は切断を表に現さないまま，λDNAの両5′突出し末端を，大腸菌染色体の同末端と塩基対合させ，かつ，切断末端をシール（ホスホジエステル結合の再形成）して，二つのハイブリッド型コア配列を形成する。もちろん，この場合はハイブリッドといっても全く元と同じ配列になる。λインテグラーゼがトポイソメラーゼⅠと異なるところは，鎖の切断と再結合の間に2種類の二本鎖DNA間で鎖交換を行うところである。大腸菌染色体上でプロファージ状態のλDNAの切出し（excision）には，インテグラーゼとIHFのほかにλ由来のXisタンパク質が関与している。XisもattP領域に結合することが知られているが，反応の詳細は不明である。

5.4.2 Tn3リゾルベース

これは，細菌のクラスⅡトランスポゾンTn3の転移の第二段階で働く酵素で，遺伝子 *tnpR* にコードされている。第一段階で，トランスポゾンを持つ供与体分子（donor）が受容体分子（recipient, target）とトランスポゼース（遺伝子 *tnpA* 産物）などにより連結・融合し，トランスポゾンを2コピー持つ共挿入・融合体（コインテグレート）が形成される（図4.8参照）。この共挿入・融合体を解離し，1コピーのトランスポゾンを持った受容体分子（および元の供与体相当分子）を生成させるのが，リゾルベース（resolvase）である（**図5.11**）。

リゾルベースは，*tnpA* と *tnpR* の間に存在するres（resolution site）と呼ばれる特定部位（170 bpで，その中にはλファージのattコア配列に類似の配列がある）に結合する。共挿入・融合体上の同方向の二つのres部位を四つの酵素分子でたぐり寄せ，独特のDNA-タンパク質複合体を形成し，各々の酵素分子が，res部位の特定配列に3′方向2塩基突出し型の切断を入れる。生ずる末端は5′-P, 3′-OHで，5′-末端に酵素が共有結合（セリン残基のOHと5′-Pとの間でホスホジエステル結合）している。

5.4 DNA トポイソメラーゼに関連する酵素　　163

共挿入・融合体

──解離部位

リゾルベース

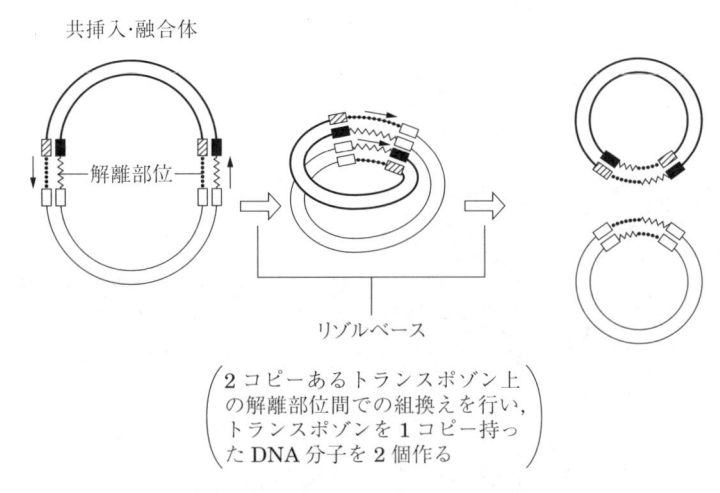

(2コピーあるトランスポゾン上
の解離部位間での組換えを行い，
トランスポゾンを1コピー持っ
たDNA分子を2個作る)

図 5.11　Tn 3 リゾルベースの働き

    5′ TTATAA 3′　　　　5′ TTAT　　protein―AA 3′
    3′ AATATT 5′　　　　3′ AA―protein　　TATT 5′

そのあと，四つの酵素分子はDNA上で会合状態を変化させ，組換え型鎖交換を行い，切断部位をシールするものと考えられている。

5.4.3　大腸菌一本鎖DNAファージの複製開始・終結タンパク質

ϕX 174 の遺伝子 A の発現産物であるAタンパク質（リラクゼース（relax-ase）ともいい，分子量 59 000）や，fd と M 13 の遺伝子 II 由来のタンパク質（分子量 46 000）は，ファージ粒子内の（＋）鎖から合成された負の超らせん構造を持つ二本鎖（＋）（－）の複製型分子（replicative form I，RF I）内の複製起点に一本鎖切断（ニック）を導入する。図 5. 12 に，ϕX 174 の RF I DNA からの（＋）鎖 DNA 合成における A タンパク質の機能を示す。

負の超らせん構造は，Aタンパク質が作用するための一本鎖領域を形成するために必要なものである。切断末端は，ϕX 174 の場合には 5′-P，3′-OH となっており，Aタンパク質は 5′-P に共有結合している。これは，チロシン残基の OH 基と 5′-P との間のホスホジエステル結合による。Aタンパク質が結

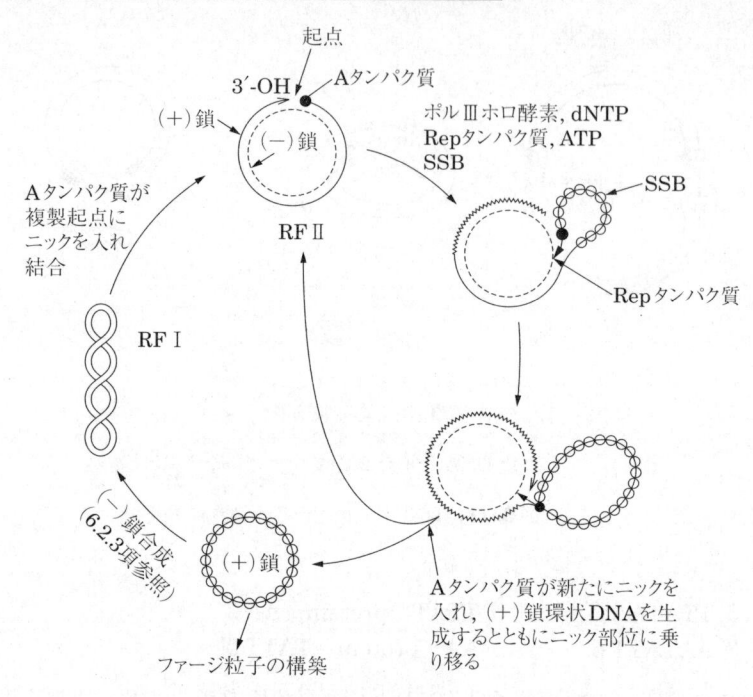

SSBは四量体で機能するが，図には単純に1個のサークルで示してある。(+)鎖DNAからRF I DNAへの合成については6.2.3項参照。

図5.12 φX174におけるRF I DNAからの(+)鎖DNA合成モデル

合したままの状態で，3′-OH末端を起点とし，(−)鎖を鋳型としたローリングサークル様式での(+)鎖DNAの合成が進行する。(+)鎖の合成が完了した時点で，Aタンパク質は5′-Pに結合した状態で複製起点に相当する部位に再度切断を入れ，古い5′-Pと新しい3′-OHとの間でホスホジエステル結合を再形成するとともに，新しい5′-P末端に乗り移る。Aタンパク質は，おそらく特殊なタンパク質で，二つの活性部位を持つと考えられる。

以上の過程で，一本鎖の環状DNA（ファージ粒子内に存在）と，Aタンパク質が結合した環状二本鎖DNAとが生ずる。以後，同様のことが繰り返され，多くの(+)鎖環状DNAが生成する。途中で，Aタンパク質が新しいタンパク質に変わるかどうかについては不明である。

5.4.4 サルモネラ菌の Hin タンパク質（インベルターゼ）

サルモネラ菌の表層には，一相，二相と呼ばれる抗原性の異なる二つの鞭毛がある。一つの細胞は一方の相の鞭毛しか持たないが，これを培養すると，やがて一相と二相を持った細胞が混在するようになる。これは，一相と二相の抗原型が可逆的に相互変換する，鞭毛相変換による。この現象は，一相，二相の鞭毛の構造遺伝子 H_1 と H_2 の発現が，14 bp の逆向きの繰返し配列 IR に挟まれた二つのプロモーターと hin 遺伝子を含む DNA 領域が，逆向きの繰返し配列間で起こる組換えによって，フリップ-フラップ（flip–flap）形式で切り替わることによる。この組換えを行っているのが Hin タンパク質（hin 遺伝子産物）のインベルターゼ（invertase）活性である。

図 5.13 に基づいてさらに説明する。切り替わる領域のすぐ下流に，H_2 遺伝子と rH_1 遺伝子がオペロンとして存在している。rH_1 は少し離れて存在する H_1 遺伝子の発現を抑えるリプレッサー（repressor）をコードしている。H_2 と rH_1 が hin 遺伝子と同じ転写方向で存在している場合には，組換え領域の

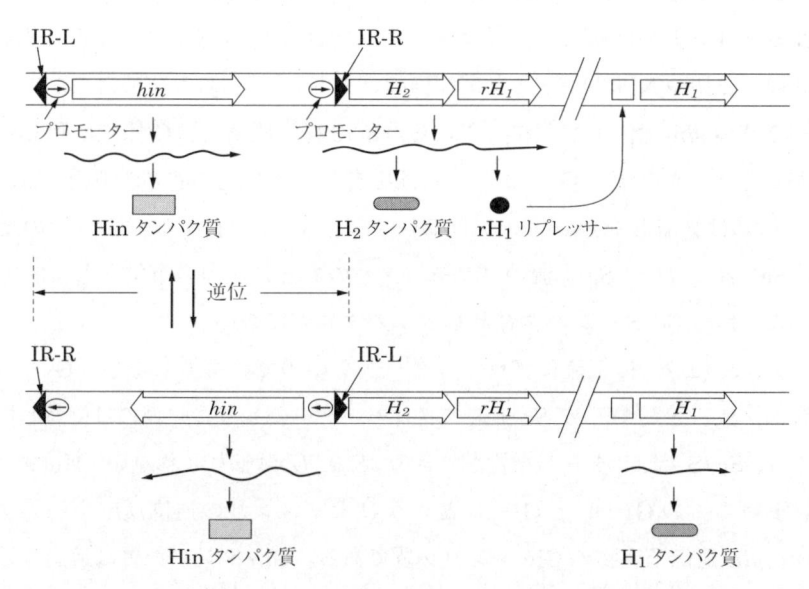

図 5.13 サルモネラ菌の鞭毛相変換における分子内部位特異的組換え

下流の方のプロモーターにより H_2-rH_1 転写産物が生じ，H_2 と rH_1 タンパク質が生成する．そして H_1 の発現は rH_1 により抑えられている．H_2 と rH_1 が hin 遺伝子と逆の転写方向で存在している場合には，プロモーターは向きが逆になるので機能せず，H_2-rH_1 の転写は起こらない．

一方，H_1 遺伝子の転写はリプレッサーがないので起こり，H_1 タンパク質が生成する．Hin タンパク質は逆向きの繰返し配列に結合し一本鎖切断，鎖の交換，切断の再結合を触媒すると考えられるが，具体的な作用機構については不明である．Hin タンパク質がサルモネラ菌の増殖時に常時発現しているのかどうか，機能のタイミングなどについても不明である．

5.4.5 大腸菌 Mu ファージの Gin タンパク質（インベルターゼ）

Mu ファージ（38 kb）はゲノム内に G セグメント（3 kb）と呼ばれる逆位を起こす領域を持つ．G セグメントは，34 bp の逆向きの繰返し配列 IR に挟まれ，その中にファージの尾繊維（テールファイバー）タンパク質をコードする構造遺伝子 S, U, S', U' が存在している（図 5.14）．

G セグメントの両側には，プロモーターと Sc 配列（S と S' の遺伝子産物が共通して持つ N 末端側アミノ酸配列のコード領域），および独自のプロモーターを持つ gin 遺伝子が存在している．K 12 株に吸着し，C 株には吸着しない Mu ファージは常に G(+) の方向性を有し，その逆の C 株に吸着するが，K 12 株には吸着しないファージは G(-) の方向性を有する．G(+) の場合は，Sc, S と U が Sc 上流のプロモーターのもとに一つの単位として転写され，これから Sc-S タンパク質と U タンパク質ができる．

一方，S' と U' は上流にプロモーターがないので転写されない．G(-) の場合は，Sc, S' と U' が Sc 上流のプロモーターのもとに一つの単位として転写され，Sc-S' と U′タンパク質ができる．S と U は転写されない．Mu ファージにおけるこの G(+) と G(-) という G セグメントの逆位反応を触媒するのが，gin 遺伝子産物の Gin タンパク質である．Gin タンパク質は逆向きの繰返し配列部分に 5′-P, 3′-OH の切断を入れ，5′-P 末端にセリン残基の OH

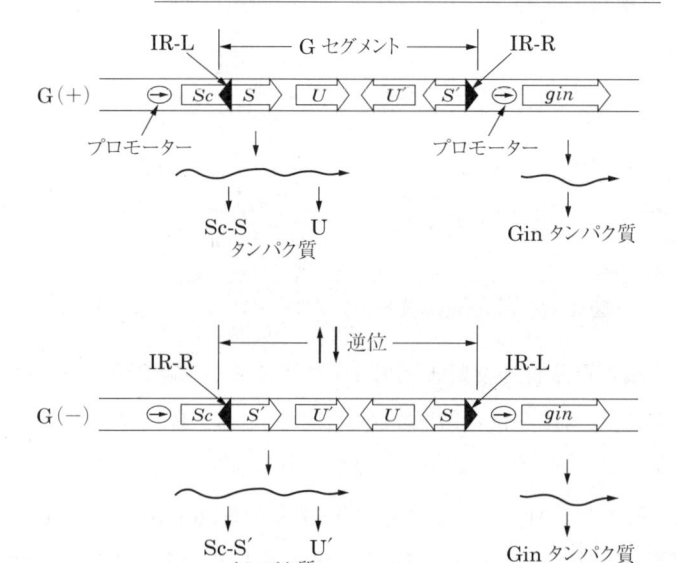

5.4 DNA トポイソメラーゼに関連する酵素   167

図 5.14 ファージ Mu の G セグメントの逆位による異なるタンパク質 Sc–S+U あるいは Sc–S′+U′ の生産

を介して結合している。機能としては Hin タンパク質と同様のことが考えられている。

5.4.6　S. cerevisiae 2μ プラスミドの FLP 組換え酵素（フリッパーゼ）

2μ プラスミドは 6 318 bp の環状二本鎖 DNA で，細胞核内に 50〜100 コピー存在する。ヒストンに巻き付いたクロマチン様構造体として存在し，S. cerevisiae 染色体遺伝子に依存して複製している。分子中に 599 bp の逆向きの繰返し配列 IR があり，タンパク質をコードする三つの遺伝子 *FLP*，*REP1*，*REP2* がある（**図 5.15**）。

複製開始点は IR の一部を含む 75 bp の範囲にあり，複製はそこから両方向に進む。タンパク質をコードしない *REP3*（または *STB*）領域では 62〜63 bp の塩基配列が同方向に 5.5 回繰り返しており，これは *REP1*，*REP2* 遺伝子産物と協同して，プラスミドの多コピー安定維持・娘細胞への安定分配を制御している。2μ プラスミドをアルカリで一本鎖にし中和すると，同一鎖内で IR

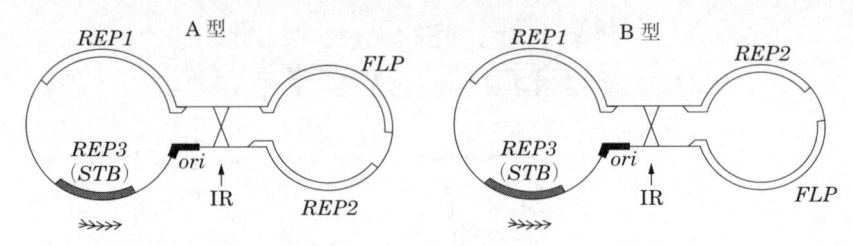

IR領域内の×印のところで分子内組換えが起こる，*ori* は複製起点（origin）
図 5.15　*S. cerevisiae* 2μプラスミドの二つの構造異性体

だけが二本鎖となる特性を踏まえて2μプラスミドは唖鈴形で表される。このプラスミドには，IRを挟む領域が逆位となったA，B二つの異性体があるが，これらの生成に関与しているのが，*FLP* 遺伝子産物のFLPタンパク質である。この組換え酵素は，IR内に互い違いの切断（staggered cleavage）を起こす。切断末端は$3'$-P，$5'$-OHで，FLPはTyr残基を介して$3'$-Pに共有結合している。切断によって生ずる一本鎖部分で鎖交換を行い，切断点を閉じて結果的に特定DNA領域の逆位を引き起こす。

6. ヘリカーゼ

　DNAヘリカーゼ，RNAヘリカーゼ，DNA-RNAヘリカーゼに分けられる（**表6.1**）。これらの酵素は，ヌクレオシド三リン酸（NTP）の加水分解に基づく化学エネルギーを用い，それぞれ，二本鎖DNAを巻き戻して一本鎖DNAに転換する活性，RNAの二次構造を解消する活性，DNA-RNAヘテロ二本鎖を分離する活性を持つ。中でも，原核生物において転写終結にかかわっているρ因子は特殊で，RNAおよびDNA-RNA両ヘリカーゼ活性を有する。また，動物の小型腫瘍ウイルスSV40のT抗原は，DNAおよびRNAヘリカーゼ活性を有する。

　DNAヘリカーゼは，DNAアンワインディング（unwinding）酵素ともいわれ，原核生物や真核生物に幅広く存在するのみならず，バクテリオファージやウイルスに由来するものもある。また，ほとんどの生物は複数のDNAヘリカーゼをコードしている。例えば，大腸菌は少なくとも12種類，*S. cerevisiae*は少なくとも6種類をコードしている。DNAヘリカーゼは，一過性的に一本鎖DNA部分の形成が要求される複製，修復，組換え，DNAの接合伝達，転写伸長過程などにかかわっている。RNAヘリカーゼは，DNAヘリカーゼに比べて数は少ないものの，原核および真核生物から分離されている。RNAヘリカーゼは，翻訳の開始過程，RNAプロセシングやリボソームの会合にかかわっていることが示され，精子や胚の形成あるいは細胞増殖・分裂など，幅広い細胞機能の発現にかかわっていることが示唆されている。

　ヘリカーゼ類は，単量体ではなく，二量体や六量体，あるいは他のタンパク

表 6.1 代表的ヘリカーゼの種類と特性および機能

ヘリカーゼ	会合状態(分子質量など)	移動の方向性	機能
DNAヘリカーゼ			
大腸菌 DnaB	六量体 (50 kDa×6)	$5'→3'$	複製
大腸菌 RuvB	六量体 (37 kDa×6)	$5'→3'$	組換え
T4遺伝子41産物	六量体 (53 kDa×6)	$5'→3'$	複製
T7遺伝子4産物	六量体 (63 kDa×6)	$5'→3'$	複製
SV40 T抗原	六量体 (92 kDa×6)	$3'→5'$	複製
大腸菌ヘリカーゼⅢ	オリゴマー (20 kDa×n)	$5'→3'$	?
大腸菌 PriA	プライモソーム構成タンパク質 (76 kDa)	$3'→5'$	複製
大腸菌 RecBCD	ヘテロ三量体 (134 kDa+129 kDa +67 kDa)(または六量体)	$3'→5'$ $5'→3'$	組換え
大腸菌 RecQ	67 kDa (単量体, 多量体?)	$3'→5'$	組換え, 修復
大腸菌 Rep	二量体 (DNA-induced) (68 kDa×2)	$3'→5'$	複製
大腸菌 TraI(ヘリカーゼⅠ)	オリゴマー (180 kDa×n)	$5'→3'$	接合伝達 (F因子)
大腸菌 UvrAB	A_2B ヘテロ二量体 ((114 kDa×2) +84 kDa)	$5'→3'$	修復
大腸菌 UvrD(ヘリカーゼⅡ)	二量体 (多量体も可) (80 kDa×2)	$3'→5'$	修復
HeLaヘリカーゼ	二量体 (72 kDa×2)(一本鎖DNA結合タンパク質 (ヘテロ三量体) が活性発現に必要)	$3'→5'$	複製, 修復
HSV1複製起点結合タンパク質 (UL9)	二量体 (83 kDa×2)	$3'→5'$	複製
HSV1ヘリカーゼ/プライマーゼ	ヘテロ二量体 (UL5-UL52) (97 kDa+120 kDa)	$5'→3'$	複製
(DNA-RNA+RNA)ヘリカーゼ			
大腸菌 ρ 因子	六量体 (46 kDa×6)	$5'→3'$	転写終結
RNAヘリカーゼ			
大腸菌 RhlB	50 kDa, デグラドソーム構成タンパク質	?	RNA代謝回転
真核生物細胞質 eIF-4A	50 kDa, 翻訳開始複合体 eIF-4F を形成: eIF-4B(80 kDa)により活性促進	$5'→3'$ $3'→5'$	翻訳開始
ヒト細胞核内 p68	68 kDa, 核マトリックスに結合	$3'→5'$	細胞増殖・分裂
プラムポックスウイルス (PPV) CI	~60 kDa, ウイルス粒子に内在	$3'→5'$	複製

〔T. M. Lohman & K. P. Bjornson: Annu. Rev. Biochem., 65 (1996) より〕

質と複合体を形成して機能し，その移動の方向性から通常，二つのクラス，すなわち，結合したDNAあるいはRNAの鎖上を3′→5′方向に移動するものと，5′→3′方向に移動するものに分けられる。例外的に，DNAヘリカーゼのRecBCD，およびRNAヘリカーゼのeIF-4A（あるいはeIF-4F）はeIF-4Bの協力のもとに，5′→3′および3′→5′両方向に移動する。ヘリカーゼの移動の方向性は，通常，**図6.1**に示す基質を用いて解析される。ほとんどのヘリカーゼの場合，アンワインディングの開始にあたり一本鎖領域を要求するか，あるいは一本鎖領域の存在によりアンワインディングの開始が非常に顕著に促進される。この事実に基づいて，図6.1でもしデュプレックスAが優先的にほどかれるときは一本鎖DNA側の方向性を採用して5′→3′方向とし，もしデュプレックスBが優先的にほどかれる場合は，3′→5′方向とする。例えばeIF-4Aは，デュプレックスAとBの両方をほどくということになる。以下に代表的なヘリカーゼについて解説する。

図6.1 ヘリカーゼによるDNAあるいはRNAの巻戻し（アンワインディング）の方向性の解析に用いられる基質

6.1 六量体型DNAヘリカーゼ

六量体を形成し機能するヘリカーゼとしては，大腸菌DnaB，大腸菌RuvB，ファージT4遺伝子*41*産物，ファージT7遺伝子*4*産物，SV40T抗原，大腸菌ρタンパク質などが知られている。これらヘリカーゼは，単量体の分子質量が大きく異なる（37～92 kDa）にもかかわらず，すべて酷似したリング様構造（外径が10～13 nm，中央の穴2～3 nm）を形成する。SV40T抗原と大腸菌RuvB六量体については，これらが二本鎖DNAに結合し，DNAが中心の穴を通り抜けることが確認されている（図6.4参照）。T7遺伝子*4*の発現産物の六量体は一本鎖DNAに結合し，DNAがやはり中心の穴を通り抜ける

ことがわかっている。これら以外にも六量体形成型（hexameric）ヘリカーゼとしては，ヒト由来の BLM ヘリカーゼや WRN ヘリカーゼがあるが，これらについては6.2.5項で述べる。

6.1.1 大腸菌 DnaB

DnaB は，SSB（一本鎖 DNA 結合タンパク質）と共同して，染色体 DNA 複製において，複製フォークの進行方向に二本鎖 DNA をほどく（図 6.2）。DnaB が ATP（GTP や CTP でもよい）を加水分解しながら，おそらくラギング鎖鋳型上を $5'\rightarrow 3'$ 方向に動き，二本鎖 DNA を巻き戻したあと，一本鎖部分に SSB 四量体（単量体の分子量 19 000）が多数で協同的に結合し，二本鎖 DNA への再会合を防ぐ。DnaB は，染色体複製の伸長過程における主要なヘリカーゼと考えられている。DnaB 単量体あたり1分子の NTP が最終的に結合するようであるが，六つのサブユニットがすべて NTP に同程度の親和性を示すのではなく，高親和性を持つものと，低親和性を持つものが半々に分かれている。すなわち，そこには負の協同性（negative cooperativity）が存在するようである。

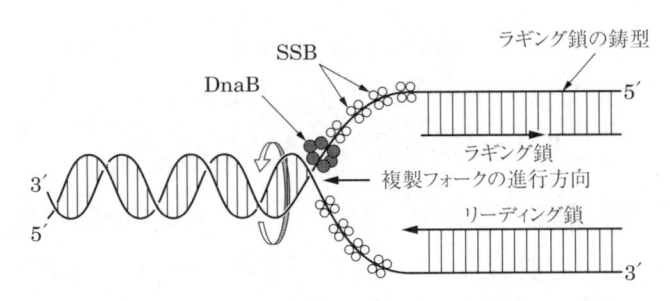

この図は DnaB の移動の方向（$5'\rightarrow 3'$）を考慮しての一つの可能性を示すものであり，確定したものではない。

図 6.2 DnaB 六量体と SSB 四量体の共同作業でほどける DNA

6.1.2 大腸菌 RuvB

RuvB（37 kDa）は，NTP が結合することにより六回対称性の六量体を形

成し，RuvA（22 kDa）の四量体と共同して相同組換え中間体のホリデイ構造の分岐点移動（branch migration）を行う，一種のモータータンパク質である（図 6.3，図 6.4）。

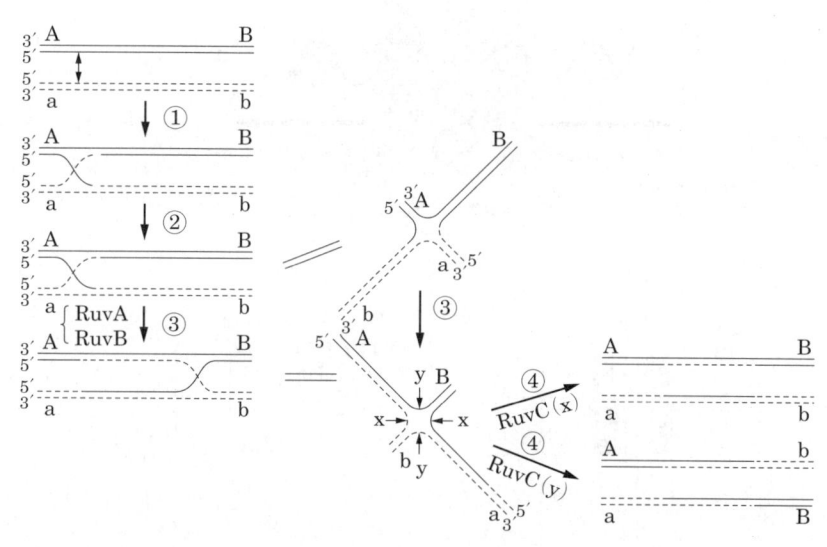

相同な二本鎖 DNA に一本鎖切断が生じ，切断点で互いに乗換えが起こる（ステップ①）。切断点が連結され，交差部位（branch）を持つ四本鎖よりなるヘテロ二本鎖が生ずる（ステップ②）。このような構造をホリデイ構造あるいはホリデイ中間体と呼ぶ。RuvA と RuvB タンパク質の作用により交差部位の移動が起こる（branch migration）（ステップ③）。DNA が交差している部位で 180°回転すると十字形のオープンボックス構造が生じる。RuvAB はこのオープンボックス構造に作用し，交差部位の移動を行うと考えられている。つぎに，オープンボックス構造体に RuvC が作用し，ホリデイ中間体に切断 x あるいは y を入れる。その後，切断点が閉じられ，二つのタイプの組換え DNA 対ができる（ステップ④）。〔K. Komori et al.: *Proc. Natl. Acad. Sci. USA*, **96**, pp. 8873-8878（1999）より〕。

図 6.3 相同組換えの機構（ホリデイのモデル）

まず，RuvA の四量体がホリデイ分岐点を認識して結合し，そこに二つの RuvB 六量体が RuvA 四量体を挟み込むように会合する。この RuvAB 複合体が，ATP 依存的に，分岐点を移動させヘテロデュプレックス部分をどんどん伸ばすと考えられている。分岐点の移動は DNA 二重鎖の相補鎖への分離と相補鎖の再会合という反応が連続して起こることを意味し，これを行う本体が

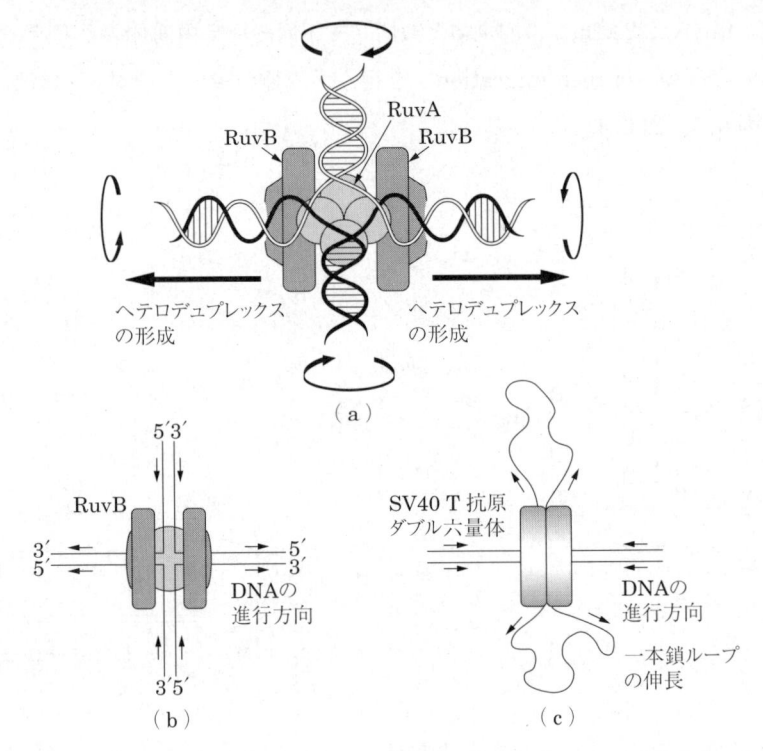

(a), (b) ホリデイのオープンボックス構造部位における RuvAB 複合体の働き。RuvA 四量体が二つの RuvB 六量体リング構造により挟まれている。分岐点移動とはヘテロデュプレックスをどんどん形成していくことであり，これを行っているのが RuvAB 複合体である。RuvB ヘリカーゼはホモデュプレックス部分をどんどんほどき，ほどけた相補的一本鎖がヘリカーゼの中央の穴を通過するときにヘテロデュプレックスとなるのかもしれない。

(c) RuvB ヘリカーゼ($5'\rightarrow 3'$) と作用の方向性が異なる SV40 の T 抗原($3'\rightarrow 5'$) の場合は，そのダブル六量体の動きにより一本鎖ループが生ずる。

図 6.4 RuvAB が仲介する分岐点移動モデルおよび SV40 T 抗原の作用特性〔C. A. Parsons et al.：*Nature*, **374**, p. 377（1995）より〕

RuvB ということである。分岐点移動のあと，RuvC の二量体が，分岐点で交差している鎖 (crossover strands)，あるいは交差していない鎖（オープンボックス構造でいうと左右，上下で鎖）を切断し，二つのタイプの組換え DNA 分子対を与える（図 6.3）。RuvC は，RuvAB と複合体を形成し，RuvAB モーターの力により塩基配列をスキャンし，切断点（$5'$-A/TTT↓G/C-$3'$）を探

6.1.3　T7 遺伝子 4 産物

T7 DNA の複製にかかわる酵素で，ヘリカーゼドメインとプライマーゼドメインからなっており，NTP が結合することにより，六回対称性の六量体を形成する．この場合，すべての単量体に NTP が同時に結合・分解されるのではなく，六つの中のどれか二つが NTP 結合を受けず，空きの状態になっている．空きの状態になる二つは決まってはおらず，どの単量体でもその状態になる．また，NTP が結合する四つの単量体の中の二つは単に NTP が結合しているだけであり，NTP を分解する触媒単量体と隣り合せになっているというモデル (four-site binding change model) が提出されている．

このモデルと似たようなことが，すでに，ATP の結合と分解を行う酵素の代表的なものの一つである F1-ATPase (378 kDa) において報告されている．この酵素は，アミノ酸配列で 60% 相同性を示すサブユニット α (56 kDa) と β (52 kDa) が三つ交互に並んで六量体となり，中央のロータータンパク質 γ サブユニット (34 kDa) に相互作用している．α，β とも ATP 結合性を示すものの，α は ATP を結合させるだけ (noncatalytic) であり，β は ATP の結合と分解を行う (catalytic) サブユニットである．

6.1.4　T4 遺伝子 41 産物

T4 DNA の複製にかかわる酵素で，ATP (または GTP) 存在下で六量体を形成する．NTP が存在しない場合には，単量体や二量体の形をとる．

6.1.5　SV40 T 抗原

SV40 の複製にかかわっており，ATP 存在下において，SV40 DNA の複製起点上で単量体が会合し，六回対称性の六量体を形成する．そして，複製起点から両方向に進行する複製フォークにおいて DNA 鎖の巻戻しを触媒する (図6.4)．

T抗原の認識・結合配列としては，少し間隔を置いて存在する二つの5′-GAGGC-3′配列を含む配列が考えられている．T抗原は，宿主細胞由来のプライマーゼや，DNAポリメラーゼなどをはじめ，ほかの複製関連タンパク質因子とかかわり合いながらヘリカーゼ作用を発揮していると考えられる．T抗原は，複製以外にも，SV40前期遺伝子の転写を阻害し，後期遺伝子の転写を促進するという実験結果が得られている．T抗原の結合部位が前期遺伝子（T抗原をコードしている）の5′非翻訳領域内にあることから，T抗原の結合により転写開始複合体の形成が阻害されることが予想されるが，後期遺伝子（ウイルス粒子構成タンパク質をコードしている）の転写の促進機構に関しては不明である．また，複製の場合と同じように，転写の制御にヘリカーゼ作用が関与するか否か解決されるべき問題は多い．

6.2 非六量体型および他のDNAヘリカーゼ

これらの中にはどのような形で機能するか明らかでないものや，ほかのタンパク質と会合して機能するものを含める．また，説明の都合上，六量体を形成するものも一部含める．

6.2.1 大腸菌 UvrD（ヘリカーゼⅡ），$UvrA_2B$

大腸菌において，紫外線照射により生ずるピリミジン二量体をはじめ，アルキル化剤などにより生ずる損傷部位を認識し，損傷部位の5′側および3′側に一本鎖切断を起こし，損傷部位を含む12〜13ヌクレオチド断片を切り離すUvrABCD酵素系が存在することは，4.4.1〔1〕項で触れた．この系において，最終段階の一本鎖DNA断片の切離し反応を触媒するのがヘリカーゼⅡとも呼ばれるUvrDタンパク質（80 kDa）である．これはおそらく二量体を形成し，ATPを加水分解しながらDNA鎖上を3′→5′方向に移動し，DNA断片を遊離して，ギャップ領域をつくると考えられている．また，$UvrA_2B$複合体もATPを加水分解しながらDNA鎖上を5′→3′方向に移動し，損傷部位を

6.2 非六量体型および他の DNA ヘリカーゼ

見つけ出すということから，一種の DNA ヘリカーゼと考えられている。UvrD タンパク質と構造的に類似したヘリカーゼタンパク質が存在し，DEXX ボックス型 DNA ヘリカーゼと呼ばれている（図 6.5）。以下にそれらについて述べる。

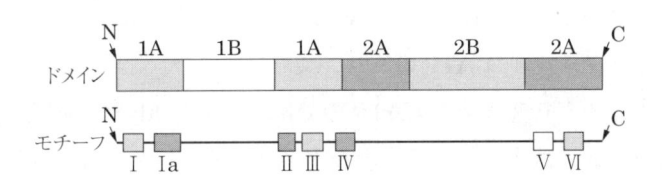

```
           N  1A    1B    1A   2A    2B    2A    C
ドメイン      ┌──┬────┬──┬──┬────┬──┐
           └──┴────┴──┴──┴────┴──┘
           N                                    C
モチーフ    ─■─■──────■■─■────────□─□─
              I Ia         II III IV         V VI
```

（a）ドメイン，モチーフの概略図（*B. stearothermophilus* PcrA の配列をもとに作成）

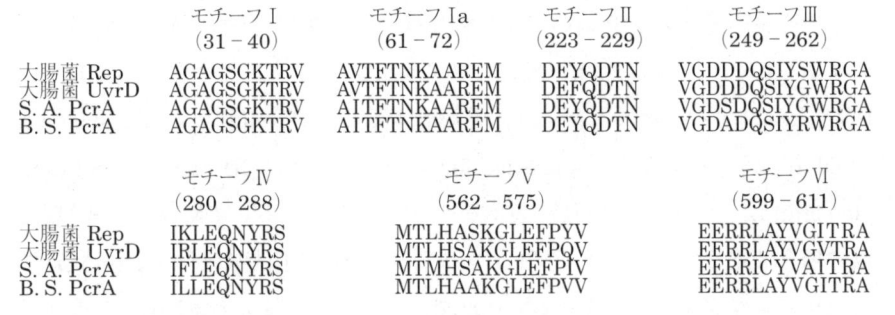

	モチーフ I (31–40)	モチーフ Ia (61–72)	モチーフ II (223–229)	モチーフ III (249–262)
大腸菌 Rep	AGAGSGKTRV	AVTFTNKAAREM	DEYQDTN	VGDDDQSIYSWRGA
大腸菌 UvrD	AGAGSGKTRV	AVTFTNKAAREM	DEFQDTN	VGDDDQSIYGWRGA
S. A. PcrA	AGAGSGKTRV	AITFTNKAAREM	DEYQDTN	VGDSDQSIYGWRGA
B. S. PcrA	AGAGSGKTRV	AITFTNKAAREM	DEYQDTN	VGDADQSIYRWRGA

	モチーフ IV (280–288)	モチーフ V (562–575)	モチーフ VI (599–611)
大腸菌 Rep	IKLEQNYRS	MTLHASKGLEFPYV	EERRLAYVGITRA
大腸菌 UvrD	IRLEQNYRS	MTLHSAKGLEFPQV	EERRLAYVGVTRA
S. A. PcrA	IFLEQNYRS	MTMHSAKGLEFPIV	EERRICYVAITRA
B. S. PcrA	ILLEQNYRS	MTLHAAKGLEFPVV	EERRLAYVGITRA

（b）各モチーフのすぐ下の（ ）内の数字はモチーフの大きさを示すもので，*B. stearothermophilus* PcrA についてのアミノ酸番号で示してある。

モチーフの名称（ローマ数字）は DNA ヘリカーゼと RNA ヘリカーゼを共通に論ずる場合に用いられる。

図 6.5 DEXX ボックス型 DNA ヘリカーゼ大腸菌 Rep と UvrD, *S. aureus*（S. A.）PcrA, *B. stearothermophilus*（B. S.）PcrA の間における保存領域とそれらのアミノ酸配列〔H. S. Subramanya et al.：*Nature*, **384**, p. 380（1996）より〕

6.2.2 DEXX ボックス型 DNA ヘリカーゼ類

この型に属するヘリカーゼとしては大腸菌 Rep, *Staphylococcus aureus* PcrA, *Bacillus stearothermophilus* PcrA がある。

大腸菌 UvrD を含め，これら酵素間の構造的類似性は顕著に高い（図 6.5）。

B. stearothermophilus PcrA を中心に見ると，*S. aureus* PcrA，大腸菌 Rep，大腸菌 UvrD はそれぞれ 62，41，44％ の配列相同性を示し，スーパーファミリーを形成している。これら酵素は二つの大きなドメイン 1，2 からなっており，それぞれは 1A と 2A のサブドメインに分かれ，両方が内部に挿入的サブドメイン 1B あるいは 2B を有している。また，構造中には多くのモチーフが存在する。モチーフ I は ATP の三リン酸部分の結合，Ia は DNA の結合，II（DEXX ボックスモチーフ）は ATP の分解に必要な Mg^{2+} の結合，III は ATP の加水分解，IV は酵素の二つの大きなドメインの連結と ATP 結合部位の構築にかかわっていると考えられている。

サブドメイン 1A と 2A で形成される高次構造は，組換え過程において極めて重要な働きをする大腸菌の RecA タンパク質（DNA 依存性 ATPase 活性を有する）のそれと顕著な類似性が認められる。Rep タンパク質（68 kDa）はDNA と結合することにより二量体を形成することが知られている。環状一本鎖 DNA ファージの RF（replicative form，複製型）から RF，RF から SS（single strand，一本鎖）の複製に必須なヘリカーゼである。ϕX174 の（＋）鎖合成の場合で見ると，プライモソーム（6.2.3 項参照）関与のもとに複製起点で（＋）鎖にニックを入れ，その 5′-P 末端に共有結合している ϕX174 の遺伝子 A タンパク質（5.4.3 項参照）と複合体を形成し，その形で（－）鎖に結合し，3′→5′ 方向に移動することにより RF DNA をほどく（図 5.12 参照）。ほどきの機構としてはローリング法が考えられている。このほか，Rep はある種のプラスミドの接合伝達に要求されるが，大腸菌染色体あるいはプラスミドの複製に関与しているかどうかは不明である。

6.2.3 大腸菌 PriA

ϕX174 環状 DNA の複製に必須なプライモソーム（約 600 kDa）の構成タンパク質の一つである。プライモソームはプレプライミングタンパク質とプライマーゼ（DnaG，60 kDa 単量体）の複合体を指し，前者は PriA（76 kDa）単量体，PriB（11.5 kDa）二量体，PriC（23 kDa）単量体，DnaT（22 kDa）

三量体，DnaB（50 kDa）六量体および DnaC（29 kDa）単量体からなる。PriA は，SSB 四量体（19 kDa×4）が結合している ϕX174 の環状一本鎖 DNA 上のプライモソームアセンブリーサイト（pas）で，プライモソームが構築される最初の段階で機能する（図 5.12 参照）。すなわち，プライモソームの構築は PriA が一本鎖 DNA 上を $3'\to5'$ 方向に SSB を解離させながら移動し，pas に結合することから始まる。

6.2.4 大腸菌 RecBCD

二本鎖 DNA の端に作用し，DNA 鎖に沿って $3'\to5'$，$5'\to3'$ 両方向に，シャクトリムシ（inch worm）のように決まった歩幅で 2 歩ずつ歩くように移動し，二本鎖 DNA をほどくと考えられている（図 4.3 参照）。このとき，1 塩基あたり 1 分子強の ATP 分子を加水分解する。RecBCD 酵素において，B サブユニットは比較的に移動度の低い $3'\to5'$ ヘリカーゼ活性と χ 配列での DNA 鎖切断活性を有し，D サブユニットは移動度の高い $5'\to3'$ ヘリカーゼ活性を有する。C サブユニットの役割の一つは B サブユニットに正確に χ 配列を認識させることであると考えられている。*B. stearothermophilus* PcrA ヘリカーゼも，RecBCD と同様にシャクトリムシ機構により二本鎖をほぐすと考えられている。

6.2.5 大腸菌 RecQ およびその類縁酵素

大腸菌における相同的組換え（homologous recombination）の経路として，RecBCD ヘリカーゼがかかわる経路（RecBCD 経路）のほかに，RecE 経路と RecF 経路が知られているが（4.3.1 項参照），RecQ（67 kDa，610 アミノ酸）は，$3'\to5'$ 方向に移動するヘリカーゼで，RecF 経路を構成するタンパク質である。RecQ は，大腸菌のほかのヘリカーゼとは ATP 結合性にかかわる部位以外にはこれといった相同性は認められないが，ほかの生物種，特に真核生物から類似した酵素（RecQ ファミリー）が多数分離されている。

例えば，*S. cerevisiae* の SGS1（1 447 アミノ酸），*Sch. pombe* の Rgh1（1 328

アミノ酸)，アフリカツメガエルの FFA 1（1 436 アミノ酸），それからヒトの RecQ 1（649 アミノ酸），WRN（1 432 アミノ酸），BLM（1 417 アミノ酸）と RecQL 4（1 208 アミノ酸）などがある。これら酵素の七つのヘリカーゼモチーフ I，Ia〜VI の間には一応の保存性があり，II において共通して DEAH 配列が見いだされることから，RecQ ファミリーは DEAH ファミリーとも呼ばれる（図 6.6）。

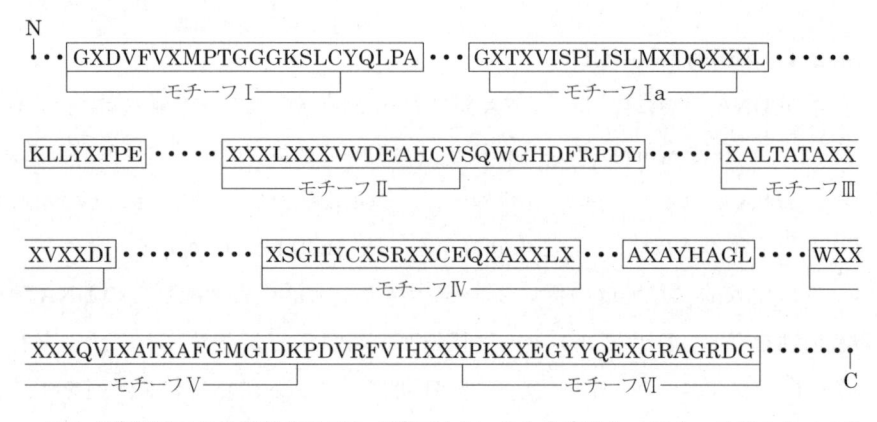

```
N
 ⋯ GXDVFVXMPTGGGKSLCYQLPA ⋯ GXTXVISPLISLMXDQXXXL ⋯
       ─── モチーフ I ───           ─── モチーフ Ia ───

 KLLYXTPE ⋯ XXXLXXXVVDEAHCVSQWGHDFRPDY ⋯ XALTATAXX
                ─── モチーフ II ───              ── モチーフ III ──

 XVXXDI ⋯ XSGIIYCXSRXXCEQXAXXLX ⋯ AXAYHAGL ⋯ WXX
              ─── モチーフ IV ───

 XXXQVIXATXAFGMGIDKPDVRFVIHXXXPKXXEGYYQEXGRAGRDG ⋯
      ── モチーフ V ──            ── モチーフ VI ──            C
```

アミノ酸配列中の X は特定のアミノ酸ではないことを意味し，モチーフ間のスペースは任意のもの

図 6.6 DNA ヘリカーゼ RecQ ファミリー（DEAH ファミリー）において保存されているアミノ酸配列および七つのヘリカーゼモチーフ

SGS1 は *S. cerevisiae* においてトポイソメラーゼと共同して，染色体の不安定性と老化の抑制に関与していると考えられている（5.3.5 項参照）。また，ヒトの WRN，BLM，RecQL 4 ヘリカーゼは，それぞれ，ウェルナー（Werner）症候群，ブルーム（Bloom）症候群，ロスムンド-トムソン（Rothmund-Thomson）症候群ヘリカーゼと呼ばれ，これらヘリカーゼの遺伝子に変異が生ずるとそれぞれの名の疾患を引き起こす。これら疾患は共通して早期老化の兆候が著しく，発癌率が極めて高い。ウェルナー症候群の患者の細胞では，染色体の欠失や転座，テロメア領域における過度の組換えなどが見られることから，WRN ヘリカーゼは何らかの DNA 修復機構に関与していると考えられている。

WRNヘリカーゼは，大腸菌RecQの2倍以上の大きさ（180 kDa）で，N末端に5′→3′エキソヌクレアーゼ領域，中央部にATPase・ヘリカーゼ領域，C末端側にDNA結合領域と核移行シグナルを持つ．そのC末端側でリン酸化されること，リン酸化はクロマチンに結合していないヘリカーゼに特異的に見られることが報告されている．また，WRNヘリカーゼは，BLMヘリカーゼと同じように六量体で機能すると考えられている．

6.2.6 大腸菌TraI（ヘリカーゼI）

Fプラスミド（因子）の *traI* 遺伝子産物（180 kDa）で，*traY* 遺伝子産物と共同して，F$^+$株からF$^-$株へのFプラスミドの接合伝達にかかわっている．TraY/TraI複合体が，FプラスミドのoriT（origin of transfer）にニックを導入し，その後，TraY/TraI複合体が多量体となり，Fプラスミド二本鎖DNAをほどく．移動の方向は作用鎖上において5′→3′方向である．生ずるFプラスミド一本鎖DNAがF$^-$株内に入り二本鎖となる．

6.2.7 HeLaヘリカーゼ

単量体の分子質量が72 kDaで，二量体として機能すると考えられる．作用鎖上での移動の方向はSV40 T抗原と同じ3′→5′方向であるが，異なるのはその活性発現にヒト由来の一本鎖DNA結合タンパク質（HSSB，ヘテロ三量体（70 kDa＋34 kDa＋13 kDa）を形成）が要求されることである．このヘリカーゼは複製や修復において機能していると考えられるが，HSSBの役割がほどけた一本鎖の巻直しを間接的に抑えることにあるのか，ヘリカーゼに結合して活性を促進することにあるのかについては不明である．

6.2.8 HSV 1の複製起点結合タンパク質（UL9）およびHSV 1ヘリカーゼ/プライマーゼ

HSV 1ゲノムの *UL9* 遺伝子産物（83 kDa）は二量体で機能し，作用鎖上を3′→5′方向に移動する．複製起点への結合性と，NTPase・ヘリカーゼ活性

を有する。HSV 1 のヘリカーゼ/プライマーゼは *UL5* と *UL52* 遺伝子産物のヘテロ二量体 (97 kDa+120 kDa) であり，作用の方向性は 5′→3′ である。両ヘリカーゼは DNA ポリメラーゼ(UL30)とその補助タンパク質(UL42)，SSB (UL29) などとともにウイルスゲノムの複製に関与していると考えられる。

6.3 (DNA–RNA+RNA)ヘリカーゼ

DNA–RNA ヘリカーゼおよび RNA ヘリカーゼの両活性を合わせ持つのが，大腸菌において転写終結にかかわる ρ 因子である。これは染色体上 85.4 分に位置する *rho* 遺伝子の産物で，単量体の分子量は 48 000 であるが，大腸菌の DnaB や RuvB などと同じように六量体で機能する。六量体は三回対称性を持つリング様構造で，外径は約 12.5 nm，中央の穴は 4.5 nm 程度である。ρ 因子は転写終結前の mRNA の 5′ 末端部分に結合して，5′→3′ 方向に ATP を加水分解しながら移動する（RNA ヘリカーゼ作用）。ρ 因子は一本鎖 RNA に結合し 80 bp くらいを巻き付けることが知られており，この性質により，ρ 依存性の転写終結部位で RNA ポリメラーゼ-RNA-DNA 複合体から RNA を遊離させ（DNA–RNA ヘリカーゼ作用），複合体を解離して転写を終結させる（図 2.1 参照）。

複合体の解離に関しては，ρ 因子が転写減衰因子（pausing factor）の NusA およびそれを補助的に支えるタンパク質と結合し，RNA ポリメラーゼの構造を変えるということが考えられている。また，ρ 因子がある種の ρ 非依存性遺伝子の転写終結を効率的に進行させることも報告されている。

6.4 RNA ヘリカーゼ

一本鎖 RNA 分子内に形成されている二次構造，すなわちヘアピン（ステム-ループ）構造を解消する活性を持つ。SV 40 T 抗原は特殊で，DNA ヘリカーゼ活性（3′→5′ 方向）と RNA ヘリカーゼ活性を合わせ持つ。RNA ヘリカー

ゼ活性はATPやdATPによって促進されず，GTP, UTPやCTPによって促進される。SV 40 T抗原がDNAヘリカーゼ活性を示すときはATP存在下で六量体を形成していることから，六量体以外の形態でRNAヘリカーゼ活性が発現すると考えられる。なお，SV 40 T抗原のRNAヘリカーゼ活性の生理的機能については不明である。SV 40 T抗原およびρ因子以外で，これまでにRNAヘリカーゼ活性が具体的に証明されているものはすべて"DEADボックス型"およびそれと類縁の酵素である。

6.4.1 真核生物細胞質 eIF-4A（DEADボックス型）

真核生物（哺乳類や酵母）の細胞質内に存在する翻訳開始タンパク質因子のeIF-4A (50 kDa) は，DEADボックス型RNAヘリカーゼの代表的なものである。eIF-4AとともにRNAヘリカーゼ活性が証明されているヒト細胞核内タンパク質 p 68（6.4.2項），RNA-依存性ATPase活性とRNAヘリカーゼ活性を持つと予想される大腸菌SrmBタンパク質（6.4.5〔1〕項），S. cerevisiae MSS116タンパク質（6.4.5〔2〕項）は図 6.7 に示すように八つのアミノ酸領域において保存性を示す。eIF-4 Aは八つすべてではないものの，保存領域の機能について一番よく解析されている。AXXXXGKT領域（領域Ⅰ）：ATPase AモチーフはATP結合に，DEAD領域（領域Ⅱ）：ATPase BモチーフとHRIGRXXR領域（領域Ⅵ）はATPの加水分解にかかわること，SAT領域（領域Ⅲ）はRNAヘリカーゼ活性に重要であり，DEAD領域はATPase活性とRNAヘリカーゼ活性を結び付ける役割を果たしている。

さて，eIF-4Aは，eIF-4B (80 kDa, RNA認識モチーフを有する) とATPの存在下において，3′→5′および5′→3′両方向のヘリカーゼ活性を示す。この活性は真核生物の翻訳開始にあたって40 Sリボソーマルサブユニットが mRNAの5′非翻訳領域に結合する際に必要な，RNA二次構造の解消にかかわっていると考えられる。eIF-4Aは細胞からフリーの形で，あるいはほかの二つのタンパク質因子と複合体eIF-4Fを形成した形で分離される。後者の場合，タンパク質因子の一つはmRNAの5′末端キャップ構造に特異的に結合す

184   6. ヘリカーゼ

```
              ATPase A モチーフ
      21-299         24-42          22-28        19-27        19-22
NH₂ ───────[AXXXXGKT]─────[PTRELA]─────[GG]─────[TPGR]─────
                 I              Ia

   ATPase B モチーフ         ┌──── C 末領域 ────┐
         27-51      115-137              20              24-236
   [DEAD]─────[SAT]─────[ARGXD]─────[HRIGRXXR]─────── COOH
     II         III         V              VI
                        DEAD ファミリー
```

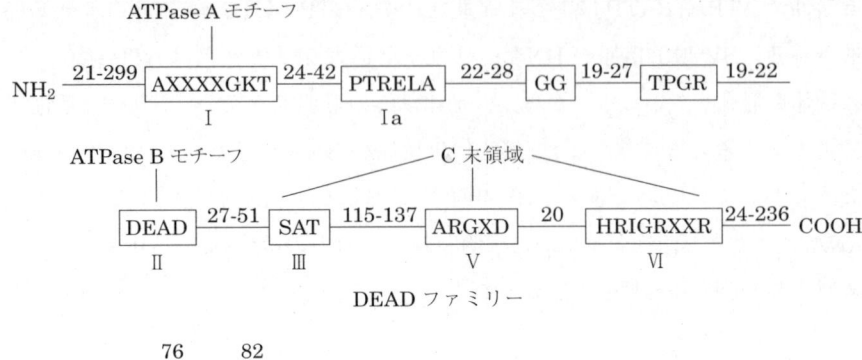

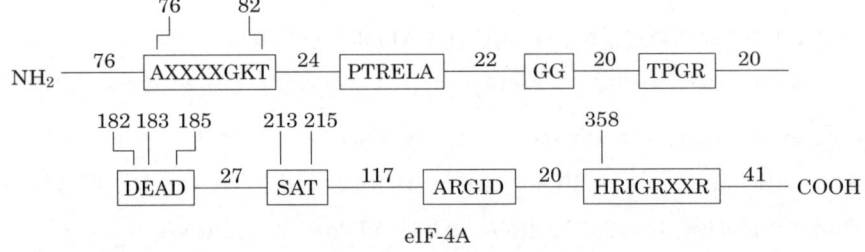

```
            76      82
       76         24          22       20      20
NH₂ ──[AXXXXGKT]────[PTRELA]────[GG]────[TPGR]────

   182 183 185   213 215                358
    [DEAD]─27─[SAT]─117─[ARGID]─20─[HRIGRXXR]─41─ COOH
                        eIF-4A
```

保存領域はボックスで囲ってあり，保存領域間にある数字はアミノ酸残基数で，領域間の距離を示す。DEAD ファミリーの部分でボックスの下にあるローマ数字は，RNA ヘリカーゼおよび DNA ヘリカーゼを共通に論ずる場合によく用いられるモチーフ名である。eIF-4A の部分で上に突き出た数字はそれぞれのアミノ酸残基の N 末からの位置を示す。

図 6.7 DEAD ボックス型 RNA ヘリカーゼにおける高度保存アミノ酸配列領域の模式図〔A. Pause & N. Sonenburg：*EMBO J*., **11**, p. 2645（1992）より〕

る eIF-4E（24 kDa）であり，もう一つは p 200（200 kDa）である。eIF-4 F は eIF-4B と共同して eIF-4A より効率的に $5'→3'$ と $3'→5'$ の両方向に RNA 鎖を巻き戻すが，$5'→3'$ 方向の巻戻しは mRNA の $5'$ キャップ構造の存在により促進され，$3'→5'$ 方向の巻戻しは $5'$ キャップに完全に非依存的である。また，eIF-4A は生体内において比較的十分量存在し，eIF-4F と eIF-4A の両方が最大効率の翻訳に要求されることがわかっている。

　以上のようなことから，生体内では両方とも機能しており，つぎのように役割分担がなされていると予想される。eIF-4F は $5'$ キャップ構造に eIF-4 B の

協力のもとに結合し，その中の eIF-4A 成分が ATP を加水分解し，RNA 鎖の巻戻しを開始する。ついで，フリーの eIF-4A が eIF-4B 関与のもとに，巻き戻された RNA 鎖が巻直し (refolding) されるのを阻止する。これらのことがリボソーマル 40 S サブユニットが AUG 近傍に結合するまで続行される。eIF-4B の機能としては eIF-4F や eIF-4A が RNA に結合するのを助長することが考えられる。また，eIF-4F および eIF-4A の両方向のヘリカーゼ活性に関しては，5′→3′ 活性だけであるいは不都合はないとも考えられるが，3′→5′ 活性は翻訳の開始点が mRNA の内部にあり，5′ 末端からのスキャンニング法によらず，リボソームの直接的な内部への結合が要求されるような場合には意味があると考えられる。

6.4.2 ヒト細胞核内タンパク質 p 68 (DEAD ボックス型)

68 kDa のタンパク質で，核マトリックスに結合しており，ATP 依存性の RNA ヘリカーゼ作用 (3′→5′ 方向) を介して，細胞の増殖や分裂の制御にかかわっていると考えられている。

6.4.3 大腸菌 RhlB (DEAD ボックス型)

50 kDa のタンパク質で，4.6.1〔1〕項で述べた大腸菌 RNA デグラドソームの四つの構成成分の一つである。ATP 依存性の RNA ヘリカーゼ作用により RNA 分子中のステム-ループ構造を解消することにより，デグラドソーム中の主要成分であるエキソリボヌクレアーゼ (PNPase) の 3′→5′ 方向の RNA 分解に連続性を与えている。

6.4.4 RNA ヘリカーゼ CI (DEXH ボックス型)

プラムの(+)鎖 RNA 型ポックスウイルス (pox virus) の粒子に内在する 3′→5′ ヘリカーゼ (約 60 kDa) で，ウイルス RNA の複製にかかわっている。これに類似したほかの(+)鎖 RNA 型ウイルスにも同様の酵素が存在することが示唆されている。

6.4.5 RNAヘリカーゼ活性が予想されるタンパク質

〔1〕 大腸菌 SrmB

50 kDa のタンパク質で，DEAD ボックス型 RNA ヘリカーゼと相同性の高いアミノ酸配列を有し，DEAD ファミリーに属する（図 6.7）。RNA 依存性の ATPase 活性を示し，大腸菌において 50 S リボソーマルサブユニットの会合に必須なリボソームタンパク質 L 24 変異株に対して，サプレッサーとして機能することが示されている。

〔2〕 *S. cerevisiae* MSS116 および PRP16

MSS116（76 kDa）は DEAD ファミリー（図 6.7）に属するタンパク質で，ATPase やヘリカーゼ活性の存在は明らかにされていないものの，アミノ酸配列の相同性からはヘリカーゼと考えられる。MSS116 はミトコンドリア mRNA 前駆体のスプライシングにかかわっている。PRP16（120 kDa）は DEAD ファミリーに類縁の DEAH ファミリー（図 6.6）に属するタンパク質で，RNA 依存性の ATPase 活性を示す。PRP16 は核 mRNA 前駆体のスプライシング因子の一つで，5′-スプライス部位での切断と，2′-5′ラリアット構造の形成を行ったスプライソソーム（spliceosome）〔図 4.17(a) 参照〕に一過性的に相互作用し，スプライソソームの構造をつぎのステップである 3′-スプライス部位での切断とエキソンの連結反応に向くように，ATP 依存的に変えるということが考えられている。PRP16 に類縁の ATP 結合性ドメインを持つタンパク質 PRP2 と PRP22 も同定されており，前者はスプライソソームの会合に必須なこと，後者はスプライスされた RNA がスプライソソームから遊離する段階で機能していることが報告されている。

7. メチラーゼ

7.1 DNAメチラーゼ

　S-アデノシルメチオニン（SAMあるいはAdoMetと略称される）をメチル供与体（donor）として，DNA中のアデニンあるいはシトシン塩基のメチル化を触媒する（**表7.1**）。アデニンは，6位炭素につくアミノ基がメチル化されN^6-メチルアデニンに，シトシンは，5位炭素あるいは4位炭素につくアミノ基がメチル化され，それぞれ5-メチルシトシン，N^4-メチルシトシンになる。DNAメチラーゼは真核，原核を問わずすべての生物種に存在すると考えられるが，これまでに分離・解析された酵素で見る限り，原核生物由来のものはアデニンメチラーゼおよびシトシンメチラーゼの両方があり，真核生物由来のものはほとんどすべてがシトシンメチラーゼである。

　DNAメチラーゼによるDNA塩基のメチル化の程度は生物種により大きく異なる。昆虫や酵母のDNA，およびクロロプラストDNAでは極めて低く，全シトシンの0.2％以下しかメチル化されていない。細菌では全塩基の0.5％がメチル化されたアデニンあるいはシトシンであり，動物細胞では全シトシンの3〜5％がメチル化されている。植物ではメチル化の程度が一番高く，全シトシンの30％くらいがメチル化されている。真核生物のDNAではメチル化されている塩基がもっぱらシトシンで，メチル化されたアデニンは検出されない（存在したとしても検出限界以下）。このことは分離・解析されたDNAメチラーゼのほとんどすべてがシトシンメチラーゼであることと合致する。

7. メチラーゼ

表 7.1　細菌の代表的 DNA メチラーゼ

細菌名（株名，ファージなど）	酵素名	分子量	認識される配列とメチル化される塩基
DNA-アデニンメチラーゼ			
Caryophanon latum L	M·*Cla*I	?	5′ AT↓CGÅT 3′
Escherichia coli（RI）	M·*Eco*RI	38 500	5′ G↓AÅTTC 3′
E. coli B and K 12	M·*Eco*dam	31 000	5′ GÅTC 3′
E. coli B	M·*Eco*BI	~60 000	5′ TGÅ(8 N)TGCT 3′ 3′ ACT(8 N)ÅCGA 5′
E. coli K 12	M·*Eco*KI	62 000	5′ AÅC(6 N)GTGC 3′ 3′ TTG(6 N)CÅCG 5′
E. coli（P 1）	M·*Eco*P1I	~75 000	5′ AGÅCC(N~26)↓3′
E. coli（T 2）	M·T 2*dam*⁺	14 400	5′ GÅT 3′
E. coli（T 2）	M·T 2*dam*ʰ	14 400	5′ GÅPy 3′
Haemophilus influenzae Rd	M·*Hin*dII	~55 000	5′ GTPy↓PuÅC 3′
〃	M·*Hin*dIII	?	5′ Å↓AGCTT 3′
H. parainfluenzae	M·*Hpa*I	38 000	5′ GTT↓AÅC 3′
Providencia stuartii	M·*Pst*I	?	5′ CTGCÅ↓G 3′
Thermus aquaticus YT 1	M·*Taq*I	?	5′ T↓CGÅ 3′
DNA-シトシンメチラーゼ			
Arthrobacter luteus	M·*Alu*I	?	5′ AG↓C̊T 3′
Bacillus amyloliquefaciens H	M·*Bam*HI	?	5′ G↓GATC̊C 3′
B. brevis	M·*Bbv*I	?	5′ GC̊AGC(8 N)↓3′ 3′ CGTCG(12 N)↑5′
B. subtilis R	M·*Bsu*RI	50 000	5′ GG↓C̊C 3′
B. subtilis（SPR）	M·*SPR*dcm	50 000	⎰ 5′ GGC̊C 3′ ⎨ 5′ C̊CGG 3′ ⎱ 5′ CC(A/T)GG 3′
Desulfovibrio desulfuricans	M·*Dde*I	47 000	5′ C̊↓TNAG 3′
E. coli（RII）	M·*Eco*RII	60 000	5′ ↓CC̊(A/T)GG 3′
E. coli K 12	M·*Eco*dcm（*mec*）I	53 000	5′ CC̊(A/T)GG 3′
E. coli C and MRE 600	M·*Eco*dcmII	?	5′ PuC̊CGG 3′
E. coli SK	M·*Eco*dcmIII	?	5′ C̊C(A/T)GG 3′
E. coli SK	M·*Eco*dcmIV	?	5′ GG(A/T)CC̊ 3′
Haemophilus aegyptius	M·*Hae*III	?	5′ GG↓C̊C 3′
H. haemolyticus	M·*Hha*I	37 000	5′ GC̊G↓C 3′
H. parainfluenzae	M·*Hpa*II	39 000 42 000	5′ C↓C̊GG 3′
Moraxella species	M·*Msp*I	?	5′ C̊↓CGG 3′

アデニンのメチル化部位はすべて6位アミノ基，シトシンのメチル化部位は M·*Bam*H I だけが4位アミノ基で，残りすべては5位炭素である。認識配列はほとんどの場合に片方の鎖のみで示してあり，＊印はメチル化される塩基である。例えば，M·*Cla*I の場合を完全に表すと 5′ AT↓CG　ÅT 3′
3′ TÅ　GC↑TA 5′ となる。また，参考のため，相応する制限酵素による切断部位（↓↑）も示してある。M·T2*dam*⁺ は野生型酵素，M·T2*dam*ʰ は変異型酵素である。細菌名のあとの（ ）については以下のようである。RI, RII は薬剤耐性R因子 RI, RII を持つ菌株を，P 1, T 2, SPR はこれらファージを持つ菌株を意味する。なお，ファージの場合はメチラーゼがファージゲノムにコードされている。〔P. D. Boyer（ed.）: The Enzymes, Vol. XIV（1981）の p. 524 より〕

7.1 DNAメチラーゼ

以下に，これまで解析が進んでいる代表的なDNAメラーゼを，原核生物由来あるいは真核生物（細胞）由来のものに分け，それらの酵素学的特性，およびそれらによるDNAメチル化の生物学的役割について述べる。

7.1.1 原核生物（細菌）のDNAメチラーゼ

細菌のDNAメチラーゼは，制限-修飾系において修飾を担当するものと，制限-修飾系に直接的関連がないものとに分けられる（表7.1）。前者によるDNAのメチル化は細菌細胞中に存在する制限酵素による自己DNAの切断を防御する機構としてある（4.2節参照）。感染，接合，形質転換などで侵入した外来性のDNAは，それぞれが由来する細胞型に修飾（特定配列内のシトシンあるいはアデニンがメチル化）されており，侵入細胞型に修飾されていないので，制限酵素により分解されてしまう。後者に属する大腸菌由来のM·EcodamによるDNAのメチル化は，DNAの不正対合修飾におけるDNA鎖の新旧の区別に関与している（4.4.3項参照）。制限-修飾系のⅠ型とⅢ型の場合は，制限酵素とDNAメチラーゼが複合体を形成して機能し，Ⅱ型の場合は，制限酵素とDNAメチラーゼはそれぞれ単独で機能している。Ⅰ型とⅢ型については4.2節で詳しく述べたので，ここではごく簡単な説明だけにとどめる。

〔1〕 DNA-アデニンメチラーゼ

表7.1から明らかなように，Ⅱ型制限酵素に対応したメチラーゼや対応しないM·Ecodamは，Ⅰ型およびⅢ型制限-修飾系のメチラーゼ（M·EcoBⅠ，M·EcoKⅠ，M·EcoP1Ⅰ）に比較してサイズがやや小さい。大腸菌ファージT2に由来するメチラーゼ（M·T2dam）はさらに小さく，分子量がわずか14 400である。アデニンメチラーゼに限らず，メチラーゼは認識配列中の特定の塩基だけをメチル化する。同じ塩基が配列中に二つある場合には，通常はその中の一つをメチル化するという特異性を有する。このような意味での特異性は制限酵素自身も持っていることになる。しかしながら，制限酵素とメチラーゼは同じ配列を認識するのではあるが，細かく見ると配列の読取り（reading）方法は異なると考えられる。例えば，EcoRⅠとM·EcoRⅠについてつぎのような

ことが知られている。5′GAATTC3′をIAATTCまたはGAAUUCに変えた場合には，M·EcoRIは活性を示さないが，EcoRIは配列を認識・切断する。他方，GAAT5GluHmC（5-グリコシルヒドロキシメチルシトシン）は，M·EcoRIにより認識・メチル化されるが，EcoRIにより切断を受けない。

II型制限-修飾系のメチラーゼは，パリンドローム（二回回転対称性）配列を認識して両鎖をメチル化する。一方，制限酵素の方は，片方の鎖がメチル化された（ヘミメチル化）状態であっても活性阻害を受ける。M·EcoBIおよびM·EcoKIはパリンドロームではない配列を認識して，最終的に両鎖をメチル化するが，メチル化反応を詳しく見ると，両酵素は非メチル化部位に比べてヘミメチル化部位に顕著な優先性を示す。M·EcoP1I，M·EcoP5I，M·HinfIIIなどはパリンドロームではない配列に対して，片方の鎖のみをメチル化する。

制限-修飾系にかかわらない酵素M·Ecodamの欠損変異株（dam$^-$株）が分離されている。これら変異株は高頻度自然突然変異，接合後組換え，塩基アナログあるいはアルキル化剤による変異上昇などの表現型を示す。これら遺伝学的解析から得られた成果が，不正塩基対合修復とM·Ecodamとのかかわりを示唆するきっかけとなった。

〔2〕 DNA-シトシンメチラーゼ

シトシンメチラーゼの場合はアデニンメチラーゼの場合と異なり，制限-修飾系のメチラーゼはすべてII型のものであり，それらの分子量は40 000〜60 000である。制限-修飾系にかかわらない酵素として大腸菌のM·EcodcmI〜IVがある。これらの生理的機能は今のところ不明であるが，M·EcodcmIの認識配列とメチル化塩基は，M·EcoRIIのそれらと全く同じである。枯草菌ファージSPRがコードするメチラーゼ（M·SPRdcm）は，複数の配列を認識してメチル化する。さらには，5′CCGG3′の両方のシトシンをメチル化するのも特徴的である。複数の配列を認識してメチル化するのは枯草菌ファージ由来のメチラーゼに共通したことのようで，例えば，φ3TとSPβの酵素はGGCCとGCNGC配列中の，ρ11sの酵素はGGCCとGAGCTC配列中の二つのシトシンをメチル化することが知られている。

7.1 DNAメチラーゼ

由来は異なるが特異性が同一の酵素のみならず，由来も特異性も異なる酵素の間にアミノ酸配列相同性が見いだされる．例えば，M・*Dde*I，M・*Bsu*RI，M・*SPRdcm*，M・*Hha*I，M・*Eco*RIIの間には六つの相同領域（A～F）が存在する（図7.1）．領域A～DはN末寄りに存在し，領域EとFはC末端近くに存在する．領域DとEの間には大きな非相同領域があり，ここに塩基配列の認識にかかわるアミノ酸配列部分が存在すると考えられる．つまり，メチラーゼタンパク質はDNA結合領域によって分断される二つのドメイン構造を持つといえる．

		A		B		C
M・*Dde*I	1	MNIIDLFAGCGGFSHGFKMAG	68	DGIIGGPPCQGFSLSGNR	107	PKFFVMENVLG
M・*Bsu*RI	60	INVLSLFSGCGGLDLGFELAG	150	NLILGGFPCPGFSEAGPR	189	PEIFVAENVKG
M・*SPRdcm*	4	LRVMSLFSGIGAFEA|GYELVG	70	DLLVGGDPCQSFSVAGHR	110	PKFFVFENVKG
M・*Hha*I	12	LRFIDLFAGLGGFRLALESCG	73	DILCAGFPCQAFSISGKQ	113	PKVVFMENVKN
M・*Eco*RII	96	FRFIDLFAGIGGIRKGFETIG	178	DVLLAGFPCQPFSLAGVS	217	PAIFVLENVKN

		D		E		F
M・*Dde*I	141	GYKVCVIILNACDYGVPQSR	318	EGARIQSFPDTYIF	347	YQQIGNAVPPLL
M・*Bsu*RI	220	GYRVQFKLLNARDYGVPQLR	353	EIARVQTFPDWFQF	384	YKQIGNAVPVLL
M・*SPRdcm*	141	GYRIDLELLNSKFFNVPQNR	384	ECFRLQAFDDEDFE	410	YKQAGNSITVTV
M・*Hha*I	144	DYSFHAKVLNALDYGIPQKR	278	ECARVMGYPDSYKV	299	YKQFGNSVVINV
M・*Eco*RII	258	GYEVAD|KVIDGKHFLPQHR	415	ECARLMGFEKVDGR	440	YRQFGNSVVVPV

領域A内のFA/SGC/I/LGG/AはSAM（AdoMet）の結合にかかわると考えられるモチーフで，哺乳類のシトシンメチラーゼの場合のモチーフIにほぼ該当する．領域B内のPCQ/PXFSはPro-Csを含む活性部位で，哺乳類の酵素の場合のモチーフIVにほぼ該当する．領域EとFは同様にそれぞれモチーフIXとXにほぼ該当する．M・*SPRdcm*の領域A内，M・*Eco*RIIの領域D内にある縦線は，アミノ酸相同性を出すためにいくつかのアミノ酸を欠失させた部位である．

図7.1 細菌のDNA-シトシンメチラーゼにおけるアミノ酸配列相同領域
〔L. A. Sznyter et al. : *Nucleic Acids Res.*, **15**, p.8262（1987）より〕

7.1.2 真核生物（細胞）のDNAメチラーゼ
〔1〕 動物のDNAメチラーゼ

哺乳類から三つのDNAメチラーゼ，DNMT1，DNMT3α，DNMT3βが分離されている（図7.2）．

図 7.2 マウスの DNA-シトシンメチラーゼ DNMT1, DNMT3α, DNMT3β (β1, β2) における構造比較

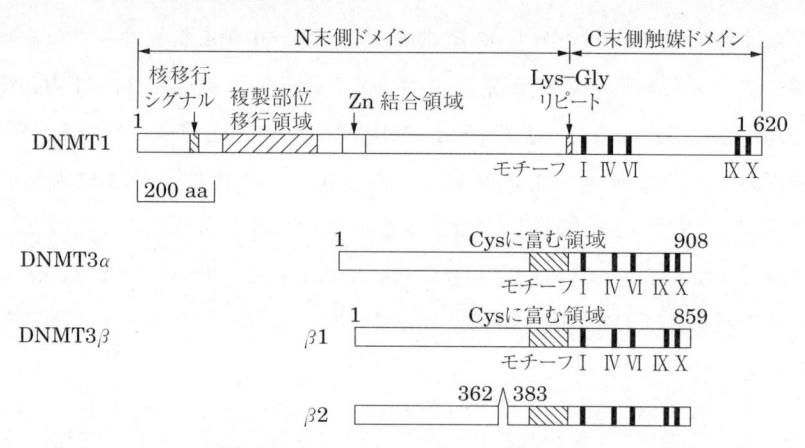

黒のバーは五つの最も保存性の高いメチラーゼモチーフを示す。DNMT3β2 に対しては，選択的スプライシング部位を示してある。

これらはいずれも

5′ CG 3′
3′ GC 5′

の配列を認識し，シトシンを 5-メチルシトシンに変換する DNA-シトシンメチラーゼである。マウスの酵素で見ると，DNMT1 は 1620 アミノ酸（分子量〜180000），DNMT3α は 908 アミノ酸からなる。DNMT3β には活性が確認されているものとして β1 と選択的スプライシング（alternative splicing）の産物である β2 とがあるが，β1 は 859 アミノ酸，β2 は 839 アミノ酸からなる。DNMT1 は全体の約 1/3 を占める C 末側触媒ドメインと，残りの 2/3 を占める N 末側ドメインとに分けられる。両ドメインの境界点には 13 アミノ酸にわたる Lys-Gly のリピートが存在する。C 末側触媒ドメイン中の C 末端近傍には 31 アミノ酸にわたり，細菌の DNA-シトシンメチラーゼ M・*Dde*I，M・*Hha*I，M・*Eco*RII などの C 末端近傍のアミノ酸配列〔相同領域 E と F（図 7.1）〕と相同性のある領域が存在する。特に M・*Dde*I の場合は DNMT1 の C 末側ドメインと広範囲にわたって有意な相同性が認められる。すべての細菌由

来のシトシンメチラーゼは中央部分のN末寄りにPro-Cysジペプチドを有する。このシステインのチオール（SH）とDNAがシトシンの6位を介して一過性的に共有結合すると考えられているが，DNMT1にもこのPro-Cys配列がほぼ相応する位置に存在する。

一方，大きなN末側ドメインであるが，N末端から中央寄りに核移行シグナル（nuclear localization signal, NLS），DNA複製領域への移行に関与する領域，システインに富むジンク（Zn）結合性領域がこの順で存在する。Zn結合性領域のN末側隣接領域に対する抗体はメチラーゼによるメチル基転移反応を阻害する。

以上のことは，N末側ドメインがC末側ドメイン由来のメチラーゼ活性の制御にかかわっていることを示す。マウス白血病細胞から分子量の異なる三つのDNMT1メチラーゼ（分子量190 000, 175 000, 150 000）が分離されている。低分子量の二つは，高分子量のもののN末側での切断（プロセシング）により産生したものと考えられるが，一番大きなものは対数増殖期の細胞に，中間サイズのものは対数増殖後期の細胞に，小さいものは定常期の細胞に特異的に見いだされる。

さて，DNMT1とDNMT3αおよびDNMT3βのアミノ酸配列を比較してみると，三者において最もよく保存されたモチーフが五つ（I, IV, VI, IX, X）存在する。これらのモチーフはすべてDNMT1のC末側触媒ドメイン内にあり，DNMT3αとDNMT3βのC末側部分に存在する。3αと3βの一番N末寄りのモチーフIに隣接してシステイン（Cys）に富む領域が認められるが，この領域およびN末側部分（全体の半分を占める）はDNMT1と相同性を示さず，特異的な配列と考えられる。

DNMT1, DNMT3α, DNMT3β（β1とβ2）の酵素的特性および機能に関してはつぎのようなことが知られている。

DNMT1は，片方の鎖上の5′CG3′のみがメチル化（ヘミメチル化）されたDNAに対して選択的に作用し，相補鎖上の3′GC5′をメチル化する特性を持つことから"維持型メチラーゼ"と呼ばれる。DNMT1は細胞分裂時のDNA

複製において，新たに合成された娘鎖に親鎖と同じメチル化パターンを与える役割を持つ。DNMT1 がどのようにしてヘミメチル化された CG 二塩基対を認識するかについては不明である。CG 二塩基対は B 型 DNA の主溝（major groove）内で非常に近接している。したがって，酵素タンパク質は活性部位の中，あるいはそれに非常に近い部位で DNA 中のメチル化されていない CG 二塩基対とヘミメチル化された CG 二塩基対を見分けているものと考えられる。

一方，DNMT 3α と DNMT 3β（$\beta1$ と $\beta2$）は，ヘミメチル化された CG 二塩基対だけではなく，メチル化されていない CG 二塩基対をメチル化する特性を持つことから "de novo（新規）型メチラーゼ" と呼ばれる。この型の酵素は細胞の発生や分化，さらに腫瘍化などの過程において新たに DNA メチル化パターンを確立する役割を担っていると考えられている。細菌由来のメチラーゼは，1 回のメチル化ごとに基質 DNA から離れることが知られているが，ラットの肝臓から分離された DNA-シトシンメチラーゼは，基質 DNA から離れることなく DNA 上を移動し，連続的に適切な部位にメチル基を導入することが知られている。

脊椎動物の場合，すべての 5′ CG 3′ 配列のうち 60～90 ％ がメチル化（全シトシンの 3～5 ％ がメチル化）を受けている。CG 配列がゲノム上で 1～2 kb にわたって密集している領域が存在し，"CG アイランド" と呼ばれるが，ここは通常はメチル化を受けていない。CG アイランドは哺乳類のゲノム上に 3～4 万個存在すると推定されており，多くは遺伝子の 5′ 上流域に存在する。シトシンメチラーゼによる DNA のメチル化は，ゲノムインプリンティング（genomic imprinting），X 染色体の不活性化，組織特異的な遺伝子発現制御や正常発生の維持など，多くの重要な生命現象に関与していることが明らかになっているが，これらはすべてメチル化による転写の抑制ということで説明できる現象である。

例えば，ゲノムインプリンティングの場合でいうと，父親由来，母親由来の対立遺伝子においてメチル化に違いがあり，一方だけの転写発現が抑えられて

いるということになる。転写抑制機構として二つ考えられている。一つは，DNAのメチル化が転写因子の結合部位への結合を阻害するというものである。しかし，転写因子の中には結合部位のメチル化の有無にかかわらず結合でき，転写を活性化するものもある。この場合は，メチル化CG（mCG）結合タンパク質が介入して転写因子の作用を抑える。これがもう一つの機構である。

mCG結合タンパク質はDNA上にヒストン脱アセチル化酵素複合体を引き付け，遺伝子転写発現抑制型ヌクレオソーム構造を構築する。mCG結合タンパク質の中にはPCNA（proliferating cell nuclear antigen，増殖細胞核抗原，サイクリンとも呼ばれる）と結合し，DNA複製領域に移行しているDNMT1メチラーゼと相互作用するものも知られている。mCG結合タンパク質とDNMT1が具体的にどのようにかかわり合うのかは不明である。

最近，哺乳類細胞中からメチラーゼとは反対のデメチラーゼ（脱メチル化酵素）が分離された。これはタンパク質とRNA部分から成り立っており，組織特異的かつ塩基配列特異的に脱メチル化反応を行うとのことである。

〔2〕 植物およびその他のDNAメチラーゼ

植物のDNAでは，5′CG3′および5′CNG3′の両方のCがメチル化されている。エンドウ（*Pisum sativum*）からヘミメチル化されたCNGを優先的にメチル化する酵素（70 kDaくらい）と，やはりヘミメチル化されたCGを優先的にメチル化する酵素が部分精製されている。また，シロイヌナズナ（*Arabidopsis thaliana*）からシトシンメチラーゼ（1 534アミノ酸）をコードすると考えられるcDNAが分離されている。このアミノ酸配列を解析した結果，マウスのメチラーゼ（DNMT1）のC末側メチラーゼドメインと50％の相同性が，N末側ドメインと24％の相同性が認められた。しかし，哺乳類のメチラーゼに共通して存在するZn結合性領域は欠落していた。これらの結果から，シロイヌナズナのメチラーゼはCGに特異的な維持型メチラーゼと予想される。

植物以外では，単細胞緑藻*Chlamydomonas reinhardi*からシトシンメチラーゼが分離されている。分子量が55 000〜58 000で，5′TC(Pu/C)3′の真ん中のCをメチル化する。酵素タンパク質がDNAかSAM（AdoMet）のどち

らか一方にランダムに結合し,そのあと残りの片方に結合して三者複合体を形成すると考えられている。

上述したように,これまで解析された真核生物(細胞)由来のDNAメチラーゼはすべてシトシンメチラーゼである。しかし,原生動物繊毛虫類のテトラヒメナ(*Tetrahymena thermophila*)の酵素は,例外的に 5′ NAT/C 3′ の A をメチル化することが知られている。

7.2 RNA メチラーゼおよび mRNA キャップ生合成酵素

RNA メチラーゼは,RNA の転写後修飾(posttranscriptional modification)を触媒する酵素群の中の一つで,tRNA や rRNA を基質としたものが一般的であるが,ここでは,mRNA のメチル化されたキャップ構造の形成にかかわる酵素類(mRNA cap-synthesizing enzymes)も広義のメチル化酵素との判断に立って含めることにする。一部の例外を除いてすべての酵素反応において,メチル基供与体は DNA メチラーゼと同じように SAM(AdoMet)である。以下にこれまで酵素化学的解析が進んでいる代表的なものについて説明する。

7.2.1 tRNA(rRNA)メチラーゼ

酵素によるメチル化の対象は通常ヌクレオシド単位で論じられるので,これに従って分類する。

〔1〕 5-メチルシチジン(m^5C)生成酵素

HeLa 細胞から精製された酵素(分子量 72 000)は,各種の tRNA をはじめ rRNA やウイルス RNA のシチジン残基をメチル化する。この酵素は,大腸菌のフェニルアラニル tRNA(tRNA^{Phe})の特定シチジン残基(*S. cerevisiae* 以外の真核細胞由来の tRNA^{Phe} において m^5C となっているシチジン残基)をメチル化する。*S. cerevisiae* の tRNA^{Phe} は別のシチジン残基がメチル化されているが,HeLa 細胞由来の酵素はこの第二のシチジン残基をメチル化することはできない。

〔2〕 1-メチルアデノシン（m^1A）生成酵素

ラット肝臓から精製された酵素は分子量 95 000 で，大腸菌 $tRNA_2^{Glu}$ 基質の TGYC ループにあるアデノシン残基をメチル化する。類似の酵素は HeLa 細胞やコムギ麦芽から部分精製されている。

〔3〕 1-メチルグアノシン（m^1G）生成酵素

ラット肝臓から精製された酵素は分子量 83 000 で，大腸菌 $tRNA^{fMet}$ 基質中の特定グアノシン残基をメチル化する。実際，真核細胞 tRNA 中の特定部位に m^1G が見いだされる。

〔4〕 N 2-メチルグアノシン（m^2G）生成酵素

トリ初期胚やラット肝臓系では，tRNA の 5′ の末端から 10 番目に m^2G が存在することが知られている。トリ初期胚およびラット肝臓から精製された酵素はそれぞれ分子量 77 000，69 000 であり，やはり 5′ 末端から 10 番目にグアノシン残基を持つ大腸菌の $tRNA^{Phe}$，$tRNA^{Val}$，$tRNA^{Arg}$ を効率よくメチル化する。

〔5〕 7-メチルグアノシン（m^7G）生成酵素

大腸菌の tRNA は通常，5′ 末端から数えて 55 番目に m^7G を有する。枯草菌の $tRNA^{Phe}$ は大腸菌の tRNA と同様であるが，$tRNA^{fMet}$ は該当する場所のグアノシン残基がメチル化されていない。そこで，大腸菌から，枯草菌 $tRNA^{fMet}$ および大腸菌 met^-rel^- 株由来の非メチル化 tRNA を基質として，酵素の精製が進められた。部分精製の段階であるが，少なくとも 2 種類の酵素，すなわち，枯草菌 $tRNA^{fMet}$ と大腸菌非メチル化 tRNA の両方をメチル化できるものと，非メチル化 tRNA だけをメチル化するものが存在することがわかった。分子量は少なくとも 100 000 以上である。

〔6〕 リボチミジン（rT）生成酵素

ほとんど全部の tRNA の GTΨC ループには，その名のとおり，Ψ（シュードウリジン）の 5′ 側隣に rT が存在する。大腸菌から精製された酵素は分子量 40 000 の単量体で，rT の位置が U（ウリジン）となっているコムギ麦芽の $tRNA^{Gly}$ などに対して，U をメチル化して rT に変換する。*Streptococcus fae-*

calis から精製された酵素は分子量約 115 000 で，58 000 のサブユニットのホモ二量体と考えられる。この酵素は，ほかのほとんど全部のメチル化酵素がメチル基供与体として SAM (AdoMet) を用いるのとは異なり，$CH_2=THF$ (N^5, N^{10}-メチレンテトラヒドロ葉酸) のメチレン基を用いる。また，反応において，還元型のフラビンアデニンジヌクレオチド ($FADH_2$) を還元剤として用いる。全体の反応は以下のとおりである。

$$tRNA(U\Psi C) + CH_2=THF + FADH_2 \longrightarrow tRNA(T\Psi C) + THF + FAD$$

tRNA における以上のような $CH_2=THF$ を介した rT へのメチル化は，枯草菌やほかのグラム陽性細菌類においても見られる。しかしながら，rRNA における rT の合成は tRNA の場合とは異なるようで，例えばグラム陽性細菌 *Micrococcus lysodeikticus* では，23S rRNA に存在する rT のメチル供与体は SAM であることが報告されている。

7.2.2 mRNA のキャップ構造の生合成にかかわる酵素系

ほとんどすべての真核生物およびそのウイルスの mRNA は 5′ 末端に

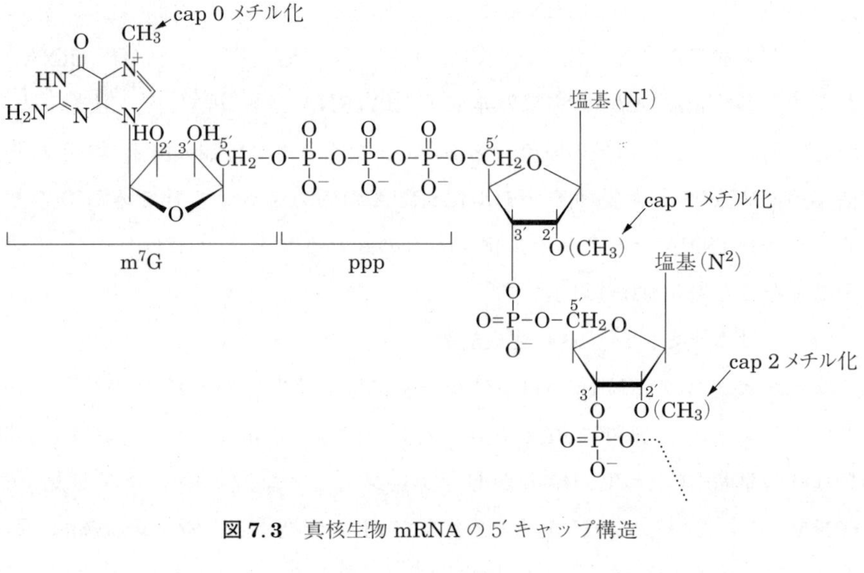

図 7.3 真核生物 mRNA の 5′ キャップ構造

7.2 RNAメチラーゼおよびmRNAキャップ生合成酵素

キャップ (cap) 構造といわれる特異な構造 $m^7G(5')ppp(5')N^1(m)pN^2(m)p$-を有している。これは，図 7.3 に示すように，m^7G（7-メチルグアノシン）が，mRNAの5′末端ヌクレオチドに5′-5′三リン酸橋を介して結合している。キャップ構造は，cap 0 (m^7GpppN^1)，cap 1 (m^7GpppN^1m)，cap 2 ($m^7GpppN^1mN^2m$) の三つに分けられる。cap 0 は酵母，粘菌，植物および植物ウイルスに多く，動物や動物ウイルスにおいては cap 1 と cap 2 が主である。キャップ構造はタンパク質合成の開始反応において重要な働きをし，核内mRNA前駆体のスプライシングや，RNAの核から細胞質への移行においても機能することが知られている。また，キャップ構造を持つmRNAは 5′→3′ エキソヌクレアーゼにより分解されにくい。

ここでは以上のような mRNA のキャップ構造の生合成にかかわる酵素について図 7.4 に基づき解説する。

〔1〕 mRNA キャッピング酵素

反応（1）と（2）を触媒する酵素，それぞれ RNA 5′-トリホスファターゼ (triphosphatase) と，mRNA グアニリルトランスフェラーゼ（グアニル酸転移酵素 (guanylyltransferase)）をまとめて mRNA キャッピング (capping) 酵素という。RNA 5′-トリホスファターゼは新生の RNA 鎖の 5′ 末端ヌクレオシドの三リン酸に作用して γ 位のリン酸を除去し，二リン酸末端に変換する。mRNA グアニリルトランスフェラーゼは酵素-GMP 反応中間体 (E-pG) を経て，キャップ構造の基本骨格である $G(5')ppp(5')N$- を形成する。三つのリン酸の中の一つがグアニル酸由来で，残る二つが新生 RNA 鎖の 5′ 末端ヌクレオチドに由来する。

動物，例えばラット肝臓核や海水性のエビ *Artemia salina* 由来のキャッピング酵素は，それぞれ分子質量 65 kDa，あるいは 73 kDa の 1 本のポリペプチド鎖上に，RNA 5′-トリホスファターゼ活性と mRNA グアニリルトランスフェラーゼ活性とが二つのドメインを形成して内在している。*A. salina* の場合で見ると，トリプシン限定分解によって得られる 44 kDa 断片に mRNA グアニリルトランスフェラーゼ活性が，23 kDa 断片に RNA 5′-トリホスファ

7. メチラーゼ

```
            pppN¹pN²p−        （新生RNA鎖の5′末端）
              │
         Pi ←─┤  RNA 5′-トリホスファターゼ            反応（1）
              ↓
            ppN¹pN²p−
       GTP ─┐
            ├─ mRNAグアニリルトランスフェラーゼ（転移酵素） 反応（2）
       PPi ←┘
              ↓
            G(5′)pppN¹pN²−
  SAM(AdoMet)─┐
              ├─ mRNA（グアニン-7-）メチル
  SAH(AdoHcy)←┤   トランスフェラーゼ（メチル基転移酵素）    反応（3）
              ↓
cap 0       m⁷G(5′)pppN¹pN²p−

  SAM(AdoMet)─┐
              ├─ mRNA（ヌクレオシド-2′-）メチル
  SAH(AdoHcy)←┤   トランスフェラーゼⅠ（Ⅰ型メチル基転移酵素）  反応（4）
              ↓
cap 1       m⁷G(5′)pppN¹mpN²p−

  SAM(AdoMet)─┐   mRNA（ヌクレオシド-2′-）メチル          反応（5）
              ├─   トランスフェラーゼⅡ（Ⅱ型メチル基転移酵素）
  SAH(AdoHcy)←┘   (mRNA(mA-N⁶-)メチルトランスフェラーゼ)  反応（6）
              ↓
cap 2       m⁷G(5′)pppN¹mpN²mp−
            (m⁷G(5′)pppm⁶AmpN²mp−)
```

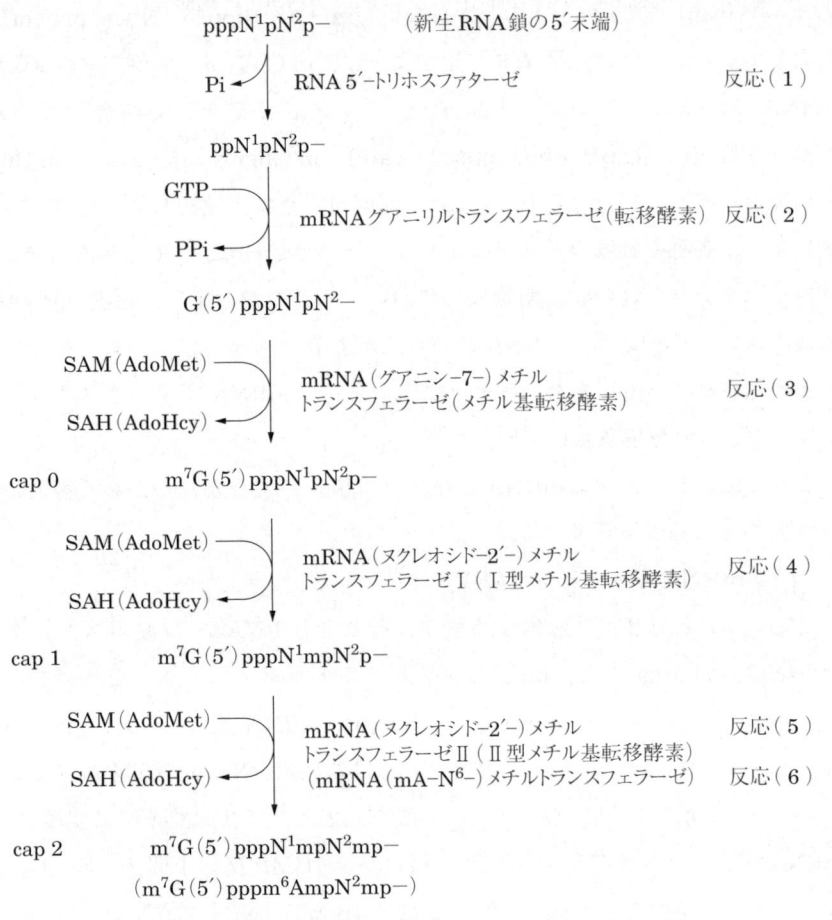

反応（4）までは細胞核内で起こり，（5）（6）の反応は細胞質で起こる。
SAM（AdoMet）：S-アデノシルメチオニン
SAH（AdoHcy）：S-アデノシルホモシステイン

図7.4 5′キャップ構造の生合成機構〔水本清久：mRNA キャッピングとポリ(A)鎖付加，松村正実編 シリーズ分子生物学3「高等動物の分子生物学」，朝倉書店（1998），pp.35-42 より〕

ターゼ活性が存在することが示されている。

　最近，ヒト細胞からキャッピング酵素をコードする cDNA が分離された。これは597アミノ酸からなるタンパク質をコードし，N末側213アミノ酸から

7.2 RNAメチラーゼおよびmRNAキャップ生合成酵素

なる領域(1～213)がRNA 5′-トリホスファターゼに，C末側369アミノ酸からなる領域(229～597)がmRNAグアニリルトランスフェラーゼに相応することが明らかになった。

一方，S. cerevisiaeの酵素は，αタンパク質(52 kDa)とβタンパク質(80 kDa)のヘテロ二量体であり，αがmRNAグアニリルトランスフェラーゼのサブユニットであり，βがRNA 5′-トリホスファターゼのサブユニットである。αサブユニット(459アミノ酸)の活性中心，つまりGMPの結合に直接かかわるアミノ酸が，N末端から70番目のリジン残基(K^{70})であることが明らかにされている。

ワクシニアウイルス粒子からもキャッピング酵素が精製されている。この酵素(127 kDa)は，95 kDaと31 kDaの二つのサブユニット会合体であり，RNA 5′-トリホスファターゼ活性，mRNAグアニリルトランスフェラーゼ活性，およびキャップメチル化酵素：mRNA (グアニン-7-) メチルトランスフェラーゼ(メチル基転移酵素(methyltransferase))活性(反応(3)の触媒活性)を含んでいる。そして，前の方二つの酵素活性は大きいサブユニットに含まれおり，キャップメチル化酵素の活性発現には両方のサブユニットが必要である。

S. cerevisiaeとワクシニアウイルスのmRNAグアニリルトランスフェラーゼについて，GMPの結合部位であるリジン残基(K)を含む活性中心近傍のアミノ酸配列を比較すると，-KTDG-という同一の配列が見られる。ヒト細胞やSch. pombeの酵素もこれに相応するアミノ酸配列，それぞれ-KADG-，-KSDG-を持っている。全体的に見て，mRNAグアニリルトランスフェラーゼは，活性中心部位に共通の-KXDG-配列を有しているといえる。興味あることに，これと同じ配列が3.4節(図3.4)で述べたように，DNAおよびRNAリガーゼの活性中心にもある。リガーゼは，反応中間体としてキャップに似たようなA(5′)pp(5′)N—構造を形成する。この構造の形成は，リガーゼのLys-AMP反応中間体を経て行われる。したがって，KXDGはヌクレオチジル転移反応において重要な機能を持つモチーフであると考えられる。

〔2〕 キャップメチル化酵素：mRNA（グアニン-7-）メチルトランスフェラーゼ

反応（3）の，キャップのメチル化を触媒する酵素，すなわちmRNA（グアニン-7-）メチルトランスフェラーゼは，GpppN— を5′末端に持つRNAをメチル化してm^{7}GpppN— を生成する。ラット肝細胞核より分離された酵素は，RNA鎖ではない，ジヌクレオチドGpppNのG-7位もメチル化するが，GppppNに対してはメチル化できないことが示されている。

S. cerevisiae から分離・精製された酵素（第Ⅱ染色体に存在する ABD1 遺伝子の発現産物）は，436アミノ酸からなる50 kDaのタンパク質であり，in vitro 反応においては，アミノ酸残基130番目から426番目までであれば十分にメチル基転移活性を示す。しかし，酵素の生体内機能発現としては，110番目から426番目までの領域が必須であると報告されている。

ヒトの細胞からこの酵素をコードするcDNAが3種分離されている（hCMT 1a, b, c と命名）。これらは選択的RNAスプライシングの産物であるが，この中で，大腸菌内で発現させたタンパク質が活性を示すのは，476アミノ酸からなるhCMT1aタンパク質だけである。同様のcDNAはアフリカツメガエル (Xenopus laevis) や線虫 (Caenorhabditis elegans) からも分離されており，両方とも402アミノ酸をコードしている。

真核細胞（動物）のこれらキャップメチル化酵素は，〔1〕項で述べたワクシニアウイルスのキャップメチル化酵素（キャッピング酵素複合体の大きい(95 kDa) サブユニットのC末側領域に存在）と，N末側領域以外においてアミノ酸配列に相同性が見られる。これら相同配列の中にはS. cerevisiae の酵素で示された活性発現に必須の八つのアミノ酸残基がすべて含まれている。例えばSAMの結合モチーフと考えられる VL(D/E/A)L(G/A/D)(C/F)G(K/N)G(G/A)DL である。

最近，キャッピング酵素とキャップメチル化酵素とが，RNAポリメラーゼⅡの最も大きいサブユニットのリン酸化されたC末ドメイン（CTD）に直接結合することが in vitro 反応で示された（2.4.2項参照）。これは，生体内に

おいて，RNAポリメラーゼIIが合成し始めた，新生RNA鎖の5′末端がキャッピングされることを考えると興味深い知見である。

〔3〕 **mRNA（ヌクレオシド-2′-）メチルトランスフェラーゼ，mRNA（2′-O-メチルアデノシン-N^6-）メチルトランスフェラーゼ**

mRNA（ヌクレオシド-2′-）メチルトランスフェラーゼにはI，IIの二つのタイプがある。I型酵素は新生RNA鎖の第1番目（5′末端）N^1ヌクレオシドのリボース2′-OHに特異的に作用し，SAMをメチル供与体にO-メチル化して $m^7G(5′)pppN^1mpN^2p—$ を与える〔図の反応（4）〕。II型酵素は第2番目N^2ヌクレオシドのリボース2′-OHに特異的に作用し，SAMをメチル供与体にO-メチル化して $m^7G(5′)pppN^1mpN^2mp—$ を与える〔図の反応（5）〕。

I型酵素はワクシニアウイルス粒子から精製されている。分子質量38 kDaで，RNA鎖ではないジヌクレオチド $m^7G(5′)pppN^1$ に対して低い活性を示すものの，$G(5′)pppN—$ 末端を持つRNA鎖に対しては全く活性を示さない。ウイルスは細胞質内で複製・増殖するが，N^1ヌクレオシドの2′-OHは自身のI型酵素によりO-メチル化され，N^2ヌクレオシドの2′-OHは宿主（感染細胞）のII型酵素によってO-メチル化される。動物細胞にはI型とII型の両方が存在し，両酵素がHeLa細胞から部分精製されている。不安定なため，SDSポリアクリルアミドゲル電気泳動的に単一バンドにまで至っていないが，I型酵素は核内に存在し，II型酵素は細胞質内に存在することが示されている。

mRNA（2′-O-メチルアデノシン-N^6-）メチルトランスフェラーゼは，N^1の塩基がアデニンの場合に，アデニン環のN^6位をSAMを用いてメチル化し，$m^7G(5′)pppm^6AmpN^2mp—$ を与える酵素である〔図の反応（6）〕。HeLa細胞から精製された酵素は分子質量が約65 kDaで，$m^7G(5′)pppAm—$を末端に持つRNA鎖に作用し，SAMを用いて $m^7G(5′)pppm^6Am—$ を与える。$m^7G(5′)pppA—$末端を持つRNA鎖の基質活性は $m^7G(5′)pppAm—$ の場合と比較して低く，$G(5′)pppA—$ 末端を持つRNA鎖はほとんど基質活性を示さない。オリゴヌクレオチド $m^7G(5′)pppA$，$m^7G(5′)pppAm$ や $m^7G(5′)pppAmpN$ は全く基質活性を示さず，酵素が基質にポリマーを要求することがわかる。

8. その他の核酸関連酵素類

8.1 アミノアシル tRNA 合成酵素

タンパク質の生合成（翻訳過程）において，ATP の加水分解のエネルギーを利用してアミノ酸を活性化し，tRNA に結合させる酵素（aminoacyl–tRNA synthetase）で，"aminoacyl–RS" と略称されることもある。酵素反応は図 8.1 に示すように 2 段階で進行する。反応（1）では，まず，ATP の加水分解（ピロリン酸開裂）を伴ってアミノ酸が活性化され，酵素タンパク質に結合した形の高エネルギー中間体：アミノアシル AMP が生成する。反応（2）では，活性化されたアミノ酸に特異的な tRNA の 3′ 末端（$pCpCpA_{OH}$）のアデノシンの

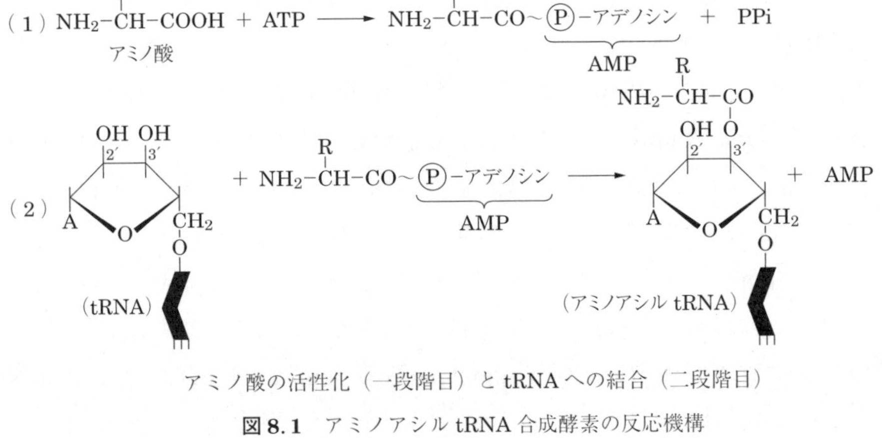

(1) NH_2-CH(R)-COOH + ATP ⟶ NH_2-CH(R)-CO∼Ⓟｰアデノシン (AMP) + PPi
　　アミノ酸

(2) tRNA（$2'$ OH, $3'$ OH）+ NH_2-CH(R)-CO∼Ⓟｰアデノシン (AMP) ⟶ アミノアシル tRNA + AMP

アミノ酸の活性化（一段階目）と tRNA への結合（二段階目）

図 8.1 アミノアシル tRNA 合成酵素の反応機構

2′-または3′-OH基とアミノ酸のカルボキシル基がエステル結合して，アミノアシルtRNAが形成され，AMPと酵素が遊離する．例えば，原核生物の場合には，アミノアシルtRNAがポリペプチド鎖伸長因子EF-Tuに結合すると，アミノ酸が3′-OHに結合した状態で安定化する．

正確に遺伝暗号を翻訳するためには，酵素が特異的なtRNAとアミノ酸の両方を厳密に認識し，結合させることが必須である．通常，酵素は各アミノ酸に対して1種類存在する（20種類のアミノ酸に対応して20種類の酵素が存在する）．tRNAには1～数種類のイソアクセプター（同一のアミノ酸を受容するが，認識コドンが異なるもの）があるが，酵素はイソアクセプターtRNAに共通する特徴的な数個程度のヌクレオチド残基を認識する．酵素タンパク質はATP，アミノ酸，tRNAの三つの結合部位を持っており，ATPおよびアミノ酸結合部位が触媒ドメインを形成している．しかしながら，基本的に共通の反応を触媒するにもかかわらず分子質量が40～260 kDaと幅があり，サブユニット（分子質量40～110 kDa）の構成もα，α_2，$\alpha_2\beta_2$，α_4と変化に富み，アミノ酸配列も全体的にはそれぞれ異なる．

20種類の酵素は，10種類ずつ二つのグループ（クラスIとII）に分類されている．大腸菌の場合で見ると，クラスIの酵素の多く（CysRS, ValRS, IleRS, LeuRS, ArgRS, GluRS, GlnRS）が単量体（α）で，MetRSが単量体（α）とホモ二量体（α_2）の両方，TyrRSとTrpRSがホモ二量体（α_2）を形成し，いずれの酵素も最初にアミノアシル化するのがアデノシンの2′-OHである．そのあと，トランスエステル化反応によりアミノ酸が3′-OHに移ると考えられている．ATP結合モチーフとしてHIGHとKMSKの二つの保存配列を有する．一方，クラスIIの酵素の多く（SerRS, ThrRS, ProRS, HisRS, AspRS, AsnRS, LysRS）がホモ二量体（α_2）で，PheRSがヘテロ二量体（$\alpha_2\beta_2$）と単量体（α），GlyRSがヘテロ二量体（$\alpha_2\beta_2$），AlaRSがホモ四量体（α_4）と単量体（α）であり，最初にアミノアシル化するのが，Pheを除いてアデノシンの3′-OHである．ATP結合モチーフとしてはI型と異なる特殊なモチーフが三つ見られる．

酵素と tRNA の X 線結晶構造解析からつぎのようなことがわかっている。Ⅰ型酵素の GlnRS は，tRNA の D-ループ側から接触し，一方の端が tRNA のアクセプターステム（クローバー葉構造の主茎にあたるところで，5′末端と 3′末端付近の配列間で 7 塩基にわたって対合した部分）副溝（minor groove）の塩基を認識して結合し，もう一方の端がアンチコドンに結合する。このとき，アンチコドンループの U_{35} と U_{36} 塩基が酵素タンパク質分子中へ引っ張り込まれる。また，アクセプターステムの端が極度にゆがめられ，U_1 と A_{72} の塩基対合が開裂する。この開裂でより長くなった 3′末端の一本鎖部分が，酵素タンパク質の深いポケットに入り込む。このポケットは ATP 結合部位を含んでいる。

Ⅱ型酵素の AspRS は，Ⅰ型 GlnRS とは反対の側から tRNA に接触し，可変ループとアクセプターステム主溝を認識する。このとき，アクセプターステムの構造は変わらない。ATP はおそらく tRNA 末端のアデニンの近くに結合していると考えられる。もう一方の端の結合部位でアンチコドンループに強く結合する。アンチコドンループは変形し，酵素タンパク質に具合よくはまり込む。ほかのⅠ型，あるいはⅡ型の酵素による tRNA の認識様式は基本的には上述の酵素と同じであるが，細かい点ではそれぞれの酵素ごとに異なることが示唆されている。なお，酵素がどのように特異的アミノ酸を認識するかについてはよくわかっていない。

8.2　tRNA-グアニントランスグリコシラーゼ

tRNA-グアニントランスグリコシラーゼ（tRNA-guanine transglycosylase）は，tRNA 前駆体のアンチコドンの 1 文字目に存在する，修飾ヌクレオシドキューオシン（queuosine）（Q ヌクレオシドともいう）の生合成に関与している酵素である（図 8.2）。

具体的には，アンチコドン 1 文字目のグアニン残基を除去して，別途合成されたキューイン（queuine）（キューオシンの塩基部分で Q 塩基ともいう），あ

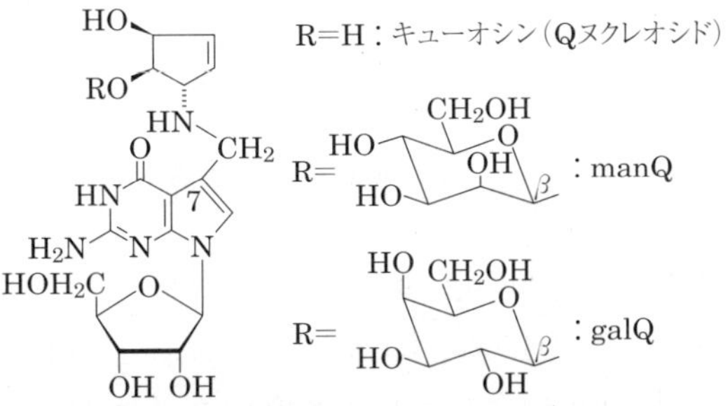

図 8.2 キューオシンとその糖修飾体の構造

るいはその前駆体を交換挿入する。酵素としては，塩基とリボース間の N–C グリコシド結合の開裂と再結合を介して塩基を置換するタイプである。キューオシンの生合成機構は，核酸に含まれる多くの修飾ヌクレオシドが核酸の中にある正常塩基の修飾により生ずるのとは異なり，ユニークなものである。

大腸菌の場合は，GTP から合成されたキューインの前駆体（7-アミノメチル-7-デアザグアニン）が当該酵素（EC 2.4.2.29 で，分子質量 46 kDa）によって tRNA^{Tyr}, tRNA^{His}, tRNA^{Asn}, tRNA^{Asp} のアンチコドン 1 文字目のグアニン残基に交換挿入された後，修飾を受けキューインとなる。

一方，高等動物の場合は，キューインあるいはその前駆体を合成できないので，キューインを微量栄養素（一種のビタミン）として摂取し，それを酵素（ウサギ網状血球からのものは分子質量が 103 kDa で二つのサブユニット 60 kDa と 43 kDa からなる）によって，tRNA^{His}, tRNA^{Asn}, tRNA^{Tyr}, tRNA^{Asp} のアンチコドン 1 文字目のグアニン残基と塩基置換する。そして，最終的にアンチコドン 1 文字目は tRNA^{Tyr} の場合にはキューインのミクロペンテン環のヒドロキシル基にガラクトースが β 配位で結合した galQ，tRNA^{Asp} の場合には同じくマンノースが結合した manQ となる。

キューオシン（Q）の機能に関連してつぎのことが知られている。tRNA^{Tyr} でアンチコドン 1 文字目が G のものは UAG サプレッサー活性があるが，Q になると活性がなくなる。Q が欠損すると乳酸デヒドロゲナーゼやシトクロムの合成に影響が出る。癌細胞の tRNA には Q を含むものがなく，ショウジョ

ウバエの発生や粘菌の分化過程ではQを含むtRNAが増加する。

8.3 光回復酵素

光回復酵素（photoreactivating enzyme）は，正式には，デオキシリボジピリミジンフォトリアーゼ（EC 4.1.99.3）と呼ばれ，しばしばDNAフォトリアーゼと略称される。紫外線照射によってDNA鎖中に生じたピリミジン二量体〔図8.3(a)〕のシクロブタン構造を開裂して，元の単量体へ変換（再生）する反応を触媒する。

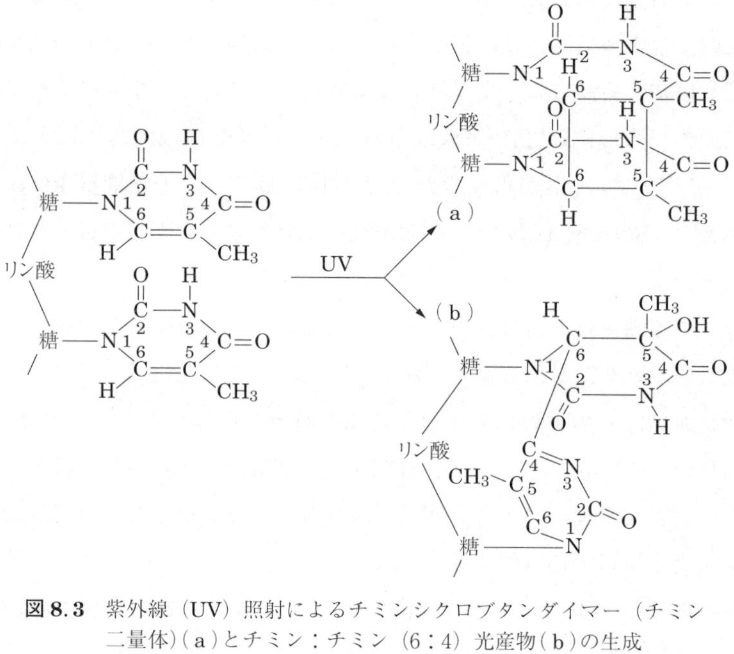

図8.3 紫外線（UV）照射によるチミンシクロブタンダイマー（チミン二量体）(a)とチミン：チミン（6：4）光産物(b)の生成

反応の機構はつぎのように考えられている。酵素がまずDNA中のピリミジン二量体部分に結合し，ついで300〜500 nmの近紫外から可視までの光線を吸収し，この光エネルギーを二量体に移すことにより単量体化する。なお，このときDNA鎖の切断は起こらない。大腸菌，放線菌，*S. cerevisiae*，有袋類

に至るまで幅広く分布しており，ヒトなど霊長類においても類似の酵素活性が検出されている．これまで精製された酵素はすべて単量体であり，分子質量は40～70 kDa である．大腸菌や *S. cerevisiae* 由来の酵素は葉酸型酵素に属し，光吸収に関与する発色団として $FADH_2$ と 5,10-メテニルテトラヒドロ葉酸を持つ．*Streptomyces griseus*（代表的放線菌）や *Scendesmus acutus*（緑藻クロレラ目）由来の酵素はデアザフラビン型酵素に属し，発色団として $FADH_2$ と 8-ヒドロキシ-5-デアザフラビン補酵素（F 420 補酵素）を持つ．葉酸型酵素は 380 nm 付近に，デアザフラビン型酵素は 440 nm 付近に極大吸収を持つ．

紫外線照射によりピリミジン二量体とは別に低頻度ながらピリミジン：ピリミジン（6：4）光産物（図8.3（b））が生成するが，最近，この産物を光修復する酵素がショウジョウバエ（*Drosophila melanogaster*）から分離精製され，(6：4) 光産物光回復酵素と命名された．

8.4 DNA グリコシラーゼと DNA 塩基挿入酵素

DNA グリコシラーゼは，DNA 中に生じた異常塩基とデオキシリボースとの間の N-グリコシド結合を加水分解し，DNA 上に塩基欠失部位（AP サイト）を生成する酵素である．DNA 塩基挿入酵素（DNA-base insertion enzyme）はその名のとおり，AP サイトに塩基を挿入する酵素である．

8.4.1 DNA グリコシラーゼ

異常塩基としては，複製時に誤って取り込まれた dUMP 由来のウラシル，シトシンの脱アミノ化によって生じたウラシル，アデニンの脱アミノ化によって生じたヒポキサンチン，アルキル化剤により生じた 3-メチルアデニン，酸化的 DNA 損傷で生じたチミングリコールや 8-オキソグアニン，およびプリン環の開裂の結果生じたホルムアミドピリミジンなどがある．これらの異常塩基を認識し，作用する DNA グリコシラーゼが細菌から動物に至るまで広く分布している．主な酵素としては，異常塩基特異性の低い大腸菌エンドヌクレアー

ゼⅢ（4.5.1〔1〕項参照），大腸菌および哺乳類にも存在するウラシル-DNAグリコシラーゼ，メチルプリン-DNAグリコシラーゼ，チミングリコール-DNAグリコシラーゼ，8-オキソグアニン/ホルムアミドピリミジン-DNAグリコシラーゼなどがある。これらはいずれも分子サイズが比較的小さく，補酵素を必要としない。

DNAグリコシラーゼの作用により生じたAPサイトをAPエンドヌクレアーゼ（4.5節参照）が認識して一本鎖切断を行うことが，その後の一連の除去修復反応の進行を可能にするわけであるが，DNAグリコシラーゼ活性とAPエンドヌクレアーゼ活性を合わせ持つ酵素がいくつか報告されている。それらは，上記した大腸菌エンドヌクレアーゼⅢであり，T4エンドヌクレアーゼⅤ（UVエンドヌクレアーゼ）（4.5.1〔5〕項参照）や，*M. luteus* UVエンドヌクレアーゼ（4.5.1〔6〕項参照）である。後の方二つのグリコシラーゼ活性はピリミジン二量体-DNAグリコシラーゼであり，T4 UVエンドヌクレアーゼは分子量約18 000の単一ポリペプチド鎖からなっている。

8.4.2 DNA塩基挿入酵素

この酵素は，ヒト繊維芽細胞および大腸菌から部分精製されている。いずれもプリン塩基の挿入酵素である。これは，ピリミジン塩基の挿入酵素が存在しないというよりは，哺乳類細胞のDNAにおけるプリン塩基の自然発生的な欠失が，ピリミジン塩基のそれよりも桁違いに多く（4.5節参照），したがって，酵素の存在量も多いことによるものである可能性が考えられる。ヒト繊維芽細胞の酵素は分子量120 000くらいで，活性発現にプリン塩基あるいはプリンデオキシリボヌクレオシドとK^+を要求する。大腸菌の酵素は非常に不安定で，すぐに失活することから分子量が解析されていないが，活性発現にプリン塩基あるいはdATPやdGTPとMg^{2+}を要求する。

8.5 ポリヌクレオチドキナーゼとホスファターゼ

8.5.1 ポリヌクレオチドキナーゼ

ポリヌクレオチドキナーゼ（polynucleotide kinase）は，正確には，ポリヌクレオチド5′-ヒドロキシルキナーゼ（polynucleotide 5′-hydroxyl-kinase）（EC.2.7.1.78）で，ポリヌクレオチドの5′-OH に ATP の γ 位のリン酸を転移する．

$$\text{ATP} + 5'_{\text{OH}}\text{NpNpN}- \rightleftarrows \text{ADP} + 5'\text{pNpNpN}-$$

この反応は可逆的で，ATP 以外のヌクレオシド5′-三リン酸もリン酸供与体となりうる．T4ファージの酵素が最もよく研究されており，これは単量体の分子量が33 000で，四量体で機能すると考えられている．二本鎖核酸が基質の場合には，5′-突出し型末端のリン酸化は効率的に行うが，平滑型末端や3′-突出し型末端のリン酸化は非効率的である．この酵素の基質となる最も小さいものは，ヌクレオシド3′-リン酸である．T4ポリヌクレオチドキナーゼは，[γ-^{32}P]-ATP を用いたポリヌクレオチドの5′末端標識，DNA や RNA の5′末端塩基の同定，塩基配列の解析に用いられ，またリガーゼ反応の基質の調製などに利用される．

8.5.2 ホスファターゼ

リン酸エステルおよびポリリン酸の加水分解を触媒する酵素の総称であり，EC 3.1群の一部に分類される．リン酸モノエステルを加水分解するホスホモノエステラーゼ，リン酸ジエステルを加水分解するホスホジエステラーゼに大別される．後者には NTPase や，ピロリン酸の加水分解を行うピロホスファターゼも含まれる．ちなみに，核酸のリン酸ジエステル結合を分解する酵素はヌクレアーゼと呼ばれる．

ホスファターゼの中で遺伝子操作によく用いられるのが，大腸菌と仔ウシ小腸由来のアルカリ性ホスファターゼである．両者はジンク結合型の酵素で，すべてのリン酸モノエステルを加水分解し，ATP などのピロリン酸結合も分解

する。しかし，リン酸ジエステルおよびリン酸トリエステルは分解しない。大腸菌の酵素は分子量約80 000，仔ウシ小腸由来の酵素は分子量94 000で，ともにホモ二量体を形成して活性発現する。これらの酵素はDNAやRNAの5′-Pを除去するのに用いられるが，この処理はキナーゼの作用部位を生成するという意味があり，組換えDNAの作製において，一方のDNA断片の3′，5′両末端をハイドロキシル基とすることでセルフライゲーションを抑える意味もある。

参 考 文 献

1) 高橋秀夫：分子遺伝学概論，コロナ社（1997）
2) 魚住武司：遺伝子工学概論，コロナ社（1999）
3) P.D. Boyer(ed.)：The Enzymes, Vol. XIV Nucleic Acids Part A(1981) & Vol. XV Nucleic Acids Part B(1982), 3rd ed., Academic Press
4) E.E. Snell, P.D. Boyer, A. Meister and C.C. Richardson(eds.)：Annu. Rev. Biochem., Annual Reviews, Inc., **49-52**（1980-1983）；
   C.C. Richardson, P.D. Boyer and A. Meister(eds.), ibid, **53**（1984）；
   C.C. Richardson, P.D. Boyer, I.B. Dawid and A. Meister(eds.), ibid, **54-57**（1985-1988）；
   C.C. Richardson, J.N. Abelson, P.D. Boyer and A. Meister(eds.), ibid, **58**（1989）；
   C.C. Richardson, J.N. Abelson, A. Meister and C.T. Walsh(eds.), ibid, **59-64**（1990-1995）；
   C.C. Richardson, J.N. Abelson and C.R.H. Raetz, ibid, **65**（1996）
5) W.E. Cohn(ed.)：Prog. in Nucleic Acid Res. Mol. Biol., Academic Press, **24-26, 28**（1980-1982, 1983）；
   W.E. Cohn and K. Moldave(eds.), ibid, **30, 33-35, 37-42, 44, 46-52, 55-57**（1983, 1986-1988, 1989-1992, 1993, 1993-1996, 1996-1997）；
   K. Moldave(ed.), ibid, **58, 60**（1998, 1998）
6) S.M. Linn and R.J. Roberts(eds.)：Nucleases, Cold Spring Harbor Laboratory Press（1982）
7) E.A. Birge：Bacterial and Bacteriophage Genetics, 4th ed., Springer-Verlag（2000）；
   高橋秀夫，宍戸和夫（訳）：バクテリアとファージの遺伝学，シュプリンガー・フェアラーク東京（2002）
8) 今堀和友，山川民夫（監修），井上圭三，大島泰郎，鈴木紘一，脊山洋右，豊島聰，畑中寛，星元紀，渡辺公綱（編）：生化学辞典 第3版，東京化学同人（1998）
9) 吉田松年，花岡文雄，他：真核生物のDNAポリメラーゼ・スーパーファミ

リー,生化学, **74**(3), pp. 183−251 (2002)
10) A. van Hoof and R. Parker : The exosome : a proteasome for RNA?, *Cell*, **99**, pp. 347–350 (1999)
11) A.F. Taylor and G.R. Smith : RecBCD enzyme is a DNA helicase with fast and slow motors of opposite polarity, *Nature*, **423**, pp. 889–893 (2003) ; M.S. Dillingham, M. Spies and S.C. Kowalczykowski : RecBCD enzyme is a bipolar DNA helicase, *ibid*., pp. 893–897 (2003)
12) S. Cusack : Eleven down and nine to go (the review of aminoacyl-tRNA synthetases), *Nature Struct. Biol.* (*Progress*), **2**(10), pp. 824–831 (1995)

索引

【あ】

アカパンカビのヌクレアーゼ類	133
アデノウイルスDNAポリメラーゼ	22
アミノアシルtRNA合成酵素	204
過りがち修復	21
アロステリックエフェクター	86
アンチコドン	206
アンチセンスRNA	41
アンチセンス鎖	37
アンワインディング活性	94

【い】

鋳型鎖	37
維持型メチラーゼ	194
イソアクセプター	205
位相幾何学	139
イソシゾマー	84
I型制限酵素	84
I型リガーゼ	64
インターフェロン	124
インテイン	96
イントロン	96
インフルエンザウイルス	54

【う】

ウイルソイド	131
ウイロイド	131
ウェルナー症候群ヘリカーゼ	180

【え】

エキソソーム	119
エクステイン	96
塩基欠失部位	209
塩基配列の決定	18
エンドウ	195
エンハンサー	48

【お】

岡崎フラグメント	13

【か】

開環状二本鎖DNA	139
開鎖複合体	37
核移行シグナル	193
核質	45
核小体	43
核内低分子RNA	45
核マトリックス	158
加水分解酵素	119
カセット機構	102
過度な組換え	157
可変ループ	206
カリフラワーモザイクウイルス	29
加リン酸分解酵素	119
肝炎B型ウイルス	28

【き】

黄色麹カビ	80
基本転写因子	43
逆スプライシング	101
逆転写酵素	7, 26
逆向き相補の繰返し配列	38

キャップ構造	199
キューイン	206
キューオシン	206
共挿入・融合体	107, 162
供与体分子	162
切込みニック	73
切出し	162

【く】

クーママイシン	147
組込み	160
グループⅠイントロンRNA	130
グループⅡイントロンRNA	130
クレノウフラグメント	9
クロロプラストRNAポリメラーゼ	51

【け】

ゲノムインプリンティング	194
原核生物（細菌）DNAメチラーゼ	189
減数分裂	157

【こ】

コア酵素	34
コインテグレート	107
抗ウイルス因子2-5A	124
抗癌剤カンプトテシン	147
抗転写終結因子	38
高度好酸好熱性古細菌	145
高頻度自然突然変異	190
酵母RNAリガーゼ	68

枯草菌	15	【す】		大腸菌 RNA ポリメラーゼ	
枯草菌 RNA ポリメラーゼ		膵臓 DNase	80		34
	39	水疱性口内炎ウイルス	54	大腸菌 RuvB	171, 172
枯草菌ジャイレース	150	スター活性	90	大腸菌 TraI	181
コンカテマー	109	ステム-ループ構造	38	大腸菌 UvrA$_2$B	176
【さ】		ストレプトリジギン	34	大腸菌 UvrABC エンドヌクレアーゼ	110
サイクリックホスフェートホスホジエステラーゼ	68	スーパーヘリカルターン	139	大腸菌 UvrD	176
		スプライシング	68	大腸菌エキソヌクレアーゼ	
サイクリン	21, 195	スプライソソーム	130	── I	73
サイレンサー	103	スライディングクランプ	13	── III	74
鎖置換反応型の DNA 合成		【せ】		── IVA	74
	116			── IVB	74
サルモネラ菌	40	制限酵素	83	── VII	74
サルモネラ菌 Hin タンパク質	165	制限・修飾系	83	── VIII	75
		接合型(交配型)遺伝子座	101	大腸菌エンドヌクレアーゼ	
III 型制限酵素	92	染色体骨格	158	── I	78
III 型リガーゼ	66	センス鎖	36	── III	115
【し】		選択的スプライシング		── IV	115
			192, 202	── V	110
弛緩型 DNA	139	【そ】		── VI	74, 116
ジデオキシ法	18			── VII	116
雌雄異株的	101	相同的組換え	179	大腸菌ジャイレース	148
十字構造	79	【た】		大腸菌トポイソメラーゼ	
雌雄同株的	101			── I	143
出芽酵母	18	大腸菌	8	── II′	150
受容体分子	162	大腸菌 3′→5′エキソリボヌクレアーゼ類	119	── III	145
小リボザイム	129			── IV	151
上流域転写調節配列	47	大腸菌 ρ タンパク質	171	大リボザイム	129
シロイヌナズナ	195	大腸菌 DNA リガーゼ	60	脱メチル化酵素	195
真核生物(細胞)DNA メチラーゼ	191	大腸菌 DnaB	171, 172	タバコモザイクウイルス	55
		大腸菌 Mu ファージ Gin タンパク質	166	ターミネーター	37
真核生物細胞質 eIF-4 A	183			単純型転移	106
真核生物トポイソメラーゼ I	146	大腸菌 RecA タンパク質	178	タンパク質-スプライシング	100
		大腸菌 RecBCD	179		
ジンク・金属タンパク質	132	大腸菌 RecBCD ヌクレアーゼ	93	【ち】	
ジンク結合性	193				
人工触媒	131	大腸菌 RecQ	179	チオレドキシン	18
		大腸菌 Rep	177	超好熱性古細菌	146
		大腸菌 RhlB	185	超らせん構造	137

索引

超らせんの数　139

【て】
デオキシリボジピリミジン
　フォトリアーゼ　208
デグラドソーム　119
テトラヒメナ　25, 196
デメチラーゼ　195
テロメラーゼ　7, 24
転写減衰因子　182
転写後修飾　196
転写終結因子　38
転写終結シグナル　48
転写調節因子　43

【と】
動物細胞 RNA リガーゼ　69
トポイソマー　137
トポロジー　139

【な】
ナリジクス酸　147

【に】
二回回転対称性　87
二回回転対称性配列　190
II 型制限酵素　87
II 型リガーゼ　66
二機能性タンパク質　100
二重安全装置機構　85
ニッキングークロージング
　酵素　146
ニックトランスレーション
　　　10

【ぬ】
ヌクレアーゼ P1　134
ヌクレアーゼ S1　131
ヌクレオソーム　150

【ね】
ネオシゾマー　84
粘性細菌　29

【の】
ノボビオシン　147

【は】
肺炎連鎖（双）球菌の
　エキソヌクレアーゼ　77
パリンドローム　87
パリンドローム配列　190
半許容温度　157
ハンマーヘッドリボザイム
　　　131

【ひ】
光回復酵素　208
ヒストン脱アセチル化酵素
　複合体　195
ヒト細胞核内タンパク質
　p68　183, 185

【ふ】
複製因子 A　19
複製因子 C　19
複製型転移　107
複製型分子　163
複製フォーク　13
不正塩基対合修復　190
不正対合修復酵素系　112
付着末端　87
負の協同性　172
プライマーゼ　33, 51, 178
プライモソーム　51, 178
フラジェリン　35
フリップーフラップ形式　165
プリブナウボックス　36
プルーフリーディング　10
ブルーム症候群ヘリカーゼ
　　　180
プレプライミング
　タンパク質　178
プレプライモソーム　51
フレームシフト変異　15
プロウイルス　27
プロモーター　34
分岐点移動　173
分泌シグナル配列認識粒子
　　　48

【へ】
ヘアピンリボザイム　131
平滑末端　87
閉環状二本鎖 DNA　137
閉鎖複合体　37
ヘルペスシンプレックス
　ウイルス　23

【ほ】
ホスファターゼ　211
ホスホジエステラーゼ　136
ホスホモノエステラーゼ　134
哺乳類 DNase III，IV，V，
　VII，VIII　77
ホーミングエンドヌクレ
　アーゼ　96
ポリ A 付加シグナル　48
ポリ A ポリメラーゼ　55
ポリ（ADP-リボース）
　合成酵素　146
ポリオウイルス　53
ポリヌクレオチドキナーゼ
　　　211
ポリヌクレオチドホスホ
　リラーゼ　57
ホロ酵素　34
翻訳後修飾　118

【ま】

末端デオキシリボヌクレオチジルトランスフェラーゼ 30
マングマメヌクレアーゼ 134

【み】

ミトコンドリア RNA ポリメラーゼ 50

【む～も】

結び目環状 DNA 142
メチル化 CG 結合タンパク質 195
モータータンパク質 173

【ゆ】

有糸分裂 155
有糸分裂期 158

【よ】

Ⅳ型リガーゼ 66

【ら】

ラギング鎖 9
ラリアット構造 130
ランダムプライマー法 10

【り】

リーディング鎖 13
リバースジャイレース 145
リファンピシン 34
リボザイム 128
リボチミジン（rT）生成酵素 197
リボヌクレアーゼ
　── Ⅲ 126
　── A 122
　── E, F 127
　── H 26, 125
　── L 124
　── M 5, M 16, M 23 127
　── P 125
　── T 1 123
　── T 2 124
　── U 2 124

AP エンドヌクレアーゼ 114
Arabidopsis thaliana 195
Aspergillus oryzae 80

【B】

Bacillus stearothermophilus PcrA 177
Bacillus subtilis 15
bifunctional タンパク質 100
Bloom 症候群ヘリカーゼ 180
branch migration 173

【C】

camptothecin 147
cap 0 199

リワインディング活性 94
リンキング数 139
リング様構造 171
リン酸化連鎖反応 39

【れ】

レオウイルス 55
レトロウイルス 8
レトロトランスポゾン 28
レトロホーミング 101
レプリカーゼ 33
連環状 DNA 141
連続伸長（移動）性 11

【ろ】

ロスムンド－トムソン症候群ヘリカーゼ 180
ローリングサークル様式 164

【わ】

ワクシニアウイルス 24
ワクシニアウイルスのトポイソメラーゼ Ⅰ 147

【A】

α-アマニチン 43
A タンパク質 163
AdoMet 196
ADP-リボシル化 42
allosteric effector 86
alternative splicing 192
Alteromonas BAL 31 ヌクレアーゼ 135
Altman 125
aminoacyl-RS 204
AMV 28
antisense strand 37
antitemplate strand 36

cap 1 199
cap 2 199
cap 構造 199
catenane 141
catenated DNA ring 141
catenation 145
CCAAT ボックス 47
Cech 128
CG アイランド 194
chromosome scaffold 158
cointegrate 107
concatemer 109
cos 部位 109
coumermycin 147
covalently closed circular

索引 219

二本鎖DNA	137	
cruciform structure	79	
CTD	45	

【D】

Dループ	73
decatenation	144
degradosome	119
de novo型メチラーゼ	194
Desulfurococcus amylolyticus	146
dideoxy法	18
DnaB	11
DnaGタンパク質	51
DNA-アデニンメチラーゼ	189
DNAアンワインディング酵素	169
DNA塩基挿入酵素	209, 210
DNAグリコシラーゼ	209
DNAグリコシラーゼ活性	115
DNA鎖伸長停止法	28
DNA-シトシンメチラーゼ	190
DNAトポイソメラーゼ	137
DNAヘリカーゼ	169
DNAポリメラーゼ	7
── I	8
── II	11
── III	11
── IV	14
── V	14
── α	19
── β	21
── γ	21
── δ	20
── ε	21
── ζ, η, θ(κ), ι	21
DNAメチラーゼ	83

DNAリガーゼ	59
DNA-RNAヘリカーゼ	169, 182
DNase I	80
DNase K1	83
DNase K2	80
DNMT 1	191
DNMT 3α	191
DNMT 3β	191
donor	162

【E】

eIF-4 B	183
eIF-4 F	183
Escherichia coli	8
excision	162
extein	96

【F】

F 1-ATPase	175
f 2	53
fail-safe-mechanism	85
four-site binding change model	175
fully methylated	85

【G】

GCボックス	47
genomic imprinting	194
GIY-YIGエンドヌクレアーゼ	100
gyration	148

【H】

hammer-head リボザイム	131
HeLaヘリカーゼ	181
hemimethylated	86
heterothallic	101
His-Cys box エンド ヌクレアーゼ	100
HML	101
HMR	101
H-N-Hエンドヌクレアーゼ	101
homologous recombination	179
homothallic	101
HSV 1の複製起点結合タンパク質	181
HSV 1ヘリカーゼ/プライマーゼ	181
HUタンパク質	108
hydrolase	119
hyper-recombination	157

【I】

IFN	124
IHF	105, 160
integration	160
intein	96
intron	96
inverted complementary repeat sequence	38
isoschizomer	84

【K】

knotted DNA ring	142
knotting	145
Kornberg enzyme	8

【L】

λインテグラーゼ	160
λエキソヌクレアーゼ	75
λターミナーゼ	109
λCI	95
LAGLIDADGエンドヌクレアーゼ	100
LexA	94
linking number	139

LTR 28	negative cooperativity 172	RecA 94
【M】	neoschizomer 84	recA-lexA 系 110
	nicking-closing 酵素 146	RecE 95
m^7G (7-メチルグアノシン) 199	nonmethylated 86	RecF 96
MAT 101	novobiocin 147	recipient 162
maturase 101	nuclear localization signal (NLS) 193	relaxed form DNA 139
mCG 結合タンパク質 195	nuclear matrix 158	restriction-modification system 83
M·*Ecodam* 189	nucleosome 150	reverse gyrase 145
M·*Ecodcm* 190	NusA 38	reverse splicing 101
meiosis 157	**【O】**	RF-A 19
MF 1 19		RF-C 19
Micrococcus luteus 74	ω タンパク質 143	RNA 5′-トリホスファターゼ 199
mismatch repair enzymes 112	Ochoa 57	RNA ファージ 53
MLV 28	open (nicked) circular 二本鎖 DNA 139	RNA ヘリカーゼ 169, 182
mRNA キャッピング酵素 199	**【P】**	RNA ポリメラーゼ 33
mRNA グアニリルトランスフェラーゼ 199	φ 80 CI 95	—— I 43
mRNA (グアニン-7-)メチルトランスフェラーゼ 202	φ X 174 163	—— II 45
	palindrome 87	—— III 48
	PBS 2 の RNA ポリメラーゼ 41	RNA マチュラーゼ 101
mRNA cap-synthesizing enzymes 196	PCNA 20, 195	RNA メチラーゼ 196
MS 2 53	PCR 15	RNA レプリカーゼ 53
Mu ファージのトランスポゼース 107	phosphorolase 119	RNase N 1 123
Mut タンパク質群 112	*Pisum sativum* 195	RNase U 1 123
【N】	posttranscriptional modification 196	Rothmund-Thomson 症候群ヘリカーゼ 180
	posttranslational modification 118	RT-PCR 28
N^2-メチルグアノシン (m^2G) 生成酵素 197	protein-splicing 100	RuvA 173
N 4 の RNA ポリメラーゼ 41	*Pyrococcus furiosus* 16	**【S】**
	【Q】	S-アデノシルメチオニン (SAM) 84, 187
N^4-メチルシトシン 187	Q β 53	*Saccharomyces cerevisiae* 18
N^5, N^{10}-メチレンテトラヒドロ葉酸 198	**【R】**	*Salmonella typhimurium* 40
N^6-メチルアデニン 187	ρ 因子 38, 182	Sanger 法 18
nalidixic acid 147	R 17 53	S. cerevisiae 2μ プラスミドの FLP 組換え酵素 167

索引 221

S. cerevisiae HO エンドヌクレアーゼ 101
S. cerevisiae トポイソメラーゼⅢ 145
sense strand 36
SIR 1,2,3,4 103
SL 1 44
small nuclear RNA (snRNA) 119
small nucleolar RNA (snoRNA) 119
Smith 125
SOS 遺伝子 94
SP 6 の RNA ポリメラーゼ 40
SPO 1 42
SpoOA 39
SSB 12
staggered cleavage 105
Staphylococcus aureus PcrA 177
Sulfolobus acidocaldarius 145
superhelical (supercoiled) structure 137
superhelical turn 139
SV 40 T 抗原 175

【T】

T 抗原 155
T 2 トポイソメラーゼ 152
T 3 RNA ポリメラーゼ 40
T 4 DNA ポリメラーゼ 16
T 4 DNA リガーゼ 61, 67
T 4 遺伝子 *41* 産物 175
T 4 エキソヌクレアーゼ 76
T 4 エンドヌクレアーゼ V 112, 117
T 4 エンドヌクレアーゼⅡ, Ⅲ, Ⅳ 78
T 4 トポイソメラーゼ 151
T 5 DNA ポリメラーゼ 18
T 5 エキソヌクレアーゼ 77
T 7 DNA ポリメラーゼ 18
T 7 DNA リガーゼ 61
T 7 RNA ポリメラーゼ 40
T 7 遺伝子 *4* 産物 175
T 7 エキソヌクレアーゼ 76
T 7 エンドヌクレアーゼ I, Ⅱ 79
TATA ボックス 46
template strand 37
terminase 109
terminator 37
TFA 活性 68
Thermus aquaticus 15
Thermus thermophilus 15
THF 109
Tn 3 トランスポゼース 105
Tn 3 リゾルベース 162
topoisomer 137
topoisomerase 137
topology 139
tRNA(rRNA)メチラーゼ 196
tRNA-グアニントランスグリコシラーゼ 206
tRNA ヌクレオチジルトランスフェラーゼ 56, 57
tRNA のアクセプターステム 206
two-fold rotational symmetry 87

【U】

UBF 1 44
unknotting 144
URS 47
UV エンドヌクレアーゼ 112, 117
uvr 切除修復系 110

【V】

viroid 131
virusoid 131

【W】

Werner 症候群ヘリカーゼ 180

【X】

X 染色体の不活性化 194
Xis タンパク質 162

【Z】

zinc metalloprotein 132
Zn 結合性 193

【数字】

1-メチルアデノシン(m^1A)生成酵素 197
1-メチルグアノシン(m^1G)生成酵素 197
2, 2, 7-トリメチルグアノシン 45
5-メチルシチジン(m^5C)生成酵素 196
5-メチルシトシン 187
5′-5′三リン酸橋 199
5.8 S rRNA 119
(6:4) 光産物光回復酵素 209
7-メチルグアノシン 45
7-メチルグアノシン(m^7G)生成酵素 197

―― 著者略歴 ――
1966 年　東京教育大学農学部卒業
1968 年　東京大学大学院修士課程修了（農学系研究科）
1968 年　理化学研究所研究員補
1971 年　理化学研究所研究員
1972 年　農学博士（東京大学）
1975～77 年　米国 NIH（国立保健研究所）特別研究員
　　　　としてスタンフォード大学に留学
1982 年　東京工業大学助教授
1993 年　東京工業大学教授
1999 年　東京工業大学大学院教授
　　　　現在に至る

分子遺伝学のための 核酸酵素テキストブック
Textbook of Nucleic Acid Enzymes for Studying/Understanding
about Molecular Genetics　　　　　　　Ⓒ Kazuo Shishido　2004

2004 年 5 月 14 日　初版第 1 刷発行

検印省略	著　者	宍　戸　和　夫
		相模原市すすきの町 5-6
	発行者	株式会社　コロナ社
	代表者	牛来辰巳
	印刷所	新日本印刷株式会社

112-0011　東京都文京区千石 4-46-10
発行所　株式会社　コロナ社
CORONA PUBLISHING CO., LTD.
Tokyo　Japan
振替 00140-8-14844・電話(03)3941-3131(代)
ホームページ　http://www.coronasha.co.jp

ISBN 4-339-06732-6　　（高橋）　（製本：愛千製本所）
Printed in Japan

無断複写・転載を禁ずる
落丁・乱丁本はお取替えいたします